石油和化工行业“十四五”规划教材

高等院校智能制造人才培养系列教材

智能制造系统建模与仿真：基于AnyLogic

尹静　王衍学　李欣　等编著

Modeling and Simulation of Intelligent Manufacturing Systems: Based on AnyLogic

化学工业出版社

·北京·

内容简介

本书以智能制造系统为研究对象，深入阐述了AnyLogic系统仿真与制造业深度融合的理论框架、关键技术及实践应用。全书共分为三部分：第一部分剖析智能制造系统的技术架构与发展脉络，涵盖工业互联网、数字孪生等核心技术的创新实践；第二部分聚焦仿真案例操作，基于AnyLogic软件平台实现作业车间、太阳能电池板生产线、铅酸电池无人生产线、物料库、智能分拣中心以及供应链等工业场景的系统建模与仿真；第三部分探索前沿技术的深度融合，包括Python扩展、强化学习算法集成及GPT自然语言交互，提供智能制造系统建模与仿真的应用与发展新范式。

本书以新工科建设为导向，强调多方法融合，坚持案例驱动，凸显技术前瞻性，可作为高校“智能制造系统建模与仿真”“复杂系统建模与仿真”“系统工程”等课程的教学用书，亦可作为制造业从业者、系统仿真工程师及科研人员的实践指南。通过理论解析、软件操作与案例实践的结合，读者可掌握复杂系统建模的全流程技术，具备应用系统建模与仿真技术创新解决智能制造领域复杂系统问题的能力。

图书在版编目（CIP）数据

智能制造系统建模与仿真 ： 基于AnyLogic / 尹静等编著. -- 北京 ： 化学工业出版社, 2025. 9. --（石油和化工行业“十四五”规划教材）. -- ISBN 978-7-122-48921-0

Ⅰ. TH166

中国国家版本馆CIP数据核字第2025HY0695号

责任编辑：张海丽
文字编辑：温潇潇
责任校对：杜杏然
装帧设计：韩　飞

出版发行：化学工业出版社
（北京市东城区青年湖南街13号　邮政编码100011）
印　　装：河北延风印务有限公司
787mm×1092mm　1/16　印张15　字数357千字
2026年1月北京第1版第1次印刷

购书咨询：010-64518888　　售后服务：010-64518899
网　　址：http://www.cip.com.cn
凡购买本书，如有缺损质量问题，本社销售中心负责调换。

定　　价：56.00元　

高等院校智能制造人才培养系列教材
建设委员会

序

党的二十大报告指出，要建设现代化产业体系，坚持把发展经济的着力点放在实体经济上，推进新型工业化，加快建设制造强国、质量强国、航天强国、交通强国、网络强国、数字中国。实施产业基础再造工程和重大技术装备攻关工程，支持专精特新企业发展，推动制造业高端化、智能化、绿色化发展。推动战略性新兴产业融合集群发展，构建新一代信息技术、人工智能、生物技术、新能源、新材料、高端装备、绿色环保等一批新的增长引擎。其中，制造强国、高端装备等重点工作都与智能制造相关，可以说，智能制造是我国从制造大国转向制造强国、构建中国制造业全球优势的主要路径。

制造业是一个国家的立国之本、强国之基，历来是世界各主要工业国高度重视和发展的重要领域。改革开放以来，我国综合国力得到稳步提升，到 2011 年中国工业总产值全球第一，分别是美国、德国、日本的 120%、346%和 235%。党的十八大以来，我国进入了新时代，发展的格局更为宏大，“一带一路”倡议和制造强国战略使我国工业正在实现从大到强的转变。我国不但建立了全球最为齐全的工业体系，而且在许多重大装备领域取得突破，特别是在三代核电、特高压输电、特大型水电站、大型炼化、油气长输管线、大型矿山采掘与炼矿综采重点工程建设项目、重大成套装备、高端装备、航空航天等领域取得了丰硕成果，补齐了短板，打破了国外垄断，解决了许多“卡脖子”难题，为推动重大技术装备高质量发展，实现我国高水平科技自立自强奠定了坚实基础。进入新时代的十年，制造业增加值从 2012 年的 16.98 万亿元增加到 2021 年的 31.4 万亿元，占全球比重从 20%左右提高到近 30%；500 种主要工业产品中，我国有四成以上产量位居世界第一；建成全球规模最大、技术领先的网络基础设施……一个个亮眼的数据，一项项提气的成就，勾勒出十年间大国制造的非凡足迹，标志着我国迎来从“制造大国”“网络大国”向“制造强国”“网络强国”的历史性跨越。

最早提出智能制造概念的是美国人 P.K.Wright，他在其 1988 年出版的专著 *Manufacturing Intelligence*（《制造智能》）中，把智能制造定义为“通过集成知识工程、制造软件系统、机器人视觉和机器人控制来对制造技工们的技能与专家知识进行建模，以使智能机器能够在没有人工干预的情况下进行小批量生产”。当然，因为智能制造仍处在发展阶段，各种定义层出不穷，国内外有不同专家给出了不同的定义，但智能机器、智能传感、智能算法、智能设计、解决制造过程中不确定问题的智能方法、智能维护是智能制造的核心关键词。

从人才培养的角度而言，实现智能制造还任重道远，人才紧缺的局面很难在短时间内扭转，相关高校师资力量也不足。据不完全统计，近五年来，全国有 300 多所高校开办了智能制造专业，其中既有双一流高校，也有许多地方院校和民办高校，人才培养定位、课程体系、教材建设、实践环节都面临一系列问题，严重制约着我国智能制造业未来的长远发展。在此情况下，如何培养出适应不同行业、不同岗位要求的智能制造专业人才，是许多开设该专业的高校面临的首要难题。

智能制造的特点决定了其人才培养模式区别于其他传统工科：首先，智能制造是跨专业的，其所涉及的知识几乎与所有工科门类有关；其次，智能制造是跨行业的，其核心技术不仅覆盖所有制造行业，也适用于某些非制造行业。因此，智能制造人才培养既要考虑本校专业特色，又不能脱离社会对智能制造人才的需求，既要遵循教育的基本规律，又要创新教育体系和教学方法。在课程设置中要充分考虑以下因素：

- 考虑不同类型学校的定位和特色；
- 考虑学生已有知识基础和结构；
- 考虑适应某些行业需求，如流程制造、离散制造、混合制造等；
- 考虑适应不同生产模式，如多品种小批量生产、大批量生产等；
- 考虑让学生了解智能制造相关前沿技术；
- 考虑兼顾应用型、技能型、研究型岗位需求等。

改革开放 40 多年来，我国的高等教育突飞猛进，高等教育的毛入学率从 1978 年的 1.55%提高到 2023 年的 60.2%，进入了普及化教育阶段，这就意味着高等教育担负的历史使命、受教育的对象都发生了深刻的变化。面对地方应用型高校生源差异化大的现状，因材施教，做好智能制造应用型人才培养，满足高校智能制造应用型人才培养的教材需求就是本系列教材的使命和定位。

要解决好这个问题，首先要有一个好的定位，有一个明确的认识，这套教材定位于智能制造应用型人才培养需求，就是要解决应用型人才培养的知识体系如何构造，智能制造应用型人才的课程内容如何搭建。我们知道，应用型高校学生培养的主要目的是为应用型学科专业的学生打牢一定的理论功底，为培养德才兼备、五育并举的应用型人才服务，因此在课程体系、基础课程、专业教育、实践能力培养上与传统综合性大学和“双一流”学校比较应有不同的侧重，应更着眼于学生的实用性需求，应满足社会对应用技术人才的需求，满足社会实际生产和社会实际发展的需求，更要考虑这些学校学生的实际，也就是要面向社会发展需求，为社会各行各业培养“适销对路”的专业人才。因此，在人才培养的过程中，对实践环节的要求更高，要非常注重理论和实践相结合。据此，在应用型人才培养模式的构建上，从培养方案、课程体系、教学内容、教学方式、教材建设上都应注重应用型人才培养的规律，这正是我们编写这套智能制造相关专业教材的目的。

这套教材的突出特色有以下几点：

① 定位于应用型。这套教材不仅有适应智能制造应用型人才培养的专业主干课程和选修课程教

材，还有基于机械类专业向智能制造转型的专业基础课教材，专业基础课教材的编写中以应用为导向，突出理论的应用价值。在编写中引入现代教学方法和手段，结合教学软件和工业仿真软件，使理论教学更为生动化、具象化，努力实现理论课程通向专业教学的桥梁作用。例如，在制图课程中较多地使用工业界成熟设计软件，使学生掌握比较扎实的软件设计能力；在工程力学教学中引入有限元软件，实现设计计算的有限元化；在机械设计中引入模块化设计的概念；在控制工程中引入MATLAB 仿真和计算机编程内容，实现基础教学内容的更新和对专业教育的支撑，凸显应用型人才培养模式的特点。

② 专业教材突出实用性、模块化、柔性化。智能制造技术是利用先进的制造技术，以及数字化、网络化、智能化等知识和控制理论来解决制造过程中不确定和非固定模式的问题，使得制造过程具有智能的技术，它的特点是综合性和知识内涵的丰富性以及知识本身的创新性。因此，在教材建设上与以前传统的知识技术技能模式应有大的区别，更应注重对学生理念、意识、认知、思维方式和系统解决问题能力的培养。同时考虑到各行业、各地和各校发展阶段和实际办学水平的不同，希望这套教材尽可能为各校合理选择教学内容提供一个模块化、积木式结构，并在实际编写中尽量提供项目化案例，以便学校根据具体情况做柔性化选择。

③ 本系列教材注重数字资源建设，更多地采用多媒体的互动方式，如配套课件、教学视频、测试题等，使教材呈现形式多样化，数字内容更为丰富。

由于编写时间紧张，智能制造技术日新月异，编写人员专业水平有限，书中难免有不当之处，敬请读者及时批评指正。

高等院校智能制造人才培养系列教材建设委员会

前言

在全球新一轮科技革命与产业变革的浪潮中，制造业正经历从“规模驱动”向“智能驱动”的深度转型。人工智能、物联网、大数据等技术的突破重构了生产系统的运行逻辑，催生了柔性制造、数字孪生等新型范式。然而，当前学术界与产业界仍面临两大挑战：一是如何系统化构建智能制造的认知框架，二是如何通过仿真技术实现复杂系统的动态优化。在这一背景下，智能制造的实践亟需一套能够贯通理论、方法与技术的指导体系。本书的编写正是基于这一目标，旨在弥合理论与实践的鸿沟，通过 AnyLogic 这一多方法建模平台，将智能制造的核心技术、复杂系统分析方法与前沿人工智能工具深度融合，为读者提供从理论认知到工程落地的完整路径。

全书共 14 章，内容层层递进，分为三大部分：

第一部分，基础理论篇（第 1～3 章）：从宏观视角切入，系统梳理智能制造的演进逻辑与五层技术架构；聚焦复杂系统建模的方法论，结合工业场景特征，深入剖析离散事件仿真、系统动力学仿真与智能体仿真的核心原理；详解 AnyLogic 软件的操作体系，从界面功能到多源数据交互，为后续实践奠定理论基础。

第二部分，工业应用篇（第 4～11 章）：面向典型生产场景，通过作业车间调度、太阳能电池板生产线优化、铅酸电池无人生产线建模、物料库建模、包装系统建模、智能分拣中心建模、基于竞争和 GIS 的供应链建模等案例，展现离散事件仿真、系统动力学与多智能体协同建模的实战操作。

第三部分，技术融合篇（第 12～14 章）：突破传统建模与仿真的边界，探索 AnyLogic 与新技术的融合。通过 Python 扩展接口实现优化算法与仿真的深度耦合，借助 Socket 通信整合强化学习框架以增强系统自主决策能力，并首次引入 GPT 技术构建自然语言交互界面，推动仿真建模的智能化转型。

本书的内容特点与使用价值体现在以下三方面：

其一，强调多方法融合，突破离散事件、系统动力学与智能体建模等单一方法的局限性，解决工业场景中的复杂系统建模问题；

其二，坚持案例驱动，结合制造业、新能源、物流与供应链等领域智能化特征，设计并选取典型案例场景；

其三，凸显技术前瞻性，系统整合 Python、强化学习与 GPT 等前沿工具，为仿真技术与智能决策的发展开辟新路径。

本书的完成得益于团队的协作。编写工作由尹静、王衍学、李欣、王金海完成，结合工业生产、物流供应链等智能制造场景的实际需求，撰写案例建模、算法集成以及交互设计的核心内容。在此特别感谢 AnyLogic 官方团队在软件功能验证中的技术指导，以及参与实践案例编写和内容文字整理工作的孙浩凯、陈浩、杨旺、牟宗博、肖文博、梦根等研究生。同时，谨向参与案例验证的企业工程师、提供学术建议的高校同仁致以诚挚谢意。

本书配套课件和模型源码，读者可扫描书中二维码获取。

限于作者水平，书中难免存在疏漏，恳请读者批评指正。

编著者

2025 年 5 月

本书电子资源

目　录

第一部分　基础理论篇

第二部分 工业应用篇

第三部分　技术融合篇

第一部分

基础理论篇

第 1 章

智能制造系统概述

本书电子资源

在全球新一轮科技革命与产业变革交汇的历史节点，制造业正经历着从传统范式向智能化跃迁的深刻转型。以人工智能、物联网、大数据为代表的新一代信息技术与制造技术的深度融合，催生了智能制造这一新型生产模式，成为重塑全球制造业竞争格局的核心引擎。

本章立足于智能制造系统的整体框架，系统梳理其发展脉络、技术架构与创新实践：首先，通过制造业四次工业革命的演进轨迹，揭示智能制造形成的必然性与战略价值；继而，从感知层到物理层的五层体系架构切入，剖析其互联互通、柔性优化等核心特征；最后，聚焦工业互联网、数字孪生等关键技术群，结合 AnyLogic 仿真工具在复杂系统建模中的实践应用，展现技术创新如何驱动制造系统向高效、敏捷、可持续方向突破。

通过多维度的理论解析与实践案例印证，本章将为理解智能制造的系统性变革提供全景式认知框架。

1.1 智能制造系统的发展

1.1.1 制造业发展历程

制造业作为国民经济的重要支柱，其发展历程不仅见证了技术的不断革新，也深刻反映了社会生产方式和经济结构的转型。从古代手工业到现代智能制造，每一次技术变革都标志着生产效率、产品质量和管理模式的重大飞跃。制造业的发展过程充满了技术突破、管理创新和市场需求变化的综合作用。为便于理解这一漫长而复杂的发展进程，本节将其归纳为以下三个主要阶段，从而展示技术演进、制度变革与社会经济发展如何有机融合，共同推动制造业不断迈向新的高度。

（1）传统制造与机械化制造阶段（工业革命前及第一次工业革命）

传统制造：在工业革命前，生产活动主要依赖工匠的手工技艺，工序烦琐、效率低下且产品质量波动较大。古代手工织布与陶器制作等工艺，不仅体现了个体技能的重要性，也反映出当时生产方式的局限性。

机械化转型：18 世纪末，蒸汽机的广泛应用标志着机械设备开始在生产中扮演关键角色。纺织业率先引入机械化技术，大幅提升了生产效率，同时催生了现代工厂制度和资本主义经济模式，为后续大规模工业生产奠定了基础。

（2）流水线与自动化制造阶段（第二次与第三次工业革命）

流水线生产：19 世纪末至 20 世纪初，电力的广泛应用使流水线生产模式得以普及。以福特汽车公司 1913 年引入的装配流水线为代表，这一模式不仅降低了生产成本，还极大地推动了产品标准化和大规模生产，满足了市场对高效生产的迫切需求。

自动化技术应用：20 世纪中后期，计算机、数控机床和工业机器人等技术逐步成熟并广泛应用于制造业。以日本丰田公司推行的“精益生产”为典型，通过减少浪费和优化工序，不仅提升了生产精度，也实现了部分工序的自动控制，使得生产效率和产品质量得到显著改善。

（3）智能制造阶段（第四次工业革命）

数字化与智能化转型：进入 21 世纪，人工智能、大数据、物联网和云计算等新兴技术的快速发展，为制造业带来了全新的变革机遇。智能工厂通过实时数据监控、自主决策和柔性生产，实现了从传统大规模生产向个性化、定制化生产的转变，成为全球制造业升级的重要方向。

典型战略：我国的“中国制造 2025”规划与德国的“工业 4.0”等战略，充分展现了国家层面对制造业智能化转型的前瞻布局和政策引导，推动企业在生产、管理和服务等多方面实现一系列深度变革。

1.1.2 国内外智能制造发展战略

在全球制造业竞争日趋激烈的背景下，智能制造已经成为各国提升产业竞争力、实现经济转型的战略重点。各国政府与企业纷纷制定和实施一系列前瞻性战略，旨在通过数字化和智能化技术推动传统制造向高附加值、灵活定制和绿色环保方向转型。国际上各项相关战略在理念和实施路径上既有共性，又各具特色，既反映了全球制造业发展的趋势，也体现了各国在技术创新和政策导向上的独特考量。下面将分别介绍国际和国内在智能制造领域的主要战略布局及其实践案例，以展现全球智能制造领域竞争与合作的全景图。

（1）国际智能制造战略

战略特点：各国均致力于构建以数字化、网络化和智能化为核心的新型制造生态系统。德国“工业 4.0”通过推动信息物理系统（CPS）与生产设备的深度融合，实现了生产与信息技术的无缝对接；美国“先进制造伙伴计划（AMP）”侧重于智能机器人和增材制造等前沿技术的发展；日本和欧盟则通过不断完善机器人技术和数字转型策略，力图重塑制造业全球竞争格局。

共同目标：各国战略均力求打造高度柔性、智能且可持续的制造体系，推动制造模式向高效率、高附加值和定制化方向转型，同时加强全球产业链的协同和竞争力。

（2）国内智能制造战略

战略框架：以“中国制造 2025”为核心，政府提出涵盖智能制造、新材料、高端装备及绿色制造等多个领域的发展任务，旨在通过智能制造试点示范工程和一系列政策支持措施，推动传统制造企业实现数字化和智能化转型。

实践案例：在政策扶持下，华为利用 5G 技术推动数字化工厂建设，沈阳机床推出的 i5 智能机床实现了远程监控与智能运维，大疆无人机则依托先进的智能制造技术，在全球市场中不断刷新技术标准和市场份额，展现了中国制造的创新与活力。

1.1.3 智能制造的发展目标

智能制造的发展目标不仅涉及技术和生产效率的提升，更贯穿了经济效益、环境保护和社会责任等方面的多重考量。通过整合先进的自动化、信息化和绿色技术，智能制造旨在构建一个高效、柔性、可持续的生产体系，推动整个产业链的深度重构。未来，智能制造将不仅改变产品生产方式，还将引领企业管理模式、供应链结构乃至整个经济体系的转型升级。下面将详细阐述智能制造在提升效率、优化质量、推动绿色发展和强化人机协作等方面的主要目标和实现途径。

（1）提升生产效率与降低成本

实现途径：通过引入高效的自动化设备和智能信息系统，对生产流程进行全程实时监控与动态调度，实现精准化管理。借助预测性维护、智能供应链管理和数据驱动的优化策略，有效减少非计划停机时间和资源浪费，从而大幅降低生产成本。

典型案例：富士康公司利用工业机器人“Foxbot”实现了生产自动化，显著提升了生产效率，同时通过精细化管理降低了人力和能源成本。

（2）优化产品质量与实现柔性制造

实现途径：借助大数据分析和数字孪生技术，对产品从原材料采购到出厂检测的全流程进行严格监控，实现质量全程可追溯和动态优化。同时，通过构建柔性生产系统，满足多品种、小批量定制需求，快速响应市场变化。

典型案例：德国西门子智能工厂利用先进的数字化技术，对各生产环节进行精确监控，实现了高质量标准和灵活生产能力的有机结合，极大提升了产品竞争力。

（3）推动绿色制造与可持续发展

实现途径：整合节能环保技术，构建覆盖能源消耗、废弃物排放及资源循环利用的智能监控系统，确保整个生产过程在降低环境负担的同时保持高效运行。绿色制造不仅关注经济效益，更强调生态效益和社会责任。

典型案例：比亚迪公司在新能源智能制造模式下，通过智能化管理系统，实现了能耗的最优化和碳排放的显著降低，为企业的绿色转型提供了有力支持。

(4) 强化人机协作与智能决策

实现途径：通过将协作机器人与人工智能系统深度融合，实现人机协同作业，从而提高生产安全性和响应速度。同时，利用数据驱动的智能决策支持系统，实时反馈生产动态，为企业管理和生产流程优化提供科学依据。

典型案例：波士顿动力公司的机器人在制造业中的应用展示了人机协作的前沿成果，其高效的自动化搬运和灵活的作业模式，充分体现了智能决策在现代生产中的关键作用。

1.2　智能制造系统体系架构

智能制造系统体系架构通过分层设计，整合制造过程中的感知、数据、决策和执行功能，以实现生产全流程的高效协同与优化。这一架构通过系统化分层，将复杂的制造任务拆解为多个功能模块，并依靠各模块之间的协同工作推动制造过程的高效运行。下面将详细阐述智能制造系统体系架构的组成及其功能与作用。

1.2.1　智能制造系统的总体架构

智能制造系统是一个多层次、互联互通的制造体系，旨在优化生产过程，提高资源利用率，并增强制造系统的柔性。该体系通常由以下 5 个关键层次组成：

① 感知层。感知层是体系架构的“前哨”，通过各种数据采集设备监控生产环境与设备状态，为后续的分析和决策提供可靠的数据支持。它的任务是实时获取关键数据，包括设备运行情况、物料流动信息、环境参数等。例如，在柔性制造车间中，感知层的传感器可以实时采集机器设备的运行温度、加工进度和故障状态；通过射频识别（RFID）技术，系统可以追踪每一个工件的位置变化，确保整个生产链的透明性和可控性。这种全面的数据采集能力，使得智能制造体系能够快速识别问题，提升生产的敏捷性和响应能力。

② 网络层。网络层是感知层和上层模块之间的数据通道，负责将采集的数据快速传递至数据层和应用层。通过 5G 技术、工业互联网和其他高效通信手段，网络层确保了数据传输的低延迟和高稳定性，使得制造系统能够在短时间内完成复杂的数据交互和任务调度。例如，在一个车间中，多个自动导引车（AGV）需要协调任务。如果没有快速可靠的通信网络，调度中心无法实时向 AGV 下达指令，可能导致运输效率下降或资源冲突。网络层的高效运行是实现设备间实时协作和资源共享的关键。

③ 数据层。数据层是架构的中枢，连接着感知层的数据输入和应用层的决策输出。它负责存储、清洗和分析感知层传递的数据，通过对历史数据的深度挖掘和对实时数据的动态处理，为系统提供决策支持。例如，数据层可以将采集到的设备运行数据输入至预测模型，分析设备的潜在故障风险，从而提前安排维护计划，避免设备故障导致的生产中断。此外，数据层还可以对生产过程的时间成本和资源利用率进行全面评估，为优化生产调度提供依据。

④ 应用层。应用层是智能制造的“大脑”，通过整合数据层的信息，制定生产调度计划和资源优化方案。它不仅仅分析数据，还需将决策转化为具体的控制指令，以指导实际操作。在一个个性化定制生产环境中，应用层可以根据实时订单调整生产任务，将高优先级订单优先分配到闲置的设备，同时确保其他订单的进度不受影响。这种动态调度能力让智能制造体系能够

平衡生产效率和客户需求。

⑤ 物理层。物理层是体系架构的执行单元，包括制造设备、运输工具（如 AGV）和工业机器人等。这一层将应用层的指令转化为具体行动，完成制造任务。例如，工业机器人根据指令完成零件组装，而 AGV 根据调度中心的命令运输物料。这一层的高效运作直接影响了智能制造的整体效率和准确性。

1.2.2 智能制造系统的特征

智能制造系统区别于传统制造模式，具有以下几个关键特征：

① 智能化。智能制造系统充分利用人工智能（AI）、大数据分析和机器学习等技术，实现设备自主感知、数据智能分析和生产自适应优化。例如，智能制造系统可以通过 AI 预测设备的维护需求，减少突发性故障，提高生产稳定性。

② 互联互通。智能制造系统依赖工业物联网（IIoT）进行设备互联，实现跨设备、跨工厂的数据共享与协同生产。通过实时数据传输，智能制造系统能够协调不同生产环节，提高生产的灵活性和响应速度。例如，在智能工厂中，传感器可以实时采集车间设备的运行数据，并通过工业互联网将信息传输到中央控制系统，实现远程监控和调度。

③ 柔性化。传统制造系统通常以大批量生产为主，而智能制造系统能够支持高度柔性化生产，快速适应市场变化，实现按需生产、个性化定制。例如，在智能生产线上，不同规格的产品可以通过调整生产参数和自动化设备的配置，实现小批量、多品种的生产模式。

④ 自适应优化。智能制造系统能够基于实时数据动态优化生产流程。例如，通过 AI 和大数据分析，系统可以预测订单需求，调整原材料采购、生产计划和库存管理，减少资源浪费，提高生产效率。

⑤ 人机协作。智能制造系统并非完全替代人工，而是强调人与智能设备的协作，在提高生产效率的同时确保制造过程的安全性和可控性。例如，制造系统可以通过增强现实（AR）和智能可穿戴设备提供实时指导，辅助工人进行复杂操作，提高生产质量。

1.2.3 智能制造系统的优势

智能制造系统的落地应用，为企业带来了显著的生产效率提升和资源利用优化。以下是智能制造系统相较于传统制造模式的核心优势。

① 提升生产效率。智能制造系统能够自动化生产计划，并结合 AI 优化生产流程，减少生产环节的浪费。例如，在某汽车制造工厂中，引入智能制造系统后，生产效率提高了 30%，同时降低了 20%的生产成本。

② 降低生产成本。通过精准生产、预测性维护和智能调度，智能制造系统可以有效减少资源浪费。例如，数据层可以实时监测生产过程中的能耗情况，并通过 AI 优化能耗分配，降低电力和原材料的消耗。

③ 提高产品质量。智能制造系统能够实时监测生产过程中的质量数据，结合 AI 质量检测算法，自动识别缺陷产品并进行调整。例如，在电子产品制造行业，智能视觉检测系统能够精准识别电路板上的微小缺陷，提高产品质量合格率。

④ 增强供应链协同。智能制造系统能够实时获取供应链数据，优化原材料采购、库存管理

和物流配送。例如，某家智能工厂通过工业互联网与供应商共享实时订单数据，使物料供应效率提升了 40%，有效避免了库存积压和生产断料问题。

⑤ 提升企业竞争力。智能制造系统使企业能够更快响应市场变化，实现个性化定制生产，满足客户的多样化需求。例如，在 3C 电子制造行业，智能工厂可以通过 AI 预测市场需求，并快速调整生产线，确保企业在激烈的市场竞争中占据先机。

1.3 智能制造系统相关技术

智能制造系统作为当今制造业发展的核心方向，集成了多种先进技术，这些技术相互融合、协同作用，推动着制造业向智能化、高效化、柔性化转变。在这一过程中，AnyLogic 仿真软件凭借其强大的建模与仿真功能，在工业互联网技术中，通过人、机、物的全面互联，构建起覆盖产品全生命周期的建模与仿真；在大数据技术中，通过数据处理和分析，为参数估值优化和敏感性分析提供数据基础；在数字孪生技术中，通过离散事件以及多智能体的仿真，模拟复杂场景下模型的交互。由此可见，AnyLogic 在多方面发挥着重要作用。下面将详细阐述这些技术，并着重体现 AnyLogic 在其中的作用。

1.3.1 工业互联网技术

（1）网络架构模拟

在工业互联网架构中，AnyLogic 可用于模拟工业网络中的数据流动与设备通信过程。例如，在一个大型工厂的生产车间里，存在着众多不同类型的设备，如数控机床、机器人、传感器等。AnyLogic 能够建立起这些设备在网络中的模型，设定它们之间的数据传输协议与频率，模拟数据在网络中的传输路径与延迟情况。通过这样的模拟，企业可以提前评估网络架构的合理性，优化网络布局，确保在实际生产中数据能够快速、稳定地传输，避免由网络拥塞或故障导致的生产中断。

（2）边缘计算节点建模

AnyLogic 还可以对工业互联网中的边缘计算节点进行建模。边缘计算允许在靠近数据源的设备或边缘服务器上进行数据处理，减少数据传输到云端的延迟。通过 AnyLogic 模拟边缘计算节点的任务分配与资源调度，可以确定在不同生产场景下，如何最优地利用边缘计算资源，提高数据处理效率。例如，在实时质量检测系统中，快速处理传感器采集的数据，及时反馈产品质量信息，实现生产过程的实时控制与优化。

1.3.2 大数据技术

大数据技术在智能制造系统中扮演着核心角色，它能够对生产过程中产生的海量数据进行收集、存储、分析与挖掘。从原材料采购、生产加工、产品检测到销售与售后，每个环节都会产生大量的数据，大数据技术可以从中提取有价值的信息，为企业决策提供支持。

① 生产数据模拟生成。AnyLogic 具备强大的数据处理与分析功能，能够与大数据技术相

结合。在生产数据收集阶段，AnyLogic 模型可以模拟数据的产生过程，如模拟不同产品在生产线上的加工时间、设备运行状态数据的生成频率等。通过对这些模拟数据的分析，企业可以确定数据采集的重点与频率，优化数据采集策略，避免不必要的数据冗余。

② 数据分析与挖掘模型构建。对于数据分析与挖掘，AnyLogic 提供了丰富的算法库与工具。通过建立数据挖掘模型，在大量生产数据中寻找规律与模式。例如，通过分析历史生产数据，发现设备故障与某些参数之间的关联，建立设备故障预测模型。AnyLogic 能够模拟不同的预测算法，评估其准确性与可靠性，帮助企业选择最优的预测模型，提前进行设备维护，降低设备故障率，提高生产效率。

1.3.3 数字孪生技术

数字孪生技术通过构建物理实体的数字化模型，实现对物理实体的实时映射与状态监测。在智能制造中，数字孪生技术使得企业能够在虚拟环境中对生产过程进行模拟、优化与验证，减少实际生产中的试错成本。

① 数字孪生模型构建。AnyLogic 在数字孪生技术应用中具有独特优势。它可以创建高度逼真的生产系统数字孪生模型，从单个设备到整条生产线，再到工厂布局，都能进行精确模拟。例如，在汽车制造企业中，AnyLogic 可以建立汽车生产线的数字孪生模型，包括车身焊接、涂装、总装等各个工艺环节。通过实时采集物理生产线的设备运行数据、生产进度数据等，同步更新数字孪生模型的状态，实现对物理生产线的实时监控。

② 场景测试与优化。利用 AnyLogic 的模拟功能，可以在数字孪生模型上进行各种场景的测试与优化。例如，尝试不同的生产调度方案，观察在不同订单需求情况下生产线的运行效率与产能利用率，找出最优的生产调度策略。同时，还可以模拟设备故障场景，通过数字孪生模型快速分析故障对生产流程的影响范围与程度，制定相应的应急预案，提高企业应对突发情况的能力。

1.3.4 系统建模仿真技术

AnyLogic 软件依托对工业互联网技术、大数据技术及数字孪生等前沿技术的深度整合及其建模仿真能力，展现出深刻的应用价值与实践效能。

在工业互联网技术方面，可模拟网络拓扑、优化网络架构，分析设备数据并构建模型；在大数据技术方面，基于海量生产数据建立分析模型，挖掘数据价值；在数字孪生技术中，构建虚拟模型用于产品设计、生产线调试以及设备维护。这些应用都可以切实提升生产效率、降低成本，推动行业数智化转型与发展进程。

思考与练习

① 制造业的发展经历了哪些主要阶段？每个阶段的核心技术和生产模式有何不同？

② 德国工业 4.0、中国制造 2025 和美国先进制造伙伴计划（AMP）的核心目标和实施路径有何异同？

③ 传统制造模式与智能制造系统在生产效率、成本控制、质量管理等方面的主要区别是什么？

④ 智能制造系统架构由哪几层组成？各层的主要功能是什么？

⑤ 在智能制造系统中，工业互联网如何实现设备互联？其对制造企业的价值体现在哪些方面？

第2章

复杂系统建模与仿真

本书电子资源

在当今科技飞速发展的时代，复杂系统广泛存在于社会、经济、工程等众多领域，如智能交通网络、全球供应链、生态环境演变等。这些系统具有高度非线性、不确定性和动态性特征，传统的分析方法难以全面揭示其内在规律与行为模式。复杂系统建模与仿真技术应运而生，它通过构建数学、逻辑或物理模型，模拟系统的运行过程，为理解、预测和优化复杂系统提供了强大工具。

本章将系统介绍复杂系统建模与仿真的核心知识，首先阐述系统建模的基本概念、分类及主流仿真软件，随后深入探讨离散事件建模、系统动力学建模和基于智能体建模等主要方法及其适用场景。在此基础上，使用 AnyLogic 软件详细讲解如何运用上述方法开展仿真实践，包括离散事件仿真、系统动力学仿真、智能体仿真以及多方法集成应用，旨在帮助读者掌握复杂系统建模与仿真的全流程技术，为解决实际工程和科学问题提供有力支撑。

2.1 系统建模与仿真技术

2.1.1 基础知识

系统仿真作为一门极具创新性与综合性的多学科交叉融合的新兴学科，其发展脉络犹如一条蜿蜒曲折却又充满探索意义的长河，可清晰地追溯至20世纪中叶那个科技蓬勃兴起的时代。它宛如一位技艺精湛的大师，巧妙且精准地将控制理论中对于系统运行规律把控的智慧、相似理论里关于事物相似特性的深刻洞察、信息处理技术所蕴含的高效数据处理能力以及计算机理论的强大运算和逻辑支撑等多个领域的精华与精髓，进行了完美无缺的融合。其核心要义精妙地体现在，充分借助功能强大的计算机以及其他具备特殊专用物理效应的设备，精心构建起高度契合实际系统的模型。并且，通过对这一精心打造的模型展开深入细致的实验研究，能够深入透彻地理解实际系统的内在运行机制，进而实现对实际系统的全面优化。其最为关键之处在于，系统仿真能够巧妙地模拟系统的整个运行过程，从中精准地获取大量宝贵的实验数据。这些数据就如同开启智慧大门的钥匙一般，为后续的决策过程提供坚实可靠、科学严谨的依据。

（1）系统

系统，从本质上来说，是由诸多相互作用、相互依赖的部分有机组合、协同运作而形成的一个完整统一的整体。它不仅具备特定的功能，能够在相应的环境中发挥独特的作用，而且还是更为庞大复杂系统中不可或缺的组成部分。

系统的分类标准丰富繁杂，展现出其多样化的特性。

若按照与时间的关联关系来划分，系统可清晰地分为离散系统和连续系统这两大类别。离散系统的状态变量有着独特的变化规律，仅仅在离散的时间点上才会发生变化，就如同银行日常运营中的排队系统，顾客的排队人数、业务办理状态等状态变量，只会在有人到达、离开或者业务办理完成等离散的时刻产生改变。而连续系统的状态变量则呈现出截然不同的变化方式，它们会随着时间的持续推移而连续、不间断地变化。以恒温控制系统为例，温度这一状态变量会随着时间的流逝，由系统的调节机制持续进行细微的调整。

此外，从系统的复杂程度维度考量，系统又可分为简单系统、复杂系统和超复杂系统；若从系统的开放性角度出发，还能分为封闭系统和开放系统等多种类型。

（2）模型

模型，是对系统内部各要素之间千丝万缕的关系、系统所具备的本质特征以及系统与外界环境之间相互作用关系的一种高度抽象的反映。它主要涵盖形象模型和抽象模型这两大类。

形象模型，诸如物理模型、几何模型等，拥有直观呈现系统外观和结构的显著优势，能够让人们通过视觉等直观感受快速理解系统的大致形态。例如，建筑模型可以清晰展示建筑的外观设计、空间布局等。

抽象模型则包含数学模型、逻辑模型等，它们借助数学表达式或者逻辑规则，以一种更为精确、深入的方式来描述系统的行为。在实际的研究工作中，当由于各种现实条件的限制，无法对实际系统进行直接实验时，模型便当之无愧地成了推动研究进程的关键工具。以研究新型飞机的空气动力学特性为例，直接开展风洞实验不仅需要投入巨额的成本，而且还伴随着较大的风险。在这种情况下，科研人员就可以通过构建数学模型，运用先进的数值模拟技术，对飞机在不同飞行条件下的空气动力学性能进行精确的模拟和分析。

（3）系统仿真

系统仿真依据不同的标准，能够被细致地划分为丰富多样的类型。

若按照模型状态来区分，系统仿真可分为物理仿真、数学仿真和物理-数学仿真（半实物仿真）。物理仿真侧重于通过构建物理模型来模拟实际系统的运行，就像船舶模型在专门的水槽中进行航行实验，以此来研究船舶在水中的各种性能表现。数学仿真则完全依赖于精心构建的数学模型以及功能强大的计算机进行模拟操作，能够高效地处理复杂的数学运算，对系统进行深入的理论分析。半实物仿真则巧妙地结合了物理模型和数学模型的优势，以汽车自动驾驶系统的测试为例，在测试过程中，部分环节使用真实的物理传感器来获取实际环境的数据，而部分场景则通过数学模型来模拟复杂的环境状况，从而实现对自动驾驶系统的全面、精准测试。

按照所用计算机类型来划分，系统仿真又可分为模拟仿真、数字仿真和混合仿真。模拟仿真借助模拟计算机展开工作，其优势在于运行速度较快，能够在较短时间内得出大致结果，然而精度方面相对较低。数字仿真则是基于数字计算机进行，具备精度高、功能强大等显著特点，能够对系统进行更为细致、准确的模拟分析。混合仿真则有机融合了模拟仿真和数字仿真两者的长处，实现优势互补。

若依据仿真时钟与实际时间的关系来划分，系统仿真可分为实时仿真、欠实时仿真和超实时仿真。实时仿真对仿真时钟与实际时间的同步性有着极为严格的要求，必须确保两者精准同步。这种仿真方式适用于那些对实时响应要求极高的系统，例如飞行模拟器，飞行员在操作过程中需要实时得到精准的模拟反馈。欠实时仿真的运行速度相较于实际时间要慢一些，常用于对复杂系统进行全面、详细的分析研究，以便深入了解系统的各种特性。超实时仿真的速度则快于实际时间，能够在较短时间内快速评估系统的性能，为系统的优化和改进提供及时的参考依据。

此外，从系统特性方面进行分类，系统仿真还可以分为连续系统仿真、离散时间系统（采样系统）仿真和离散事件系统仿真。

2.1.2　主流软件

在系统建模与仿真领域应用的主流软件包括 AnyLogic、Arena、ExtendSim、FlexSim 等。

（1）AnyLogic

AnyLogic 作为一款在全球范围内应用极为广泛的仿真软件，展现出了卓越的综合性与强大的功能特性。它全面支持离散事件、系统动力学、多智能体及其多方法集成建模仿真等多个关键领域。该软件以复杂系统设计方法论作为坚实的基础，创新性地引入了 UML 语言，这一举措极大地增强了模型构建的规范性与通用性。它还支持混合状态机，建模技术更是融合了 UML-RT、Java 和微分方程等多种先进技术。此外，AnyLogic 精心提供了专业库，这一特色功能使得用户能够便捷地采用“拖拉式”建模方式，极大地降低了建模的技术门槛，提高了建模效率。

在物流领域，它发挥着不可替代的重要作用，能够精准地对仓库布局进行全方位优化，通过复杂算法规划出最合理的运输路线，有效降低物流成本，提升物流配送效率。

在制造业中，AnyLogic 能够高度逼真地模拟生产线的实际运行状况，通过对生产流程各个环节的细致分析，精准找出生产线中的瓶颈环节，为企业优化生产流程、提高生产效率提供有力支持。

AnyLogic 的用户界面设计秉持着友好、便捷的理念，为用户提供了丰富多样的可视化工具，这些工具能够将抽象的模型以直观的形式呈现出来，让建模过程变得更加清晰、直观，即使是初学者也能快速上手。

（2）Arena

Arena 主要致力于对现有系统以及提出的建议系统展开全面的仿真和深入的分析，其应用领域极为广泛，涵盖了制造、卫生保健、供应链等多个重要行业。Arena 与 OptQuest 的巧妙结合，赋予了其强大的优化功能，能够运用先进的算法自动探寻系统的最优参数组合。

以医院的流程优化为例，Arena 能够生动地模拟患者在医院就诊的整个流程，从患者踏入医院的挂号环节，到依次进行的检查、治疗等各个关键节点，都能进行精准模拟。借助 OptQuest，可对各个环节的时间安排进行细致入微的优化，通过合理调整，减少患者的等待时间，提高医院各科室的工作效率，进而全面提升医院的整体运营效率，为患者提供更加优质、高效的医疗服务。

（3）ExtendSim

ExtendSim 堪称专业级的仿真工具，在建模和分析复杂的离散、连续和混合系统方面表现卓越。它精心提供了多达 35 个预定义分布用于分布拟合，为用户处理复杂数据分布问题提供了极大的便利。该软件具备强大的输出分析功能，能够对仿真结果进行深度剖析，同时支持实验设计，帮助用户科学地规划和执行仿真实验。

在航空航天领域，ExtendSim 大显身手，可用于精准模拟航天器的飞行轨迹，深入分析其控制系统的性能，为航天器的设计优化和安全运行提供关键数据支持。在能源管理方面，它能对微电网的运行稳定性进行全面分析，通过模拟不同工况下微电网的运行状态，找出影响稳定性的关键因素，为能源管理策略的制定提供科学依据。

其强大的集成能力更是一大亮点，允许用户根据特定的建模需求，自定义模块，极大地拓展了软件的应用范围和灵活性。

（4）FlexSim

FlexSim 具备强大的功能，可对任何过程进行仿真和建模，其核心目标在于帮助用户深入分析、透彻理解以及高效优化各类过程，尤其在供应链、卫生保健、工厂物料搬运等领域应用极为频繁。FlexSim 与 ExpertFit 实现了深度集成，这一集成优势为用户提供了丰富多样的 Excel 输出选项，方便用户将仿真数据导出至 Excel 进行进一步的数据处理和报告生成。

例如，在供应链管理中，FlexSim 能够逼真地模拟库存水平的动态变化、订单处理的全流程以及运输过程中的各种情况，通过对这些环节的精准模拟分析，帮助企业合理控制库存、优化订单处理流程、提升运输效率，从而有效降低成本、显著提高企业对市场需求的响应速度，增强企业在市场中的竞争力。

2.1.3 主要方法

主要建模方法包括离散事件建模、系统动力学建模、基于智能体建模。

（1）离散事件建模

离散事件建模专注于离散系统，这类系统呈现出独特的状态变化特征。其状态变量并非如连续系统那般随时间平稳渐变，而是在某些特定的离散时间点上，由于重要事件的突然发生而产生瞬间跃变。在进行建模操作时，通常将整个系统形象地视作一张流程图，着重对其中的实体进行各类操作。

这种建模方式在众多领域有着极为广泛的应用，制造、物流、医疗等行业均受其益。以制造系统为例，离散事件建模能够以极高的精度模拟工件在各个工序之间的流转过程。通过细致入微的模拟，可深入分析每台设备在不同时段的实际利用率，精准计算整个生产过程的周期时长。借助这些详细的数据，企业能够清晰洞察生产流程中的薄弱环节，进而有针对性地优化生产安排，提高整体生产效率。

在离散事件建模中，常用的建模方法主要包含事件调度法和活动扫描法。事件调度法将事件置于核心地位，整个仿真过程严格按照事件发生的时间先后顺序有条不紊地推进。每一个事件都如同一个关键节点，驱动着系统状态的改变。而活动扫描法则把重点聚焦在活动的状态变化上，时刻监测系统中各个活动的相关条件。一旦特定条件得以满足，便会迅速触发相应的操作，推动系统的动态演进。

（2）系统动力学建模

系统动力学建模这一重要理论与方法，由麻省理工学院教授福瑞斯特开创性地创立，其主要目标在于深入分析研究各类信息反馈系统。该方法运用一种专门设计的专用语言，借助功能强大的数字计算机，对复杂系统所面临的诸多问题展开全面且深入的模拟分析。

系统动力学建模尤为适用于构建长期战略模型，其独特之处在于通过存量、流量以及信息这三个关键要素来精准表示现实世界中的各类流程。以城市交通系统为例，运用系统动力学模型能够深入剖析人口增长、车辆数量不断增加这两大因素与交通拥堵状况之间错综复杂的内在关系。通过对这些关系的清晰梳理与量化分析，为政府部门制定科学合理的交通政策提供坚实有力的依据。

在构建此类模型时，明确系统的边界范围、准确识别反馈回路以及梳理清晰因果关系是至关重要的环节。只有精准界定系统边界，才能确保模型涵盖关键要素且避免无关因素干扰；清晰的反馈回路有助于理解系统内部各部分之间相互作用的动态机制；而准确把握因果关系则是揭示系统运行规律、预测系统未来发展趋势的关键所在。

（3）基于智能体建模

基于智能体建模适用于那些整体行为具有不确定性，但单个对象的行为方式却能够确定的系统。在这类建模体系中，智能体可以生动形象地表示各种各样的事物。每个智能体的行为模式通过状态图或者特定规则予以明确清晰的定义。整个系统的全局行为并非由某个中心控制机制统一规划，而是由大量智能体的并发独立行为相互交织、共同作用而自然涌现形成。以鸟群飞行模拟为例，在这个模拟场景中，每一只鸟都被视作一个独立的智能体。每只鸟仅遵循相对简单的飞行规则，例如保持与相邻鸟的适当距离、朝着大致相同的方向飞行等。然而，当大量的鸟同时遵循这些简单规则飞行时，从整体上看，却能够呈现出极其复杂且精妙的群体行为，如整齐的队列变换、灵活地躲避障碍物等。

智能体之间的交互方式丰富多样，主要包括直接通信和间接影响两种类型。直接通信即智能体之间通过特定的通信渠道直接传递信息，交流彼此的状态和意图。而间接影响则是指智能体通过改变所处的环境，进而对其他智能体产生影响，例如一只鸟的飞行轨迹改变了周围空气的流动状态，从而影响到附近其他鸟的飞行决策，这便是一种通过环境进行信息传递的间接影响方式。

（4）不同建模方法的特点与优势

在实际的应用场景中，不同的建模方法各自适用于不同的抽象层级，展现出鲜明的特点与优势：

系统动力学建模，由于其高度的概括性和对宏观趋势的把握能力，特别适合在较高抽象层级对战略性问题进行建模分析。例如，在国家经济发展规划的制定过程中，系统动力学模型能够综合考虑诸多宏观经济因素，如产业结构调整、财政政策变化、国际贸易形势演化等，通过对这些因素之间相互关系的模拟，为国家经济发展战略的制定提供长远的、具有宏观指导意义的参考。

离散事件建模则凭借其对过程细节的精确描述和对系统动态变化的实时跟踪能力，在中层和偏下层抽象层级的过程导向建模中表现出色。以工厂车间的生产调度为例，离散事件建模能够详细模拟每一个生产任务在各个加工设备之间的流转过程，精确计算每台设备的工作时间、等待时间以及生产线上的物料流动情况，从而为优化生产调度、提高生产效率提供切实可行的方案。

基于智能体建模具有独特的灵活性，它在低抽象层级的物理对象细节建模和高抽象层级的企业、政府业务等建模中均能发挥重要作用。在城市交通中的车辆调度方面，基于智能体建模可以将每一辆车视为一个智能体，精确模拟车辆在道路上的行驶行为、交通信号灯对车辆的影响以及车辆之间的交互，从而为优化交通流量、缓解交通拥堵提供有效的解决方案。在国家政策的制定过程中，基于智能体建模可以将不同的利益群体、政府部门等视为智能体，通过模拟它们之间的相互作用和决策过程，评估政策实施的效果和可能产生的影响。

由于现实世界中的系统往往具有复杂性和多样性，有时系统的不同部分需要采用不同的建模方法才能更全面、准确地描述其特性和行为。因此，掌握多方法集成建模技术就显得十分关键。例如在智能城市的建模中，交通系统因具有明确的事件驱动和流程特性，适合采用离散事件建模方法来精确模拟车辆的行驶、交通信号的控制等细节；能源管理涉及能源的存储、消耗和供应等宏观动态平衡关系，采用系统动力学建模能够更好地分析能源供需的长期趋势和影响因素；而市民作为城市中的活跃个体，其行为具有自主性和多样性，基于智能体建模可以生动地模拟市民在城市生活中的各种活动和决策，如出行选择、消费行为等。通过将这些不同的建模方法有机结合，能够构建出一个全面、真实且具有高度实用性的智能城市模型，为城市的规划、管理和发展提供科学的依据和有力的支持。

2.2 AnyLogic 建模与仿真

2.2.1 离散事件仿真

在 AnyLogic 这一功能强大的仿真软件中开展离散事件仿真，以极具代表性的银行排队系统模型作为示例，其具体操作流程有着清晰且严谨的步骤。首先，用户需在软件界面中明确地选择创建新模型这一操作，为后续构建银行排队系统的模拟环境奠定基础。紧接着，进入到关键的流程构建环节，要精心构建 ATM 机服务流程，其中涉及对 ATM 机的使用规则、服务时间间隔、故障处理等诸多细节的设定。同时，添加柜台服务流程同样不可或缺，需详细规划柜台工作人员的服务模式、服务顺序以及不同业务类型的办理时长等。

在整个构建过程中，对实体，也就是顾客的流动路径以及操作过程的详细定义是重中之重。对于顾客到达时间这一关键参数，基于对大量实际数据的分析和常见的概率分布特性，通常可以将其设置为服从泊松分布。泊松分布能够较好地模拟在一定时间段内，顾客随机且独立到达的情况，使得模型更加贴合真实场景。而服务时间则可设置为服从指数分布，这一分布能合理体现服务过程中时间的随机性，符合银行服务时长的不确定性特点。通过精准设置顾客到达时间的泊松分布参数（如平均到达间隔时间）以及服务时间的指数分布参数（如平均服务时长），能让模型更准确地反映银行日常运营中顾客的实际体验。

为了更直观地展示系统的运行过程，建立模型动画成为一项极为有效的手段。在动画展示中，能够清晰地看到顾客排队的动态变化，包括队伍长度的增减、排队顺序的调整等。同时，顾客接受服务的过程也能生动呈现，从顾客走向柜台或 ATM 机，到服务开始，直至结束的整个过程都一目了然。

此外，添加丰富的数据统计信息也是必不可少的环节。利用条形图来统计顾客数量，能直观地展示在不同时间点或不同业务区域内顾客数量的对比。通过直方图统计顾客在银行的停留时间，可深入了解顾客在银行内停留时长的分布情况，判断服务效率的高低。再者，使用 Time Measure Start 和 Time Measure End 模块，能够精准地统计特定环节的时间，比如从顾客进入银行到开始接受柜台服务的等待时间，或者 ATM 机一次完整服务的耗时等。借助这些详细的数据统计，便可以对模型结果展开深入分析，全面评估系统性能，像服务效率是否达标、顾客排队时长是否在可接受范围内等关键指标都能清晰判断。在分析结果的过程中，还可通过灵活调整参数，例如尝试增加柜台数量，观察顾客排队时长是否明显缩短，或者优化服务流程，看服务效率是否得以显著提升，以此不断完善银行排队系统模型，使其更好地反映实际情况并为银行运营决策提供有力支持。

2.2.2　系统动力学仿真

以基于巴斯扩散的传染病传播模型作为范例，在 AnyLogic 中创建系统动力学模型时，首要步骤同样是创建新模型。随后，构建系统动力图形是关键环节，在这一过程中，需要精准地定义存量、流量变量及其相互关系。在基于巴斯扩散的传染病传播模型里，像感染人数、易感人数这类重要因素就被明确界定为存量。感染人数代表着在某一时刻已经感染疾病的个体数量，而易感人数则是尚未感染但处于可能被感染风险中的个体数量。此外，感染率、治愈率等则属于流量范畴。感染率的设定并非随意为之，它紧密依赖于疾病本身的传染性强弱以及人群之间的接触频率。例如，对于传染性极强且人群接触频繁的疾病，感染率相应会设置得较高。而治愈率则与医疗水平和治疗时间有着密切关联，先进的医疗技术和合理的治疗时长安排会使得治愈率提升。

为了更深入地理解系统的动态变化，通过增加时间折线图来统计数据是极为有效的方式。时间折线图能够清晰呈现系统变量，如感染人数、易感人数等随时间的变化趋势。从折线图中，可以直观地看到感染人数是如何随着时间推移而逐渐增长，以及在采取一系列防控措施后，易感人数是怎样逐步减少的。同时，进行比较运行实验也是不可或缺的环节。在实验过程中，通过对比不同参数设置下模型的运行结果，能够深入分析参数对系统行为的影响。例如，调整疾病的潜伏期这一参数，观察感染人数的增长曲线是否会发生显著变化。另外，开展敏感性分析同样至关重要，通过这一分析能够确定哪些参数对系统结果影响更为显著。例如，在研究疫苗接种对传染病传播的影响时，可以通过逐步调整疫苗接种率，观察感染人数的变化趋势。如果发现疫苗接种率的微小变化就能引起感染人数的大幅变动，那么疫苗接种率无疑是对传染病传播影响极为显著的参数，这一结论将为传染病防控策略的制定和系统优化提供关键依据，帮助决策者更精准地把握防控重点。

2.2.3 智能体仿真

以传染病扩散模型为例，在 AnyLogic 中创建智能体仿真模型时，最初始且关键的步骤是创建人的智能体。在创建过程中，需要全面且细致地定义智能体的属性和行为规则。在传染病扩散模型的情境下，为每个人类智能体设置健康状态等核心属性是基础工作。健康状态可以包括易感状态、感染状态、治愈状态、免疫状态等多种，不同状态反映了个体在传染病传播过程中的不同阶段。同时，通过状态图来定义智能体在不同健康状态下的行为转变，这是模拟传染病传播动态过程的关键所在。例如，当易感者与感染者接触时，系统会根据预先设定的感染概率来决定易感者是否转变为感染状态。感染概率的设定需综合考虑疾病的传播特性、接触方式以及环境因素等，比如在通风不良且人员密集的环境中，感染概率相对较高。

设置模型初始状态也是极为重要的环节，这需要准确确定初始时刻不同健康状态的人数分布。例如，在模拟一个社区的传染病传播时，要依据社区的实际人口情况以及疫情初期的调查数据，合理设定初始时刻易感人数、感染人数的比例。添加数据统计信息能够实时跟踪感染人数、治愈人数等关键数据的变化情况，为分析传染病的传播趋势提供数据支持。同时，添加状态变化动画能够直观展示智能体状态的动态变化过程，让观察者清晰地看到个体是如何从易感状态转变为感染状态，以及经过治疗后又如何进入治愈状态的。此外，设置控件以方便用户调整模型参数，如感染概率、隔离措施等。通过调整感染概率，可以观察到传染病扩散速度的变化；而通过增加隔离措施的强度，如扩大隔离范围、延长隔离时间等，可以明显观察到感染人数的增长速度明显减缓，这为评估不同防控策略的有效性提供了直观且有效的手段。

2.2.4 多方法集成

现实世界中的复杂系统具有高度的综合性和多样性，往往难以凭借单一的建模方法实现准确模拟。AnyLogic 软件凭借其强大的功能，大力支持离散事件、系统动力学和智能体这三种建模方法的集成应用。

以传染病和诊所仿真场景为例，其中涉及众多复杂的因素和交互过程。利用智能体建模，能够生动且细致地描述病人、医护人员等个体的行为。每个病人和医护人员都可作为独立的智能体，拥有各自的属性和行为规则，如病人的就诊需求、行动路线，医护人员的工作流程、服务时间等。运用离散事件建模，则可以有效地处理病人挂号、就诊、检查等离散事件流程，精确模拟每个环节的时间安排、资源分配以及事件之间的先后顺序。借助系统动力学建模，能够深入分析医院资源，如病床数量、药品存量的动态变化以及与传染病传播之间的反馈关系。例如，随着传染病的传播，感染人数增加，对病床和药品的需求也相应增大，而病床和药品存量的变化又会反过来影响病人的治疗效果和传染病的传播速度。通过将这三种建模方法有机结合，能够更全面、准确地模拟和分析复杂的医疗系统。在集成过程中，需要特别注意不同模型之间的数据交互和时间同步问题。这是因为离散事件建模中的事件发生时间、智能体建模中个体的行为时间以及系统动力学建模中的时间变量需要保持一致，以确保整个仿真系统的一致性和准确性。只有这样，才能为医疗系统的决策制定，如医疗资源调配、防控策略优化等提供更可靠、更具参考价值的依据。

思考与练习

① 假设你需要优化某医院的急诊流程，请设计一个离散事件模型的基本框架，包括实体、事件、资源和关键参数。

② 使用系统动力学建模方法分析“城市人口增长与交通拥堵”的关系，画出因果关系图并解释反馈回路。

③ 基于智能体建模，设计一个模拟“鸟群避障行为”的模型，需定义智能体属性、行为规则及环境交互机制。

第3章

AnyLogic 基本操作

本书电子资源

在现代仿真建模领域，AnyLogic 作为一款功能强大的多方法建模与仿真平台，广泛应用于工业工程、物流管理、系统动力学等众多领域。熟练掌握其基本操作是构建高效仿真模型的基础。

本章系统介绍 AnyLogic 的核心操作流程与界面功能，帮助读者快速建立对该软件的操作体系认知。首先，讲解模型的创建、打开、保存及关闭等基础操作，确保用户灵活管理项目文件；接着，深入解析工程视图、面板视图、属性视图等核心界面组件的功能与交互方式；随后，逐一介绍菜单栏中涵盖文件管理、编辑操作、视图控制等实用功能的指令；图形设计部分，重点演示利用演示面板绘制图形元素并结合文本、图片进行可视化设计的方法，同时介绍图形分组与 3D 效果实现；此外，介绍文本文件、Excel 表格、数据库及剪贴板的数据交互机制；最后，针对编程语言特性，详细讲解 Java 代码在模型构建中的应用，并简要介绍集成 Python 扩展功能的方法。

通过本章学习，读者将全面掌握 AnyLogic 基础操作技能，为后续深入学习复杂建模方法奠定坚实基础。

3.1 AnyLogic 模型

3.1.1 创建新模型

AnyLogic 模型文件菜单面板示意图如图 3-1 所示。

在 AnyLogic 中创建新模型，可通过以下步骤实现：

单击工具栏中的“新建模型”按钮，或者在主菜单中选择“文件”→“新建”，也可使用快捷键 Ctrl+N，此时会弹出“新建模型”对话框（图 3-2）。

图 3-1　文件菜单面板

图 3-2　新建模型面板

在对话框中输入模型名及存储位置，还可根据需要修改模型时间单位和 AnyLogic 将要创建的 Java 包名。单击“完成”按钮，完成新模型的创建。

3.1.2　打开模型

打开已有模型的操作如下：

单击工具栏中的“打开”按钮，或者在主菜单中选择“文件”→“打开……”，也可按下 Ctrl+O 键，将弹出“打开”对话框（图 3-3）。

在资源管理器中找到想打开的模型文件，双击该文件，或者选中该文件后单击“打开”按钮。AnyLogic 允许同时打开多个模型，且每次启动时会打开工作空间中的所有模型。还可通过“文件”菜单最下方的“最近打开的模型”文件列表快速选择要再次打开的模型。

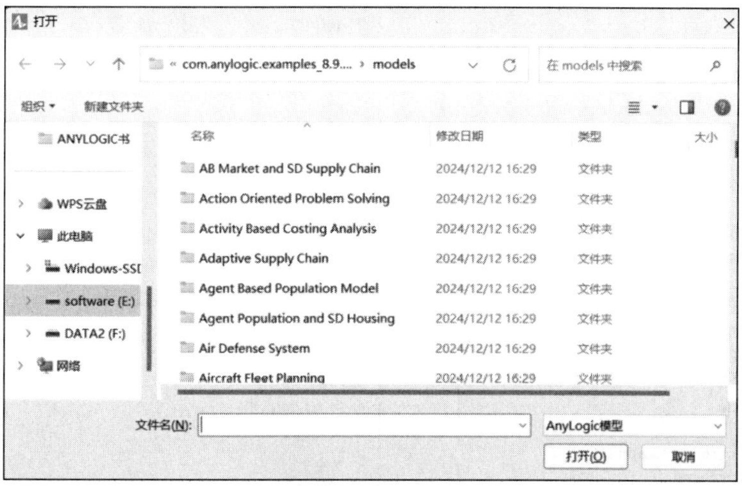

图 3-3　打开模型面板

3.1.3　保存模型

保存模型有以下几种方式：

- 保存当前模型：单击工具栏中的“保存”按钮，或者在主菜单中选择“文件”→“保存”，或者按下 Ctrl+S 键。
- 把当前模型保存为其他名字：在主菜单中选择“文件”→“另存为……”，在弹出的对话框中输入想保存的模型名称和位置，然后单击“保存”按钮。
- 保存所有模型：单击工具栏中的“保存所有”按钮，或者在主菜单中选择“文件”→“保存所有”。

3.1.4 关闭模型

若要关闭当前工作空间中已打开的项目，可在主菜单中选择“文件”→“关闭”。

3.2 AnyLogic 的窗口界面

AnyLogic 打开后主要有以下工作界面：

① 工程视图（图 3-4）：可访问当前工作空间中所有打开的 AnyLogic 项目，利用工程树能方便地在模型之间浏览，模型按层次组织呈树状结构，缺省在 AnyLogic 窗口最左面。可通过主菜单中的“视图”→“工程”进行显示/关闭操作，在该视图中可对元素进行复制、移动、删除等管理操作，还能查看和修改模型元素的属性。

② 面板视图（图 3-5）：由与特定任务相关的、包含各种建模模块的模板组成，可通过主菜单中的“视图”→“面板”打开/关闭。其中包含流程建模库、演示、分析等面板，单击视图中相应面板的标签即可打开对应面板，且可自行定义模块的显示方式。

图 3-4 工程视图

图 3-5 面板视图

③ 属性视图（图 3-6）：用于查看和修改当前选中的模型元素的属性。当在工程视图或图形化编辑器中选中某个元素时，属性视图会显示相应属性，其每个页面中的编辑控件可用于查看和修改属性。

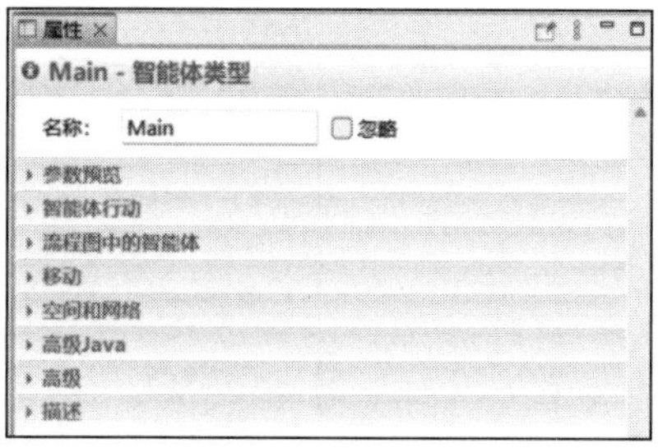

图 3-6 属性视图

④ 问题视图（图 3-7）：能在 AnyLogic 工作空间中建立模型时检查类型、参数和图表的语法。模型编译与代码生成过程中的错误会在此显示，会给出错误描述和位置。可通过主菜单中的“视图”→“问题”进行操作。还能创建过滤器筛选警告和错误。

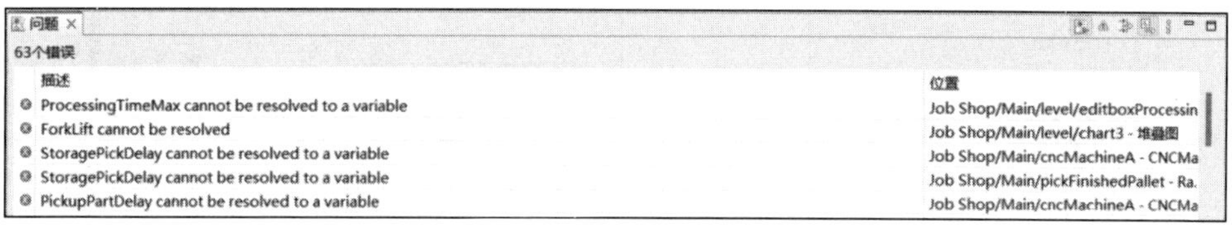

图 3-7 问题视图

⑤ 搜索视图（图 3-8）：用于显示查询结果，在主菜单中选择“视图”→“搜索”可打开。搜索结果以树形结构展示，可通过双击属性定位到相关元素，且符合条件的元素会在工作空间中被选中并在属性窗口高亮显示。

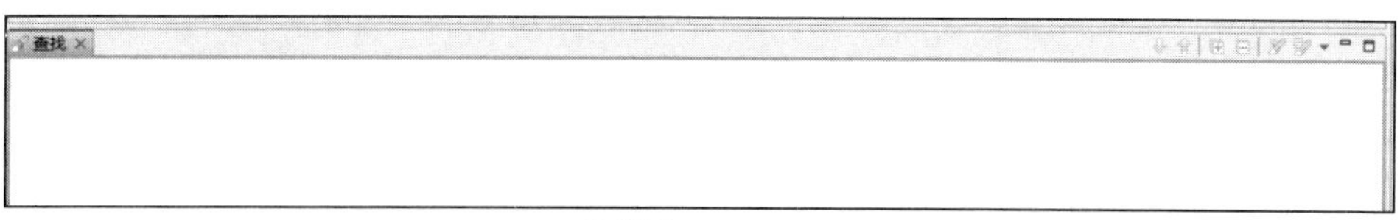

图 3-8 搜索视图

⑥ 控制台视图（图 3-9）：显示模型执行的输出结果，也允许输入必要的控制参数。其显示的文本分标准输出、标准错误、标准输入三种类型，每种类型用不同颜色区分。

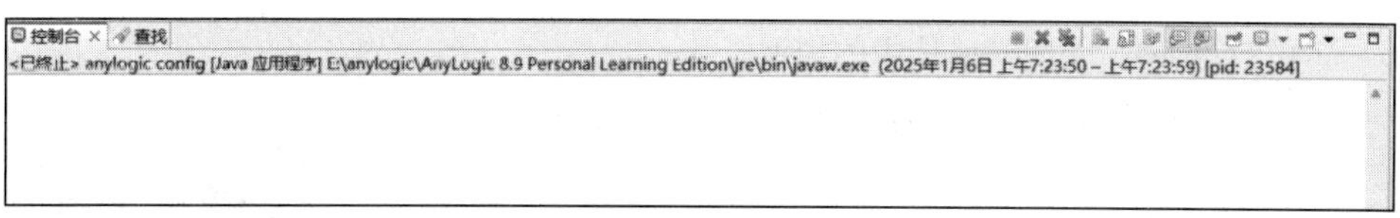

图 3-9 控制台视图

⑦ 帮助视图（图 3-10）：提供 AnyLogic 的在线帮助，由若干个页面组成，可通过底部超链接切换页面，还可进行搜索、查看索引、标注书签等操作。可在主菜单中选择“帮助”→“AnyLogic 帮助”打开/关闭。

⑧ 图形化编辑器（图 3-11）：每个活动对象类都有对应的图形化编辑器，用于定义活动对象的结构，可通过在工程树中右击活动对象选择打开方式。在其中可进行绘制和编辑几何图形、移动与缩放编辑器、设置网格等操作，还能对几何图形进行复制、移动、删除等操作以及设置其属性。

图 3-10　帮助视图

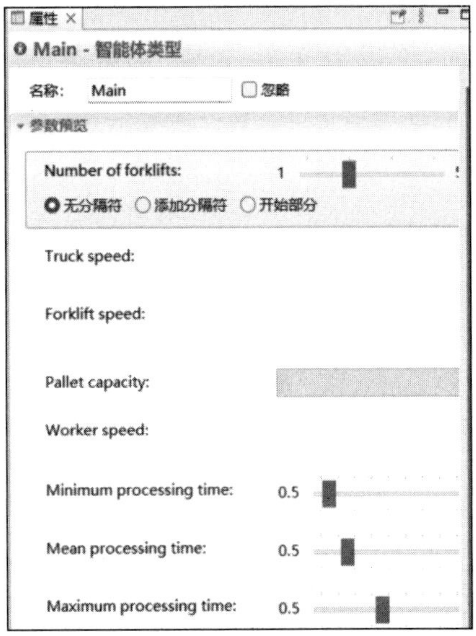

图 3-11　图形化编辑器

3.3 AnyLogic 的菜单栏

3.3.1 文件菜单

“文件（File）”菜单（图 3-12）包含了 AnyLogic 中的基本操作命令，如：

- 新建（NewModel）：创建一个新模型。
- 打开（Open）：打开已存在的模型。
- 保存（Save）：保存对于选中模型的所有修改。
- 另存为（SaveAs）：将当前选中的模型另存为其他名字。
- 保存所有（SaveAll）：保存当前工作空间中所有打开的模型。
- 关闭（Close）：关闭当前选中的模型。
- 关闭所有（CloseAll）：关闭当前工作空间中打开的所有模型。
- 退出（Exit）：退出 AnyLogic。

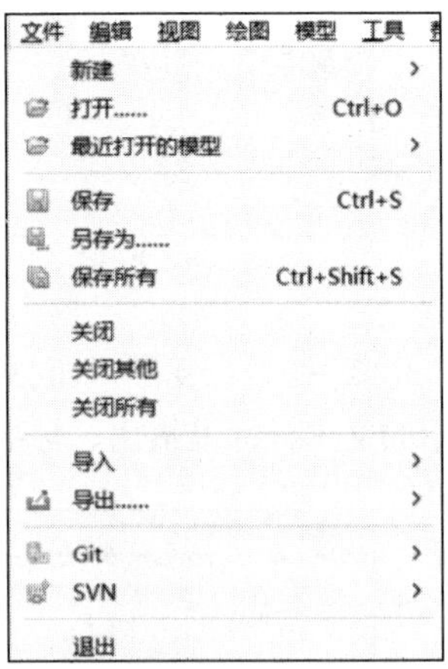

图 3-12　文件菜单

3.3.2 编辑菜单

“编辑（Edit）”菜单（图 3-13）包含了编辑模型时常用的命令，如：

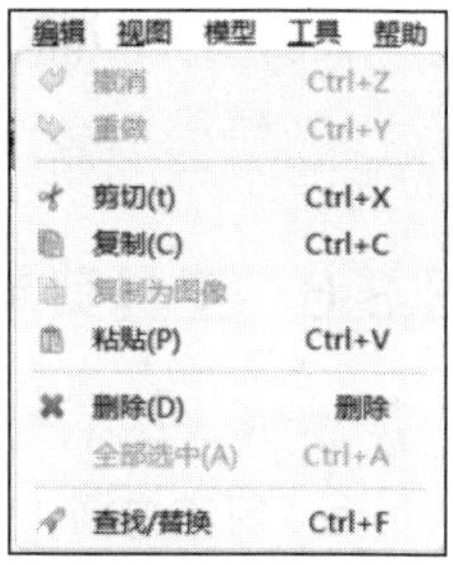

图 3-13　编辑菜单

- 撤消（Undo）：撤消上一步操作。
- 重做（Redo）：重复上一步操作。
- 剪切（Cut）：剪切当前选中的元素。
- 复制（Copy）：复制当前选中的元素。
- 粘贴（Paste）：粘贴剪切板中的内容。
- 删除（Delete）：删除当前选中的元素。
- 全部选中（SelectAll）：选中当前编辑器中的所有元素。
- 查找/替换（Find/Replace）：在工作空间中查找包含指定字符串的元素，必要时可替换成其他字符串。

3.3.3　视图菜单

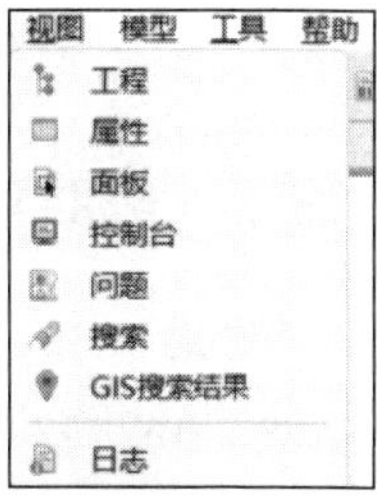

图 3-14　视图菜单

“视图（View）”菜单（图 3-14）包含了用于操作当前 AnyLogic 工作空间中已打开的视图的命令，如：

- 工程（Projects）：打开/关闭工程视图。
- 属性（Properties）：打开/关闭属性视图。
- 面板（Palette）：打开/关闭面板视图。
- 控制台（Console）：打开/关闭控制台视图。
- 问题（Problems）：打开/关闭问题视图。
- 搜索（Search）：打开/关闭搜索视图。
- 日志（Log）：打开/关闭日志视图。

3.3.4　绘图菜单

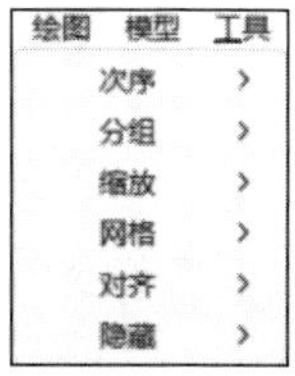

图 3-15　绘图菜单

“绘图（Drawing）”菜单（图 3-15）包含了对 AnyLogic 工作空间中图形编辑器的相关操作，如：

- 次序（Sequence）：置于顶层、上移一层、下移一层、置于底层。
- 分组（Grouping）：取消分组、选择组内容、创建组、选择组、从组中移除。
- 缩放（Zoom）：缩放到 100%、缩小、放大。
- 网格（Grid）：启用/禁用网格、展示/隐藏网格。
- 对齐（Alignment）：水平左对齐、水平居中、水平右对齐、垂直上对齐、垂直居中、垂直下对齐。
- 隐藏（Hide）：隐藏空间标记元素、隐藏图形、隐藏系统动力学链接、隐藏二维元素、隐藏三维元素。

3.3.5　模型菜单

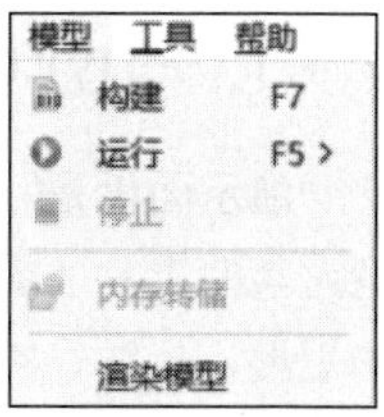

图 3-16　模型菜单

“模型（Model）”菜单（图 3-16）包含了操作模型时需要用到的命令，如：

- 构建（Build）：构建当前选中的模型。

- 运行（Run）：运行下拉列表中选中的试验。
- 停止（Stop）：停止当前正在运行的模型，以及内存转储和渲染模型。

3.3.6 工具菜单

“工具（Tool）”菜单（图 3-17）所包含的功能如下：

- 创建文档（Create document）：创建新文档。
- 检查快照兼容性（Check snapshot compatibility）：检查快照的兼容性。
- 检查系统动力学单位（Check system dynamics unit）：检查系统动力学的单位。
- 重置视图（Reset view）：可重置视图为默认。
- 偏好（Preference）：可设置首选项内容。

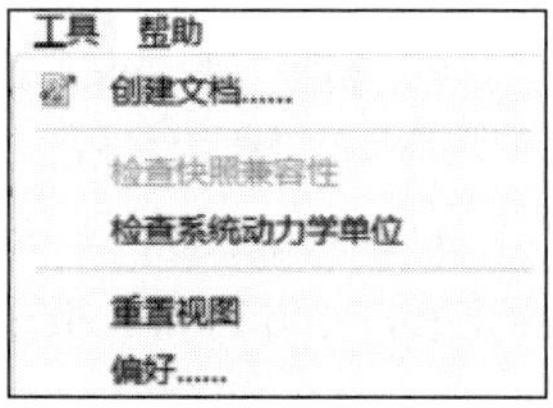

图 3-17 工具菜单

3.3.7 帮助菜单

“帮助（Help）”菜单（图 3-18）包含了打开帮助信息等相关命令，如：

- AnyLogic 帮助（AnyLogic Help）：打开 AnyLogic 的帮助窗口。
- 欢迎（Welcome）：打开 AnyLogic 的欢迎页面。
- 示例模型（Example Models）：打开模型示例。
- 关于 AnyLogic（About AnyLogic）：查看 AnyLogic 的信息，如版本号等。

图 3-18 帮助菜单

3.4 AnyLogic 图形设计

3.4.1 AnyLogic 的演示面板

演示面板是 AnyLogic 图形设计的重要组成部分，其中包含了多种用于绘制图形和创建模型元素的工具（图 3-19）。通过将代表特定形状的模块拖拽到画布上，可以快速绘制基本形状，如矩形、折线、椭圆等，这些形状都有默认大小，也可根据需要进行调整。对于一些支持绘图模式的形状，如折线和曲线，可通过双击面板中的相应图标进入绘图模式，在画布上依次点击确定点的位置来绘制，绘制完成后还可对其进行编辑，如添加、删除或移动点。此外，演示面板还可用于设置图形的属性，如颜色、填充色、线宽等，这些属性的设置会影响图形在模型中的显示效果，同时也与模型的逻辑和动画效果相关联。

图 3-19 演示面板

3.4.2 图形设计

在 AnyLogic 中进行图形设计时，除了利用演示面板绘制基本形状外，还需注意以下方面。

① 文本编辑和设置。可以在图形中添加文本元素，通过设置文本的字体、字号、颜色等属性来满足模型展示的需求。文本的位置和方向也可根据具体情况进行调整，并且可以与其他图形元素进行组合，以实现更丰富的信息展示效果。

② 图片使用。支持在模型中插入图片，可通过特定的操作将图片放置在合适的位置，并调整其大小和显示方式。图片的来源可以是本地文件，在插入时需注意图片的格式是否被 AnyLogic 支持，同时要确保图片的分辨率和质量在模型中能够达到预期的展示效果，避免因图片过大或过小影响模型整体的美观和性能。

③ 坐标和网格。图形绘制基于具有无限空间的三维编辑环境，其坐标轴 X 轴正方向水平向右，Y 轴正方向竖直向下，Z 轴正方向指向用户。在图形化编辑器中，默认坐标在左上方，且具有网格辅助设计。网格间距在 100%焦距下为 10 像素，指引线间距为 50 像素。通过改变焦距可调整网格间距，这有助于在绘制图形时更准确地定位和对齐元素，保证图形的规范性和整齐度。在移动或调整图形大小时，可利用网格的特性使图形的坐标和大小为单元网格大小的整数倍，方便实现多个图形的精确布局和对齐。

④ 形状的复制、移动和删除。AnyLogic 提供了丰富的操作功能，与常见的编辑器操作类似，支持通过快捷键、菜单命令或鼠标拖拽等方式对形状进行复制、移动和删除操作。例如，可使用 Ctrl+C、Ctrl+V 快捷键进行复制和粘贴操作，也可在编辑菜单中选择相应命令；在移动图形时，可直接拖拽图形到目标位置，还能通过方向键进行微调；删除图形时，可选中图形后按 Delete 键或使用编辑菜单中的删除命令。这些操作能够方便快捷地调整图形布局和修

改模型结构。

3.4.3 图形分组

AnyLogic 中的图形分组功能允许将多个形状视为一个整体进行操作，可分组的对象包括简单形状（如矩形、椭圆、折线等）、文本、图片、CAD 图画、GIS 图画、控件（如按钮、滑块、编辑框等）、图表（如条形图、折线图、直方图等）等，但诸如时间状态图、变量和函数图标等对象不能分组。

① 创建分组。通过拖动矩形区域或按 Ctrl 键逐一添加的方法选择要分组的形状，然后单击鼠标右键，从快捷菜单中选择“分组”→“创建组”即可创建分组。分组后会形成一个新的组对象，该组有自己的中心，通常并非几何中心，甚至可能在组内形状的外部。选中组时可看到其中心的小圆圈和把手，组的中心在旋转、移动等操作中起到关键作用。

② 组内操作。分组后，组内的形状仍可单独被选择和编辑，通过选择单独的形状并进行移动、改变大小等操作，可实现组内形状的动态调整。同时，可利用组的动态属性，动态地表现、隐藏、旋转、移动组内的所有形状，还可为组的成员提供新的旋转中心和初始坐标，这在构建复杂动画和动态模型时非常有用，能够提高模型构建的效率和灵活性。

③ 3D 分组。若要使分组在 3D 动画中显示，需在属性视图选中 3D 复选框，此时分组将在 3D 视图下显示。一个 3D 分组只能包含 3D 形状，若包含 2D 形状，AnyLogic 软件会提示错误。当几个 3D 形状形成分组时，分组会自动标记为 3D 分组，在组内添加 3D 形状也会使其变为 3D 分组。在 3D 场景中，3D 分组的应用能够增强模型的立体感和真实感。

3.5 AnyLogic 数据交换机制

3.5.1 文本文件

AnyLogic 提供了文本文件（TextFile）元素来简化对文本文件的访问操作。在模型设计阶段，可在文本文件元素属性中输入文件名，使其与特定文件相关联；在运行阶段，则可通过函数 setFile 或者 setURL 实现关联。文本文件在模型中具有读（Read）、写（Write）和写/附加（Write/Append）等操作模式，而 URI 类型的文件仅支持只读操作。

（1）使用文本文件作为日志

利用 txt 插件可为模型创建日志（log）文件，通过 writeToLog(Stringinfo)函数将字符串写入 txt 文档。在模型启动前，系统会检查模型所在文件夹下是否存在 log.txt 文档，若存在则清除其中所有内容，若不存在则新建该文档。

例如，在创建日志功能时，首先创建新模型，从 Connectivity 面板拖入文本文件元素并命名为 log，设置其资源为文件（File）并选择 log.txt，模式为“写（Write）”。然后在 Agent 面板创建 writeToLog 函数，将其与 log 文件关联，在智能体行动部分的“启动时（Onstartup）”和事件的“行动（Action）”中分别写入相应代码。运行模型后，事件发生的信息将被记录到 log 文件中，可在模型停止后查看该文件内容。

（2）将文本文件内容读入表函数

在 AnyLogicProfessional 中，可实现将文本文件内容读入表函数的操作。先创建新模型，拖入文本文件元素和表函数元素，再拖入文件选择器元素。在文件选择器属性的“行动（Action）”中编写代码，实现设置文件读取对象、读取数据、转换数据格式并将其填入表函数的过程。例如，在文本文件中录入特定数值后保存为 data.txt 文件，运行模型并通过文件选择器选择该文件，即可将文件中的数据读入表函数，为模型提供数据支持。

3.5.2 Excel 电子表格

AnyLogic 的 Excel 文件元素方便了对 Excel 文件的读取和操作。在模型初始阶段，它会读取指定的 Excel 文件并在 AnyLogic 模型中创建内部标志，之后模型可使用 Excel 文件 API（应用程序接口）访问 Excel 电子表格，进行读取、写入数据以及创建单元格等操作。在模型运行过程中，对 Excel 文件的所有修改都是针对内部备份文件进行的，直到模型终止或调用 writeFile() 函数时，这些修改才会被保存到磁盘上的实际文件中。

从 Excel 文件中读取模型参数：例如，有一个名为 parameters.xlsx 的 Excel 文件，其第一个工作表 Callcenter 中，A 列用于描述变量，B 列是与模型中参数匹配的名称，C 列是取值。在 AnyLogic 中新建模型并将该 Excel 文件置于同一文件夹后，从 Connectivity 面板拖入 Excel 文件元素并设置其“文件”为“parameters.xlsx”，接着添加与 Excel 文件中参数对应的参数元素。然后在 Main 的属性中，于智能体行动部分的“启动时（Onstartup）”输入代码，通过 Javareflection 技术读取 Excel 文件中的值，并根据名称匹配为模型中的参数赋值，从而实现从 Excel 文件获取模型参数的功能，提高模型参数设置的效率和灵活性。

3.5.3 数据库

AnyLogic 支持与数据库进行数据交换，可连接多种常见的数据库，如 Oracle、MSSQLServer、MSAccess、MySQL 等。在模型中，通过配置相应的数据库连接参数，能够实现从数据库读取数据用于模型的初始化或运行过程中的数据更新，也可以将模型运行产生的结果数据写入数据库进行存储和后续分析。例如，在构建一个生产系统仿真模型时，可从数据库中获取原材料库存信息、生产设备参数等数据，在模型运行结束后，将生产效率、产品质量等结果数据写回数据库，以便企业进行生产管理和决策分析。具体的数据库操作通常涉及数据库驱动的安装、连接字符串的配置以及 SQL 查询语句的编写等步骤，在 AnyLogic 中可利用相关的数据库连接元素和函数来完成这些操作，但详细的操作过程会因使用的数据库类型和具体需求而有所不同。

3.5.4 使用剪贴板

AnyLogic 还可以利用系统剪贴板进行数据交换。在模型操作过程中，可将模型中的某些数据（如文本、数值、图形元素等）复制到剪贴板，然后在其他应用程序或同一模型的不同位置进行粘贴操作。同样，也可以从外部应用程序复制数据到 AnyLogic 模型中，例如从 Excel 表格中复制数据，然后在 AnyLogic 的编辑框或数据输入区域进行粘贴，实现数据的快速导入。这种方式在数据传输和共享方面提供了一定的便捷性，但需要注意数据格式的兼容性和粘贴操作的准确性，确保数据能够正确地在不同环境之间传递和使用。

3.6 AnyLogic 中的编程语言

3.6.1 AnyLogic 中 Java 代码

AnyLogic 的建模语言基于 Java，模型的 Java 类结构主干由 AnyLogic 自动生成，但在创建相对复杂的模型时，仍需要用户编写 Java 代码来实现一些特定的功能，如处理概率分布、评估表达式、定义数据结构和设计算法等。

（1）基本数据类型

在 AnyLogic 中主要用到 Java 的四种基本数据类型，包括：

① 整数型（int），如 12、1000、−150 等。

② 双精度浮点型（double），像 877.13、12.0、0.153 等。在 AnyLogic 中所有实际值（如时间、坐标、长度、速度和随机数）都具有双精度。

③ 布尔型（boolean），仅有 true 和 false 两种取值，不能用 0 或 1 表示。

④ 字符串型（string），如“AnyLogic”“X=”等，实际上它是一个类，但在使用上类似基本类型。

在数值常量中，带小数分隔符“.”的数字被视作实数，即便分数部分缺失或为 0，如“.153”等同于“0.153”，“12.”等同于“12.0”。

（2）类

Java 中的类，用于减少全局变量的使用和提供自定义类型功能。例如，可定义一个 Location 类来表示地图上的位置，包含 x 和 y 坐标字段以及计算距离的方法 distanceTo()。还可以扩展类，如扩展 Location 类得到 City 类，增加 name 和 population 等新属性。

在 AnyLogic 中，常见的类包括 ActiveObject（如 Main 等活动对象的基本类）、Agent（智能体类，是 ActiveObject 的子类）、Event（事件类）、DynamicEvent、Statechart、Transition 等，不同的类在模型中具有不同的功能和作用，通过合理使用和继承这些类，可以构建出复杂的模型结构。

（3）变量

变量分为局部变量和类变量。

① 局部变量是临时变量，仅在执行特定函数或语句块时存在，如在函数内部定义的变量。定义局部变量时需指定变量类型、名称和初始化值（可选），例如“double sum=0;”定义了一个双精度浮点型变量 sum 并初始化为 0。

② 类变量是活动对象的“内存”或“状态”的一部分，可通过图表或代码表示。在 AnyLogic 中创建类变量时，可从 Agent 面板拖拽变量元素到活动对象画布，设置变量名称、访问类型（如默认、公开、私有）和变量类型等属性，若未赋初始值，则布尔型默认为 false，数值型默认为

0，其他类型默认为 null。

（4）函数

函数包括标准系统函数、模型元素 API 函数和自定义函数。

① 标准系统函数，如数学函数[如 Math.min(a,b)，返回 a 和 b 二者中的最小值]、与模型时间和日期相关的函数[如 time()，返回模型当前时间]、概率分布函数[如 uniform(min,max)，返回均匀分布的随机数]、模型日志输出及格式函数[如 traceln(Object o)，在模型日志末尾输出对象的字符串表示形式]，以及执行环境和模型结构指引函数等。这些函数可直接通过 ActiveObject 获得。

② 模型元素 API 函数，可用于检索和控制模型中的各种元素信息，如 event.restart(15*minute()) 可调度事件在 15 分钟后发生等。

③ 自定义函数，可由用户在活动对象中定义，通过在 Agent 面板拖拽函数元素至画布，设置函数名称、访问类型、返回类型和参数等属性，并在函数体中填入代码来实现特定的功能。

（5）表达式

表达式涵盖算术表达式、关系表达式、逻辑表达式、字符串表达式和条件表达式等。

① 算术表达式由四则运算和余数符号连接组成，需注意运算优先级和整数除法的特点，如 3/2=1（整数除法），3/2.=1.5（实数除法），可使用括号控制运算顺序。

② 关系表达式中，关系运算符用于比较大小和相等性。对于字符串比较，需使用 equals() 函数。

③ 逻辑表达式中，逻辑运算符具有短路行为，可用于组合条件判断。

④ 字符串表达式可将不同字符串连接或转换其他类型为字符串进行连接。

⑤ 条件表达式根据条件从两个值中选择一个，可嵌套使用，如“backlog.isEmpty()?0: backlog.getFirst().amount”，根据队列 backlog 的状态返回不同的值。

（6）数组和集合

数组是固定大小的线性存储集合，定义时需指定数组类型和大小，如“int[ ]intarray= newint[100];”，可通过索引访问数组元素，也可进行迭代操作。

集合更为灵活，大小可变，常见的集合类型有 ArrayList 和 LinkedList 等。ArrayList 可视为大小可变的数组，支持添加、删除、获取元素等操作，如“ArrayList<Person> friends=new ArrayList <Person>();”是可用于存储 Person 类对象的集合。LinkedList 常用于模拟堆栈或队列结构，具有特定的添加和删除元素的方法，如 addFirst()、addLast()、removeFirst()、removeLast()等，在处理先进先出或后进先出的场景时非常有用。不同集合类型在执行不同操作时具有不同的时间复杂度，在模型设计中需根据具体需求选择合适的集合类型以提高模型执行效率。

（7）命名规则

Java 是区分大小写的编程语言，在 AnyLogic 中命名需遵循一定规则：

① 普通 Java 变量、活动对象参数和集合等首字母不限大小写，但内部专有词汇首字母大写；

② 函数首字母小写，但内部专有词汇首字母大写，部分函数如 time()、date()等为例外；

③ 函数列表和局部变量应尽可能简短、小写，由多个单词组成时内部专有词汇首字母大写；

④ Java 连续变量所有字母大写且用下划线连接；

⑤ 类（包括活动对象类、实体类、用户定义 Java 类、动态事件等）首字母必须大写，内部专有词汇首字母也大写，且必须是名词，除非是有行动意义的过程模型部件（可为动词）；

⑥ 嵌入对象首字母小写，内部专有词汇首字母大写，可复制对象使用复数形式；

⑦ 动力学变量在系统动力学模型中常将单词首字母大写，尽量不用下划线。

遵循这些命名规则有助于提高代码的可读性和可维护性。

（8）语句

语句包括变量声明、函数调用、赋值、决策（如 if-then-else 语句）、循环（如 for 循环、while 循环、do-while 循环）、块和返回语句等。

① 变量声明指定变量类型和名称，可同时初始化；

② 函数调用可返回值或作为语句执行；

③ 赋值语句使用“=”将表达式的值赋给变量；

④ 决策语句根据条件执行不同的代码块；

⑤ 循环语句用于重复执行代码：for 循环可用于迭代数组和集合，while 循环在条件为真时重复执行，do-while 循环至少执行一次；

⑥ 块由花括号括起的一系列语句组成，用于将多个语句视为一个整体；

⑦ 返回语句在函数中用于返回值或结束函数执行。

在编写代码时，需注意语句的语法和逻辑正确性，以及代码的结构清晰度。

3.6.2 在 AnyLogic 中使用 Python

在 AnyLogic 中，虽然 Java 是主要的脚本语言，但也可通过一些方式使用 Python。一种常见的方法是利用 Java 的 Python 集成库，如 Jython。Jython 是 Python 的 Java 实现，它允许在 Java 虚拟机上运行 Python 代码。在 AnyLogic 中使用 Jython 时，首先需将 Jython 库添加到项目中，然后可在 Java 代码中嵌入 Python 代码段。例如，在智能体的行动代码中，可通过 Jython 解释器执行 Python 代码，实现一些 Java 原生代码难以完成的功能，如利用 Python 丰富的数据分析库进行数据处理和分析。

另外，也可通过 AnyLogic 的外部进程调用功能来使用 Python。在模型中，可使用 Java 的 ProcessBuilder 类启动外部的 Python 脚本：首先创建 ProcessBuilder 对象，指定要执行的 Python 脚本路径和参数，然后启动进程。通过这种方式，可充分利用 Python 强大的功能，如机器学习算法、复杂的数据处理和可视化功能等，为 AnyLogic 模型提供更丰富的功能支持，拓展模型的应用场景。

思考与练习

① 请创建一个简单的 AnyLogic 模型，包含至少三个不同类型的模型元素（如智能体、事件、图形等），并描述如何使用文件菜单对该模型进行保存和另存为操作，思考这两种操作在实

际应用中的区别和适用场景。

② 对于一个复杂的 AnyLogic 模型，其中包含多个活动对象和事件，如何使用 AnyLogic 的搜索视图快速定位到特定的元素（如某个智能体类、某个事件函数）？请举例说明搜索条件的设置方法和搜索结果的查看与使用方式。

③ 利用 AnyLogic 的图形设计功能，绘制一个包含多种形状（如矩形、圆形、折线）和文本的复杂图形，并尝试对这些图形进行分组操作，然后改变分组的旋转角度和位置，观察其效果。思考分组操作在构建复杂模型时的优势，以及在分组过程中需要注意的事项。

④ 在 AnyLogic 模型中编写 Java 代码实现一个自定义函数，该函数用于计算一组数据的平均值和标准差。请详细描述函数的创建过程，包括函数的定义、参数设置、代码编写以及如何在模型中调用该函数，并验证函数的正确性。

第二部分

工业应用篇

智能制造系统建模与仿真：
基于AnyLogic

第4章

JOBSHOP 生产线建模与仿真

本书电子资源

在现代制造业中，作业车间（JOBSHOP）作为典型的离散制造系统，其生产流程的高效调度与资源优化对提高企业竞争力至关重要。然而，传统的经验式管理方法难以精准预测复杂生产场景下的动态行为，导致生产效率低下、资源浪费等问题。为解决这一挑战，离散事件仿真技术被广泛应用于作业车间的建模与优化，通过数字化手段模拟实际生产过程，为决策者提供科学依据。

本章以某小型作业车间为研究对象，基于 AnyLogic 仿真平台，系统阐述了如何构建包含原料仓储、叉车运输、数控机床加工及 3D 动态展示的全流程离散事件模型。具体内容涵盖基础模型搭建（包括智能体定义、资源配置）、三维可视化布局设计、物流与生产流程逻辑建模、数据统计与优化分析等关键环节。通过本章实践，读者将掌握利用 AnyLogic 进行作业车间仿真的完整方法论，并理解如何通过模型优化提升生产系统的整体性能。

4.1 案例描述

本案例目标是创建一个离散事件模型来模拟一个小型作业车间的制造和运输过程，使用 AnyLogic 流程建模库和物流搬运库创建离散事件模型。完整过程包含将接收的原材料放入仓库，及后续在数控机床上进行加工。具体包括：首先建立模型，模拟托盘到达车间及装卸台存储过程；通过叉车实现仓储调度及生产区运输，集成卡车物流模拟原料运输；建模数控机床加工程序；最终开发 3D 动画，实时展示物料流转、设备运行与运输协同的全流程动态。

JOBSHOP 仿真建模如图 4-1 所示。

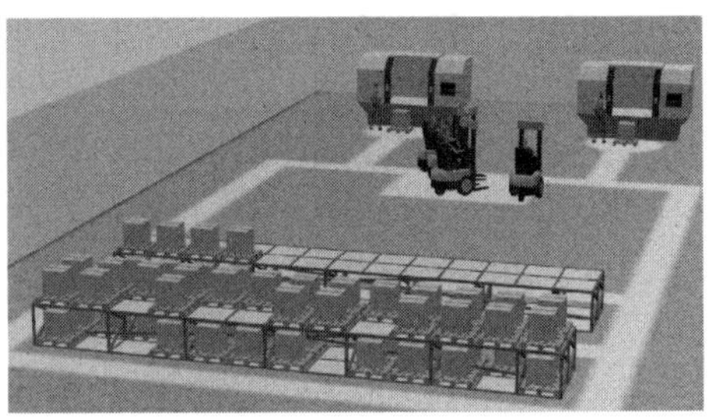

图 4-1　JOBSHOP 仿真建模

4.2 建立基础模型

① 新建仿真模型（图 4-2）。点击“文件”→“新建模型”，命名为“JobShop”，模型时间单位设定为：分钟。

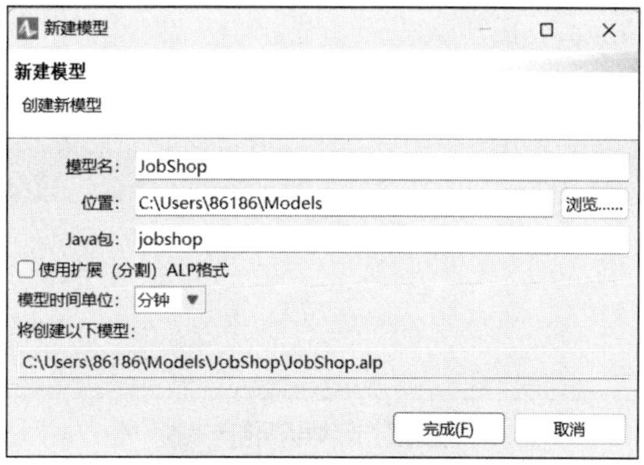

图 4-2 新建 JOBSHOP 模型

② 添加一个布局图（图 4-3），模拟车间过程。

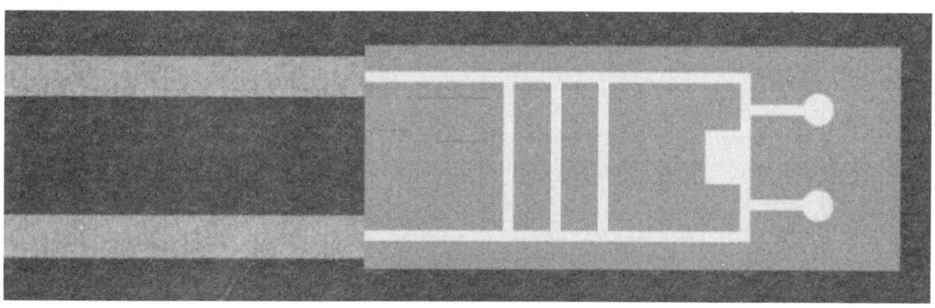

图 4-3 布局图

③ 拖拽图像（图 4-4）。在面板模块选择“视图”，然后在当前面板中选择“图像（Image）”，将其拖拽至主界面（Main）中，实现添加图像功能。

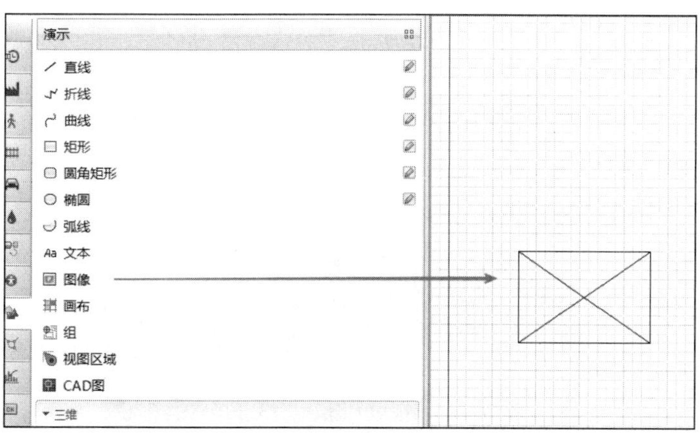

图 4-4 拖拽图像

④ AnyLogic 将原始大小的图像添加到主图中，需要更改图像的宽度或长度。如果图像比例失调，可以在图像属性中通过“重置到原始大小”按钮进行恢复。主界面如图 4-5 所示。

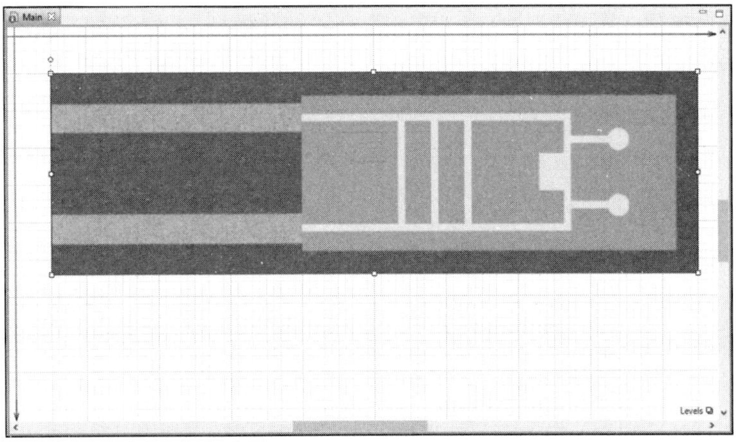

图 4-5　拖拽完成后的主界面

⑤ 设定图像参数。主界面中点击选中图像，然后在右侧属性界面选择“锁定”框（图 4-6），用于锁定图像。通过锁定图像操作，可以将图像固定在编辑界面，处于不可选中状态，从而不会影响鼠标的其他操作。如果需要解锁形状，在图形编辑器中右击，然后从菜单中选择“解锁所有形状”。

图 4-6　图像属性参数

⑥ 拖拽矩形节点。打开空间标记面板，拖拽矩形节点到主界面，调整矩形大小和位置，将节点名称修改为 node 装卸平台，如图 4-7 所示。

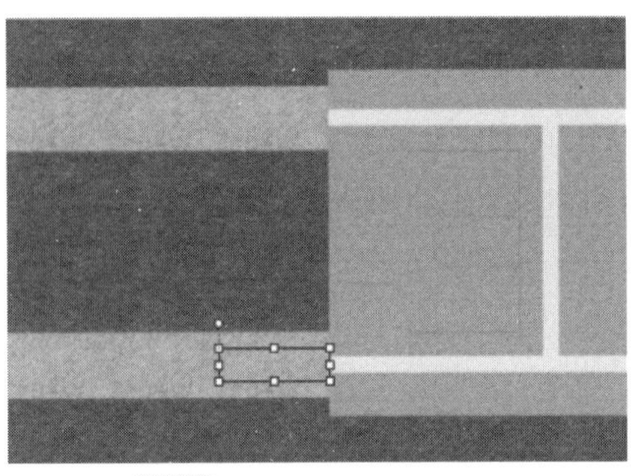

图 4-7　node 装卸平台矩形节点

⑦ 再绘制一个节点，定义当叉车处于空闲状态时的停车位置。使用另一个矩形节点绘制如图 4-8 所示的停车区域，并将此节点命名为 node 叉车停车区域。

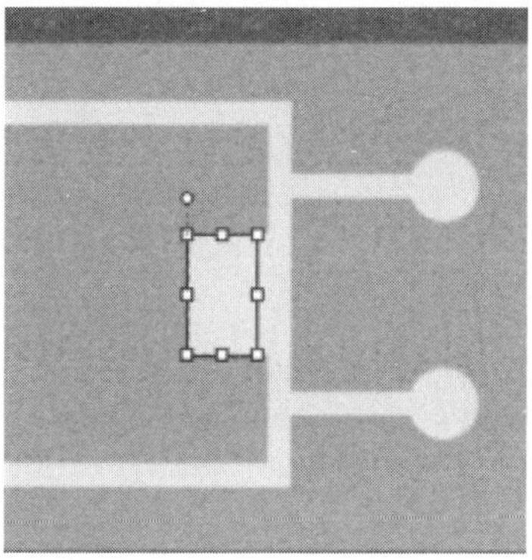

图 4-8　node 叉车停车区域矩形节点

⑧ 绘制路径，连接装卸平台和叉车停车区域：在空间标记面板，双击路径元素绘制路线。绘制如图 4-9 所示的装卸平台到叉车停车区域的一条路径。

图 4-9　路径连接装卸平台和叉车停车区域

⑨ 使用流程建模库面板中的托盘货架模拟货架，拖拽至主界面如图 4-10 所示位置。在属性部分修改类型为“两货架，一通道”，如图 4-11 所示。

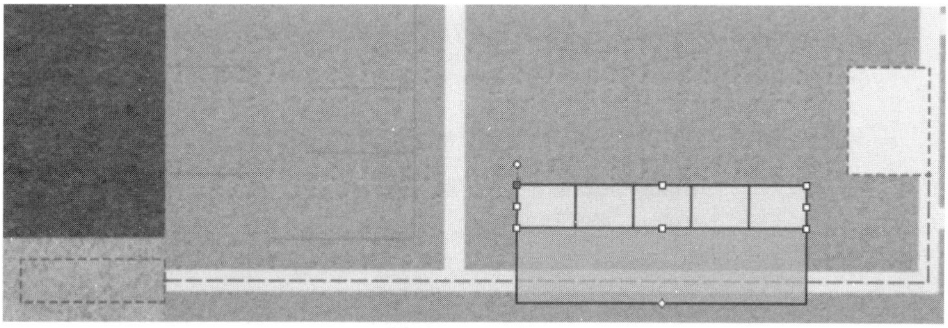

图 4-10　拖拽托盘货架

⑩ 从流程建模库面板中拖拽 Source 元素到主界面，并命名为 sourcePallets。Source 块通常充当流程起点，模型中将使用它来生成托盘。设置 Source 托盘块属性参数，确保模型的托盘每 5 分钟到达装卸平台一次。在“到达位置”下拉选项中选择“网络/GIS 节点”；在“节点”下拉选项中选择“node 卸货区”，如图 4-12 所示。

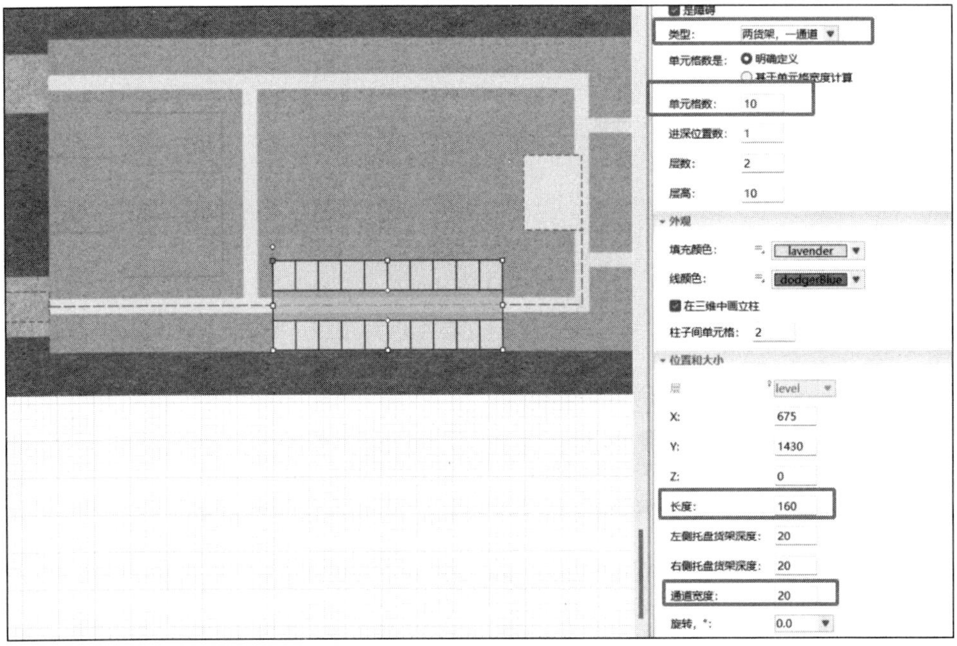

图 4-11　托盘货架属性（一）

图 4-12　托盘货架属性（二）

⑪ 从流程建模库面板中拖拽 ResourcePool 元素到主界面，并命名为 AGV。新增智能体并设置智能体动画。选择“仓库和集装箱码头”下的“叉车”，然后点击“完成”即可，如图 4-13 所示。属性中速度设为 1，归属地选择 nodeAGV 暂存区，如图 4-14 所示。

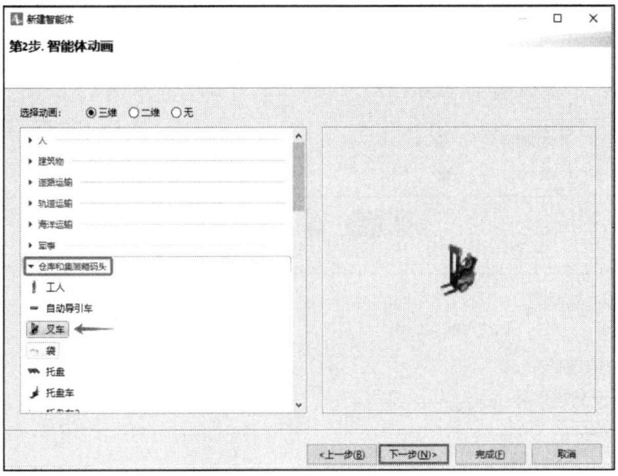

图 4-13 新建叉车智能体

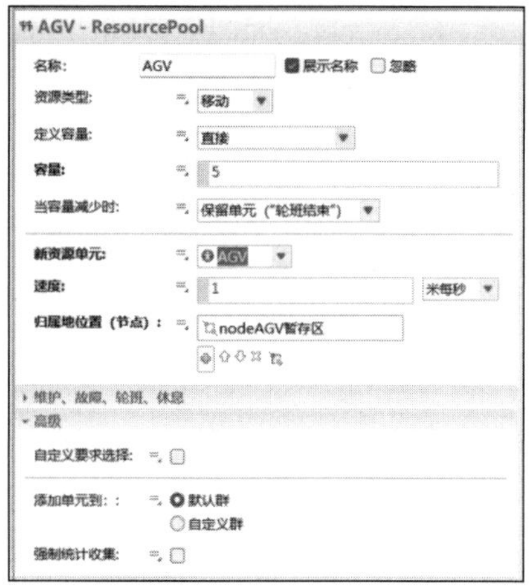

图 4-14 AGV 资源池属性

⑫ 从流程建模库面板中拖拽 RackStore 元素到主界面模块，会自动连接，并命名为 rackStore。属性中智能体位置选择 node 卸货区，资源选择 AGV。离开时代码为：

```
if(self.queueSize() == 0){
unloading.stopDelayForAll();
}
```

RackStore 属性及 RackStore 行动属性设置如图 4-15、图 4-16 所示。

图 4-15 RackStore 属性

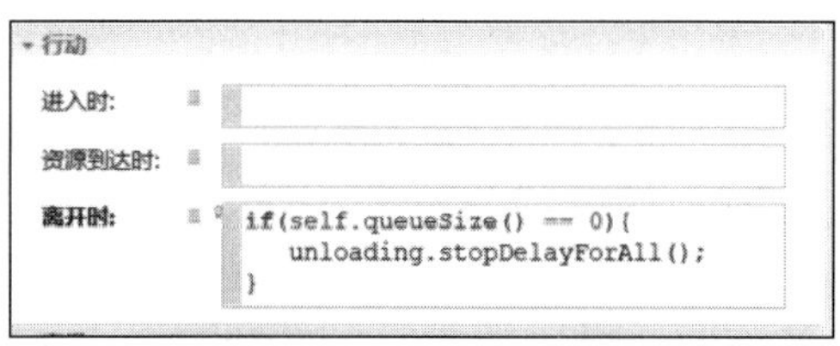

图 4-16 RackStore 行动属性

⑬ 从流程建模库面板中拖拽 Delay 元素到主界面（图 4-17），用于模拟托盘在货架上的等待。Delay 属性如图 4-18 所示。

⑭ 从流程建模库面板中拖拽 RackPick 元素到主界面，代表货物下货架的操作。RackPick 属性如图 4-19 所示。

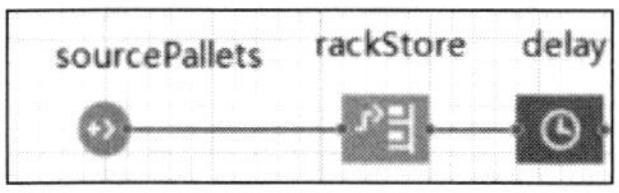

图 4-17　拖拽 Delay 元素

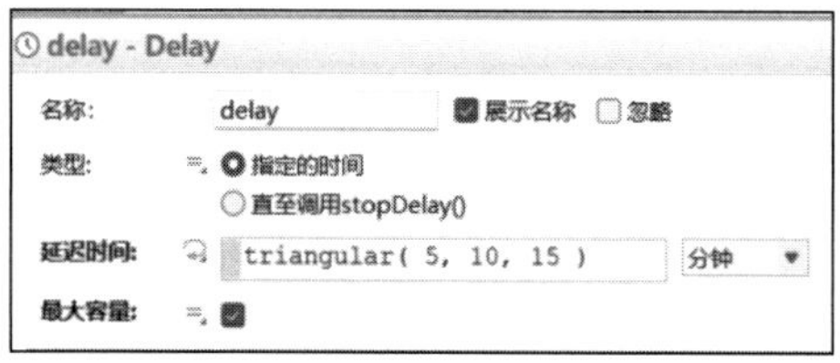

图 4-18　Delay 属性

图 4-19　RackPick 属性

⑮ 新建托盘智能体模型。点击“文件”→“智能体类型”，类型名设置为 Pallet，点击“下一步”。在“仓库和集装箱码头”下选择“托盘”，点击“完成”（图 4-20）。“方向”选择居中，属性如图 4-21 所示。

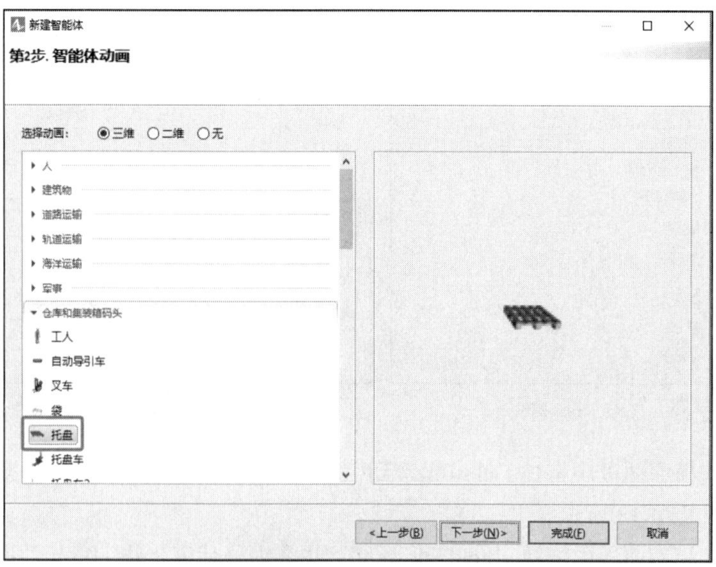

图 4-20　新建托盘智能体

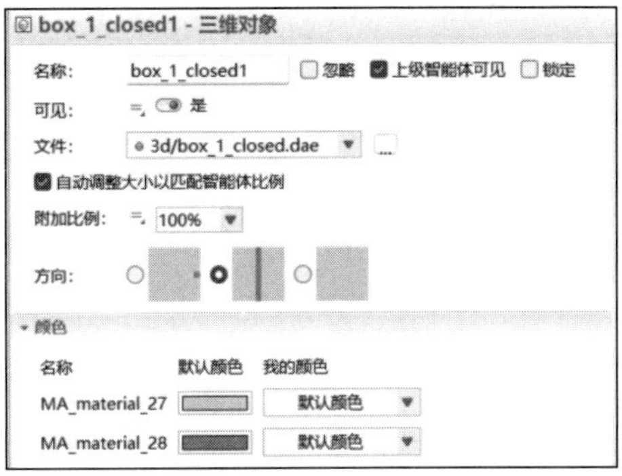

图 4-21　托盘属性

⑯ 从流程建模库中添加点节点，并用路径连接矩形节点，如图 4-22 所示。

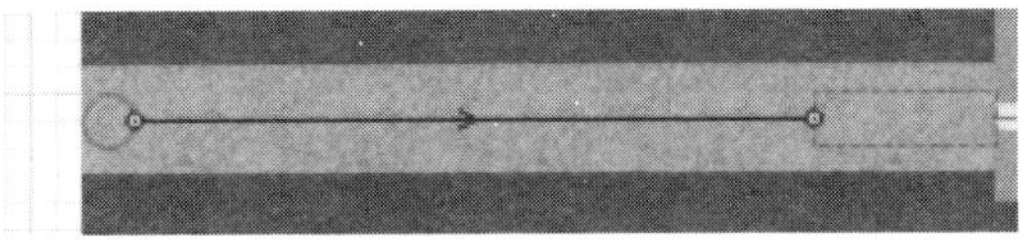

图 4-22　添加点节点

⑰ 新建卡车智能体模型。在流程建模库面板中拖拽智能体类型到主界面，创建卡车智能体；新类型命名为 truck；智能体动画选择“道路运输”下的“卡车”，点击“完成”，如图 4-23 所示。

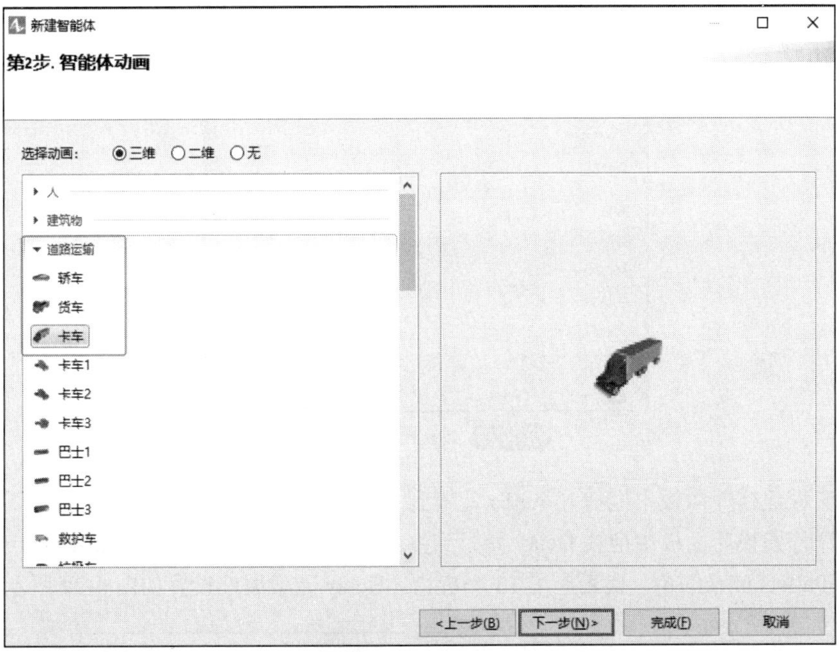

图 4-23　新建卡车智能体

⑱ 调整 truck 方向，“移动”属性如图 4-24 所示。

⑲ 从流程建模库面板中拖拽 Source 元素到主界面，并命名为 source。属性设置如图 4-25 所示。

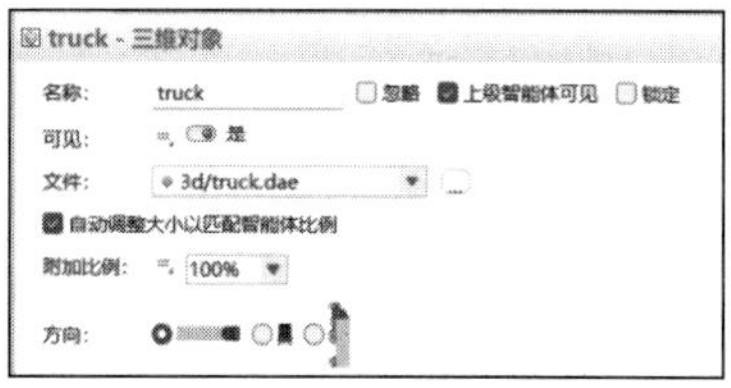

（a）

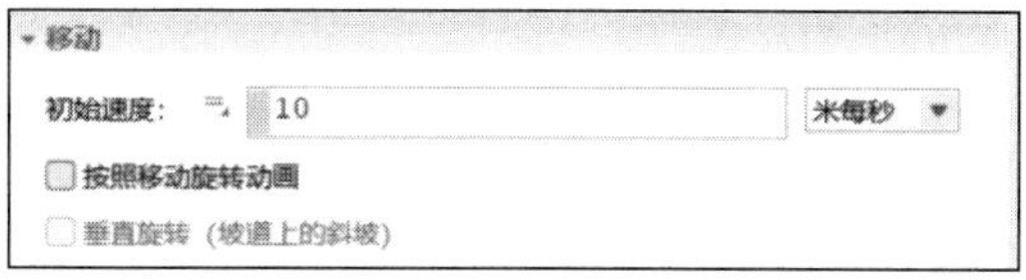

（b）

图 4-24 卡车智能体属性

图 4-25 Source 元素属性

⑳ 从流程建模库面板中拖拽 MoveTo 元素到主界面，如图 4-26 所示。

㉑ 从流程建模库面板中拖拽 Delay 元素到主界面（图 4-27），命名为 unloading，进入时代码为 sourcePallets.inject(16)，代表一车 16 个货物。Delay 元素属性设置如图 4-28 所示。

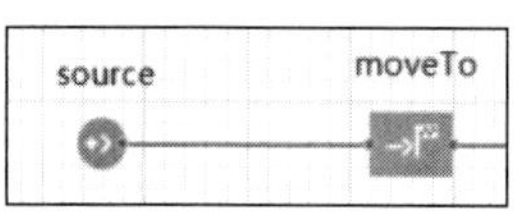

图 4-26 拖拽 MoveTo 元素

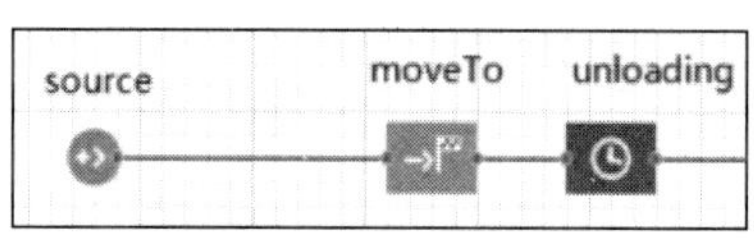

图 4-27 拖拽 Delay 元素

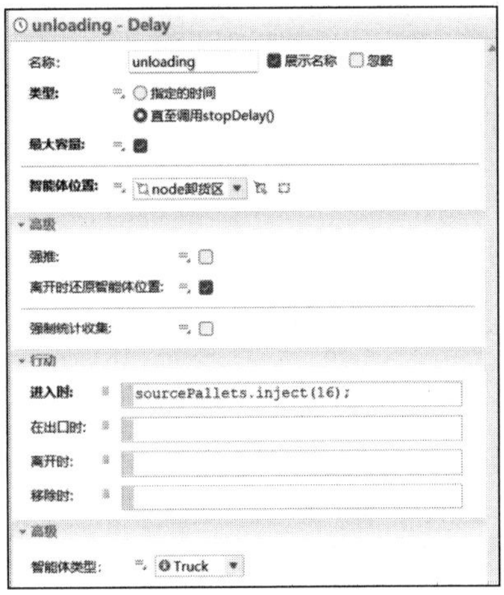

图 4-28　Delay 元素属性

㉒ 从流程建模库面板中拖拽 MoveTo 元素与 Sink 元素到主界面，如图 4-29 所示。MoveTo 元素属性设置如图 4-30 所示。

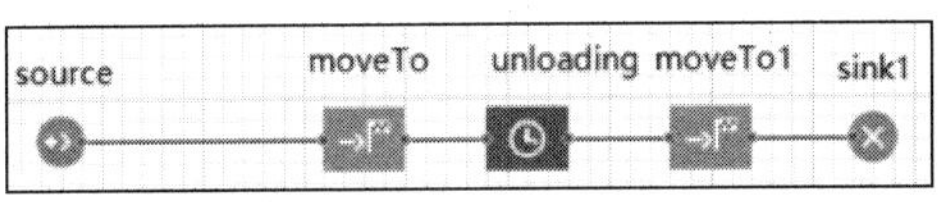

图 4-29　拖拽 MoveTo 元素与 Sink 元素

图 4-30　MoveTo 元素属性

㉓ 从流程建模库面板中拖拽吸引子到矩形节点中，如图 4-31 所示。

㉔ 添加两个点节点，命名为 nodeCNC1 和 nodeCNC2，并添加两条路径，如图 4-32 所示。

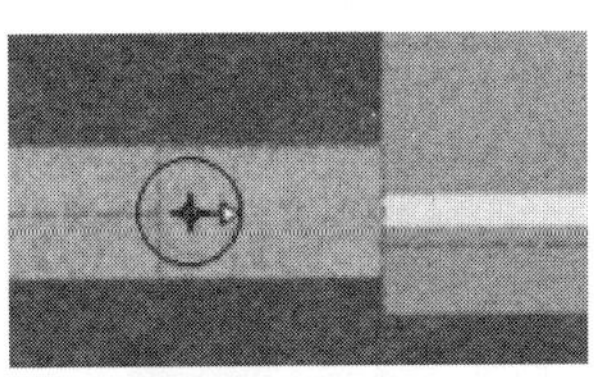

图 4-31　拖拽吸引子

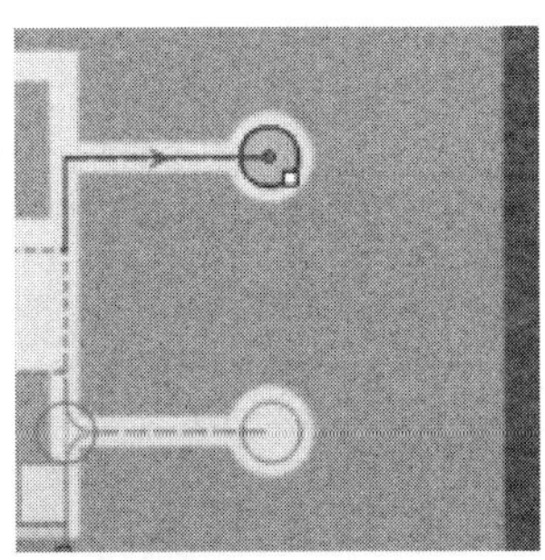

图 4-32　添加点节点

㉕ 新建资源单元。点击“创建自定义类型”，在“新建智能体”窗口中做如下操作：名称修改为 CNC；进行智能体动画选择，展开“数控机床”，选择“数控立式加工中心 2 状态 1”选项（图 4-33），点击“完成”。旋转 CNC 智能体如图 4-34 所示。

㉖ 新建 ResourcePool，并命名为 CNC，属性设置如图 4-35 所示。

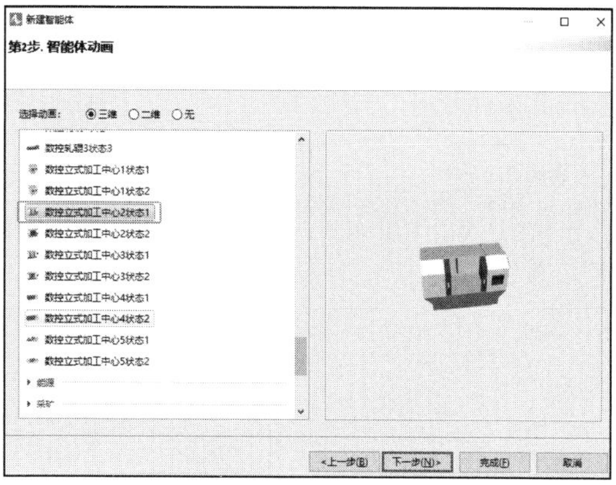

图 4-33　新建 CNC 智能体

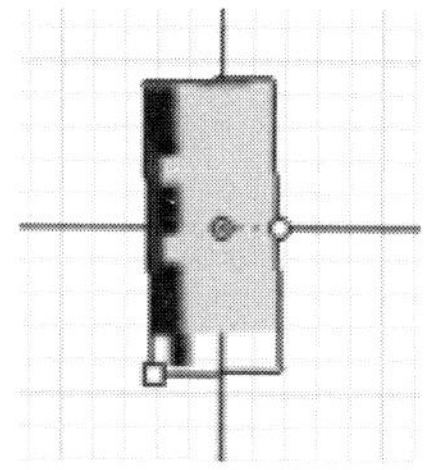

图 4-34　旋转 CNC 智能体

图 4-35　新建 CNC ResourcePool

㉗ 从流程建模库面板中拖拽 Seize 元素到主界面，如图 4-36 所示。Seize 元素属性设置如图 4-37 所示。

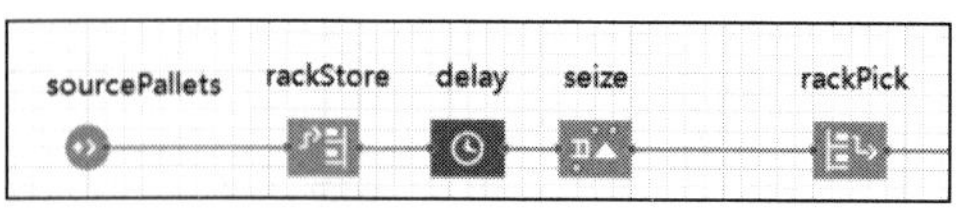

图 4-36　拖拽 Seize 元素

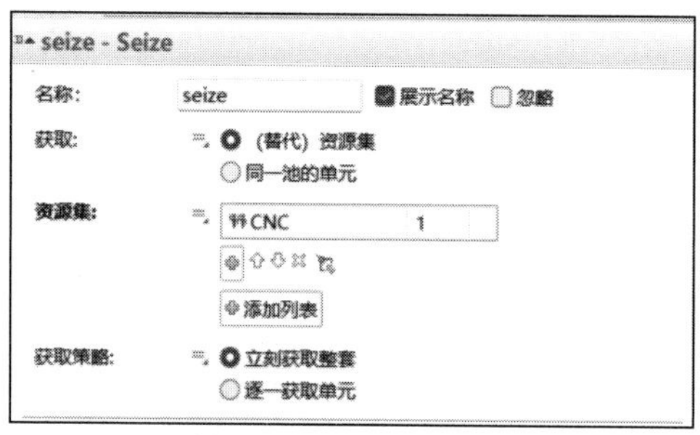

图 4-37　Seize 元素属性

㉘ 从流程建模库面板中拖拽 Delay 元素、Release 元素与 Sink 元素到主界面（图 4-38），Delay 元素属性设置如图 4-39 所示。

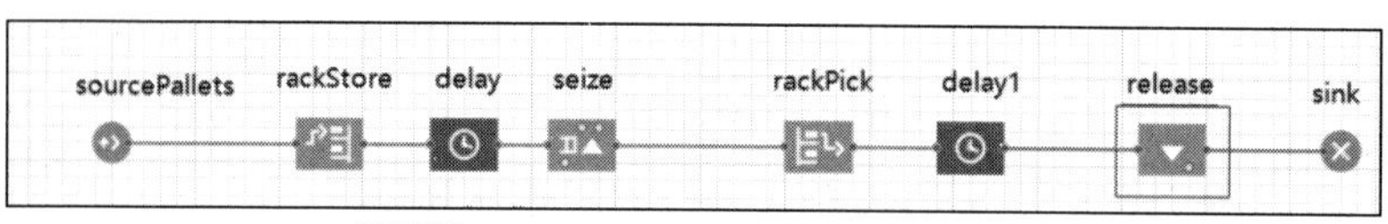

图 4-38　拖拽 Delay、Release 与 Sink 元素

图 4-39　Delay 元素属性

4.3　三维动态仿真

① 拖拽三维窗口对象到主界面，放置在框架线下方，如图 4-40 所示。

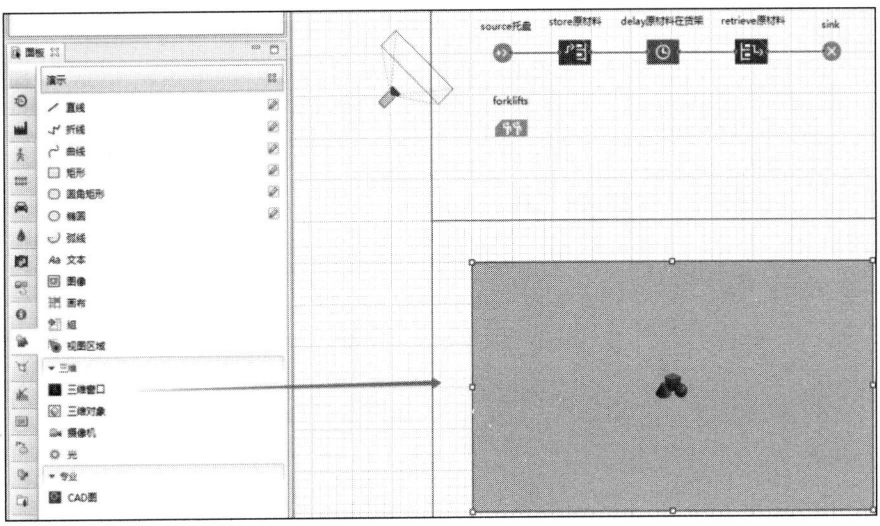

图 4-40　拖拽三维窗口对象到主界面

② 修改 window3d 对象的属性，“摄像机”选项中下拉选择“camera”，“导航类型”选项中下拉选择“限制 Z 在 0 以上”，如图 4-41 所示。

③ 运行模型。新模型默认运行界面还是二维界面，可以在运行界面右下角点击切换开发面板，选择要导航的视图区域，下拉选择 window3d 视图，如图 4-42 所示。

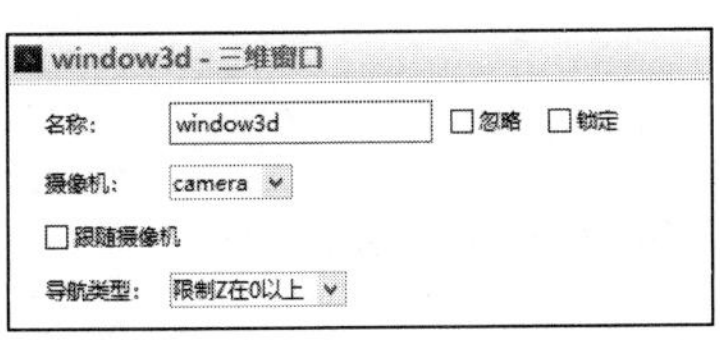

图 4-41　修改 window3d 对象属性

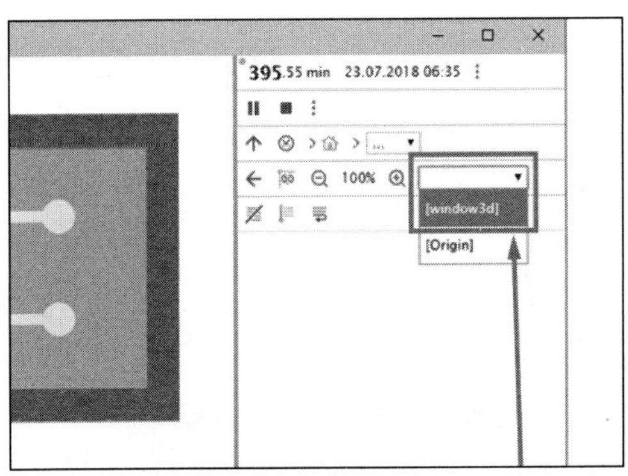

图 4-42　选择导航视图区域

4.4 数据可视化与系统分析

在加工过程中不可避免地会发生等待，本节主要分析在货架上货物运输到加工机器的变化，以直方图的形式展示出来。

① 按照“面板”→“分析”→“数据”→“直方图数据”的操作步骤，找到“直方图数据”功能，鼠标左键长按“直方图数据”功能并向右拖至空白处，如图 4-43 所示；再找到“直方图”功能，鼠标左键长按“直方图”功能并向右拖至空白处，如图 4-44 所示；最终呈现形式如图 4-45 所示。

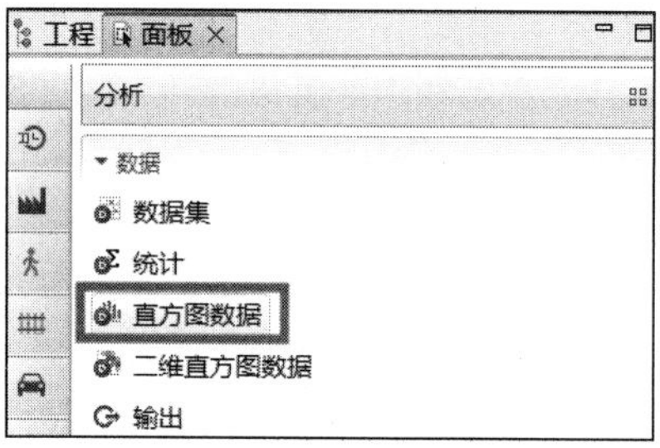

图 4-43 “直方图数据”位置

图 4-44 “直方图”位置

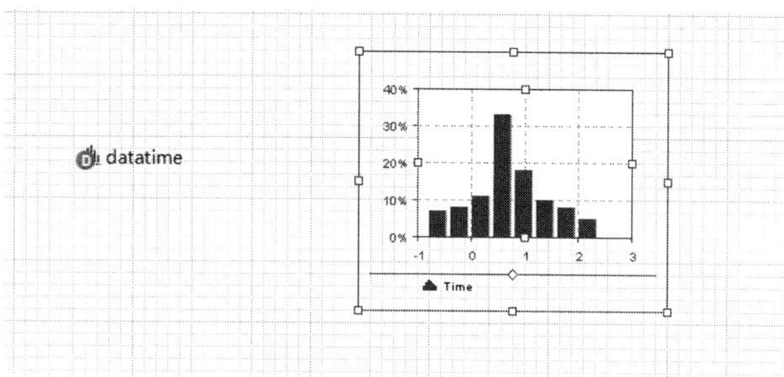

图 4-45 直方图数据与直方图

② 点击“datatime”模块，在最右侧属性界面对“data”功能进行设置，相关参数设置如图 4-46 所示。

③ 点击“直方图”模块，在最右侧属性界面对“数据”功能进行设置，相关参数设置如图 4-47 所示。

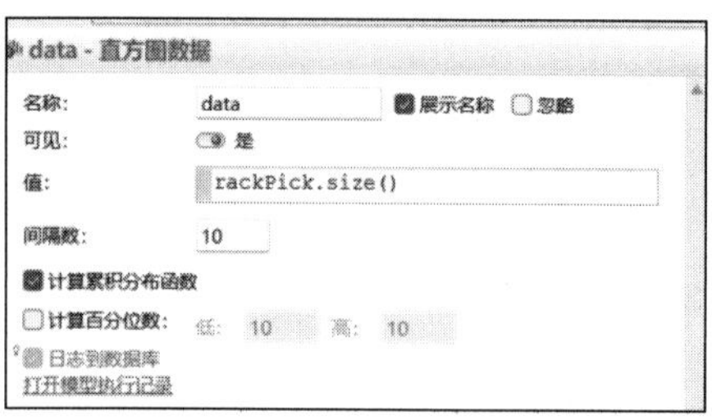

图 4-46 直方图数据的参数设置

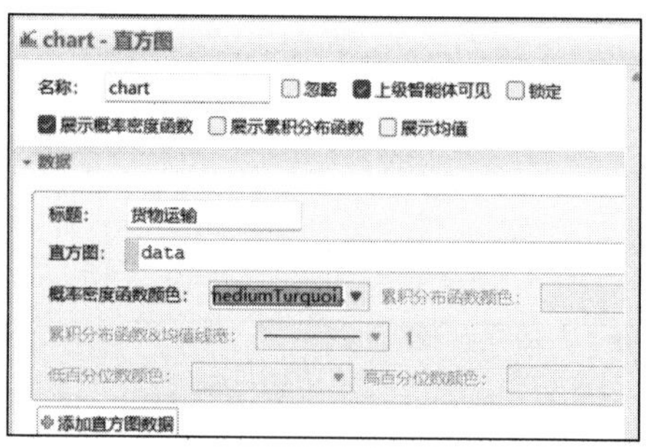

图 4-47 直方图的参数设置

④ 运行模型，可以看到直方图中直观显示了订单排队的数据，如图 4-48 所示。

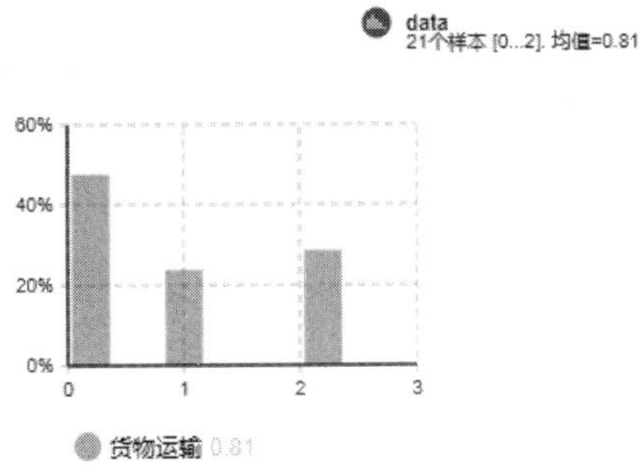

图 4-48 直方图的运行状态

4.5 实验与系统优化

在构建完作业车间的离散事件模型并实现三维动态仿真后，为提升生产系统整体性能，需开展实验并进行系统优化。通过改变模型中的关键参数，观察系统性能指标的变化，找出最优参数组合，进而优化生产流程与资源配置。

（1）确定实验变量与性能指标

实验变量：选择叉车数量、数控机床数量、托盘到达间隔时间、原材料加工时间等作为主要实验变量。例如，可设置叉车数量分别为 1 辆、2 辆、3 辆；数控机床数量分别为 1 台、2 台、3 台；托盘到达间隔时间设置为 3 分钟、5 分钟、7 分钟；原材料加工时间基于不同分布进行调整。

性能指标：重点关注生产总量、平均加工时间、叉车利用率、数控机床利用率、托盘平均等待时间等指标。生产总量反映车间的产出能力；平均加工时间衡量加工效率；叉车与数控机床利用率体现资源利用程度；托盘平均等待时间则反映物流顺畅程度。

（2）设计实验方案

单因素实验：每次仅改变一个实验变量，保持其他变量不变。如在研究叉车数量对系统性能的影响时，固定数控机床数量、托盘到达间隔时间和原材料加工时间等，分别运行模型，记录不同叉车数量下的性能指标数据。通过这种方式，可直观分析每个变量对系统性能的单独影响。

多因素实验：采用正交实验设计方法，同时改变多个实验变量，确定各变量间的交互作用对系统性能的影响。例如，选择叉车数量、数控机床数量和托盘到达间隔时间三个变量，每个变量设置三个水平，构建正交表进行实验。这样能更全面地探索变量组合对系统性能的综合影响，减少实验次数，提高实验效率。

（3）进行实验并收集数据

根据设计好的实验方案，在 AnyLogic 仿真平台上多次运行模型。每次运行模型时，记录相应的性能指标数据。为确保数据准确性，每个实验条件下重复运行模型多次，取平均值作为该条件下的性能指标结果。利用 AnyLogic 的内置数据收集工具，如数据图表、统计报表等，方便地收集和整理实验数据。例如，通过创建柱状图展示不同叉车数量下的叉车利用率；使用折线图呈现托盘到达间隔时间变化时平均加工时间的波动情况。

（4）数据分析与结果讨论

数据分析方法：运用统计学方法对收集的数据进行分析。计算各性能指标的均值、标准差等统计量，评估数据的集中趋势和离散程度。通过方差分析判断不同实验变量对性能指标的影响是否显著；使用相关性分析探究变量之间的相互关系。

结果讨论：根据数据分析结果，讨论各实验变量对系统性能的影响规律。例如，如果发现增加叉车数量能显著提高生产总量，但同时也导致叉车利用率降低，说明在一定范围内增加叉车数量可提升物流效率，但可能存在资源配置不合理的情况。进一步分析实验结果，找出使系统性能最优的参数组合。若在多因素实验中发现，当叉车数量为 2 辆、数控机床数量为 2 台、托盘到达间隔时间为 5 分钟时，各项性能指标综合表现最佳，则可将该组合作为优化后的参数设置。

（5）系统优化措施

资源配置优化：根据实验结果，调整叉车和数控机床的数量。若发现某一设备利用率过高且成为生产瓶颈，可适当增加该设备数量；若设备利用率过低，则考虑减少设备数量，以提高资源利用效率，降低成本。

生产流程优化：基于托盘平均等待时间和原材料加工时间的分析结果，优化物流路径和加工顺序。例如，调整叉车运输策略，使托盘更快地到达加工设备；根据原材料加工时间分布，合理安排加工任务，减少设备空闲时间。

参数调整优化：依据实验确定的最优参数组合，修改模型中的相关参数。如将托盘到达间隔时间调整为最优值，确保生产系统在稳定状态下运行，提高整体生产效率。

（6）验证优化效果

将优化后的模型在 AnyLogic 平台上再次运行，对比优化前后的性能指标。若生产总量增加、平均加工时间缩短、叉车和数控机床利用率提高、托盘平均等待时间减少等，则说明优化措施有效，系统性能得到了提升。

对优化后的模型进行不同场景下的测试，如增加订单量、改变原材料类型等，验证优化后的系统在复杂情况下的稳定性和适应性。若系统仍能保持较好的性能表现，则表明优化后的模型具有较强的实用性和可靠性。

思考与练习

① 若增加不同类型的原材料托盘进入车间，每种原材料的加工时间服从不同的分布（如均匀分布、正态分布等），且需要利用不同的数控机床进行加工，应如何修改模型结构？请详细说明步骤，并分析可能遇到的问题及解决方法。

② 假设车间的生产任务具有优先级，如紧急订单的托盘需要优先处理，如何在现有模型基

础上实现优先级调度机制？对相关模块的属性和逻辑进行调整，并讨论这种调整对模型运行结果的影响。

③ 当车辆运输过程中出现故障或延迟时，如何在模型中模拟这种情况对整个生产流程的影响？需要修改哪些模块和参数？试提出一种可行的故障处理机制，并分析其合理性。

④ 若要统计车间在一定时间内的生产总量、平均加工时间、叉车利用率、数控机床利用率等关键性能指标，应如何在模型中添加相应的统计功能？请给出具体的实现方法和涉及的模块操作。

第 5 章

太阳能电池板生产线建模与仿真

本书电子资源

太阳能电池板生产线是新能源制造领域的重要组成部分，其核心流程包括硅片制备、电池片制作、组件封装和电池板转运等多个环节。通过 AnyLogic 对该生产线进行建模与仿真，可以帮助企业评估生产效率、资源配置、工艺流程设计等关键指标，为后续的优化与决策提供科学依据。本章将以太阳能电池板生产线为案例，详细介绍从基础模型建立到系统优化的全过程。

5.1 案例描述

本案例针对太阳能电池板生产线的建模与仿真，重点分析从原材料进入生产线到成品输出的全过程。生产流程包括对硅片等原材料的加工、精密切割、自动化搬运以及最终的卸载。在生产过程中，硅片经过预处理后进入加工设备，进行表面清洁和镀膜等工艺处理，以提升光电转换效率。随后，借助高精度切割设备，将硅片切割成标准尺寸的单元。切割后的半成品由自动化搬运系统输送至下一阶段，通过输送带、机械臂等设备优化流转效率，确保生产线的连续性。最终，成品在卸载区域被分类、检测，并进入包装或储存环节。

本章建模与仿真研究旨在优化生产流程，提高设备利用率，并通过动态仿真分析各环节的瓶颈，进而提升整体生产效率。

5.2 建立基础模型

5.2.1 太阳能电池板生产线物理模型建模步骤

① 按照“面板”→“物料搬运库”→“空间标记”→“输送带”的操作步骤，找到“输送

带”元素，长按鼠标左键将其拖至右侧空白处，绘制出如图 5-1 所示形状输送带，并在最右侧弹出的属性框内将相关属性改成如图 5-2 所示的相关参数，其余参数暂不发生变化。

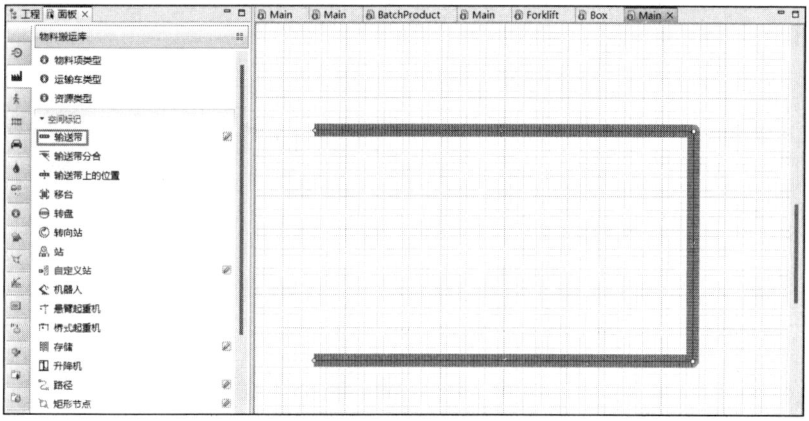

图 5-1 输送带的构建

图 5-2 输送带的基本参数

② 按照“面板”→“物料搬运库”→“空间标记”→“转盘”的操作步骤，找到“转盘”元素，长按鼠标左键将其拖至输送带右上方转角处，如图 5-3 所示。

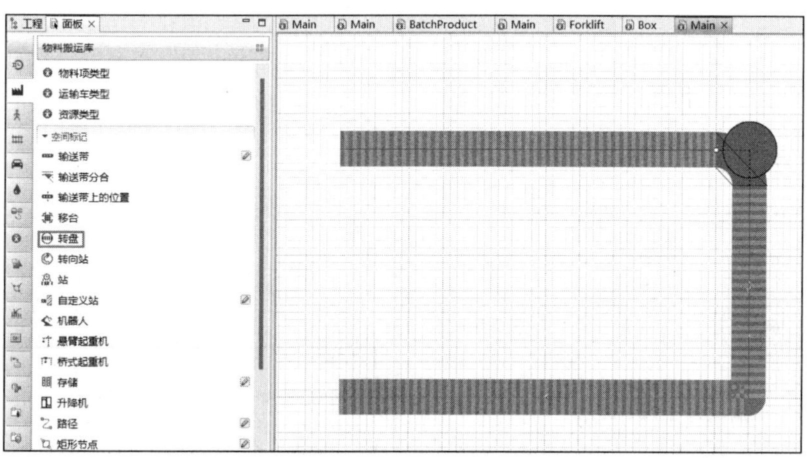

图 5-3 输送带上转盘的构建

③ 按照“面板”→“物料搬运库”→“空间标记”→“移台”的操作步骤，找到“移台”元素，长按鼠标左键将其拖至输送带右下方转角处，如图 5-4 所示。

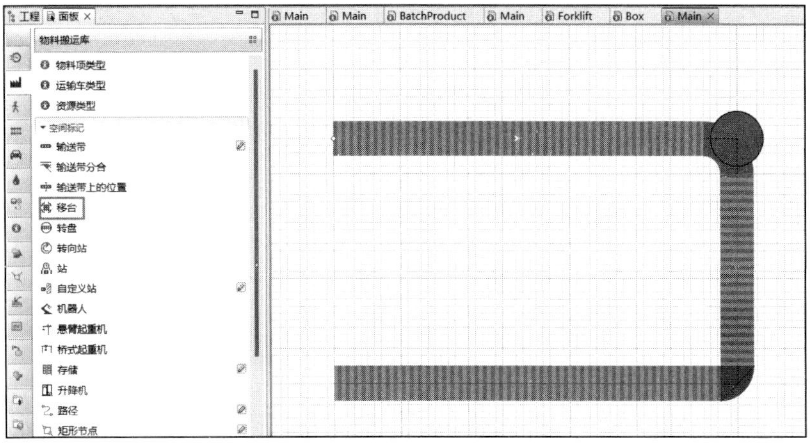

图 5-4 输送带上移台的构建

④ 按照“面板”→“物料搬运库”→“空间标记”→“站”的操作步骤，找到“站”元素，长按鼠标左键将其拖至输送带，在输送带上的不同位置构建四个“站”。具体位置如图 5-5 所示。

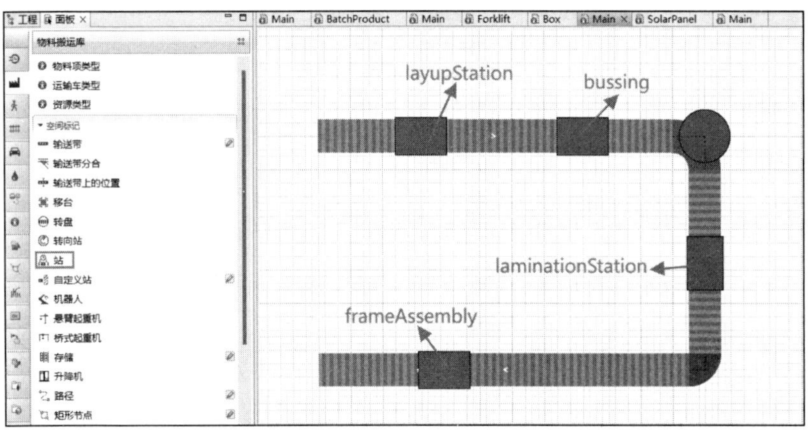

图 5-5 输送带上站的构建

点击“layupStation”模块，在最右侧属性界面对“layupStation”元素进行设置。相关参数设置如图 5-6 所示，其余参数暂不发生变化。

图 5-6 “layupStation”的基本参数

点击“bussing”模块，在最右侧属性界面对“bussing”元素进行设置。相关参数设置如图 5-7 所示，其余参数暂不发生变化。

图 5-7 “bussing”的基本参数

点击“laminationStation”模块，在最右侧属性界面对“laminationStation”元素进行设置。相关参数设置如图 5-8 所示，其余参数暂不发生变化。

图 5-8 “laminationStation”的基本参数

点击“frameAssembly”模块，在最右侧属性界面对“frameAssembly”模块进行设置，相关参数设置如图 5-9 所示，其余参数暂不发生变化。

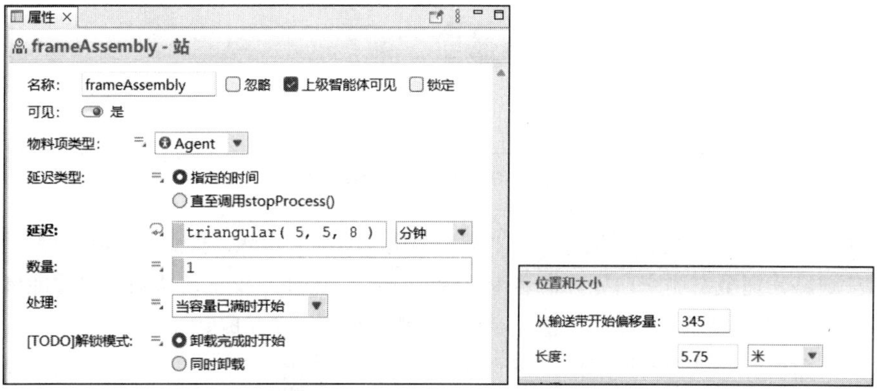

图 5-9 “frameAssembly”的基本参数

⑤ 按照“面板”→“物料搬运库”→“空间标记”→“转向站”的操作步骤，找到“转向站”元素，长按鼠标左键将其拖至输送带，具体位置如图 5-10 所示。

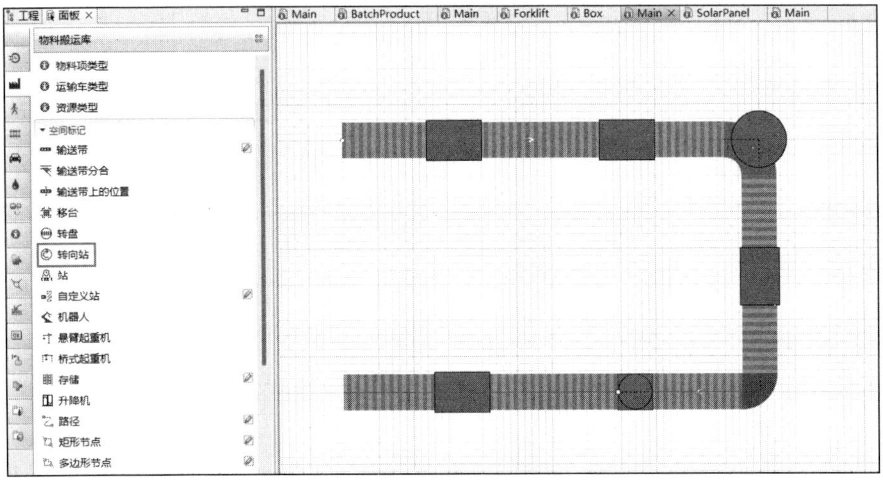

图 5-10 转向站的位置

⑥ 按照“面板”→“三维物体”→“数控机床”→“数控切割机 4 状态 1”的操作步骤，找到“数控切割机 4 状态 1”功能，长按鼠标左键将其拖至输送带上的“layupStation”站。同理，将“数控切割机 4 状态 2”与“数控切割机 5 状态 1”移动至输送带。具体位置与参数如图 5-11、图 5-12 所示。

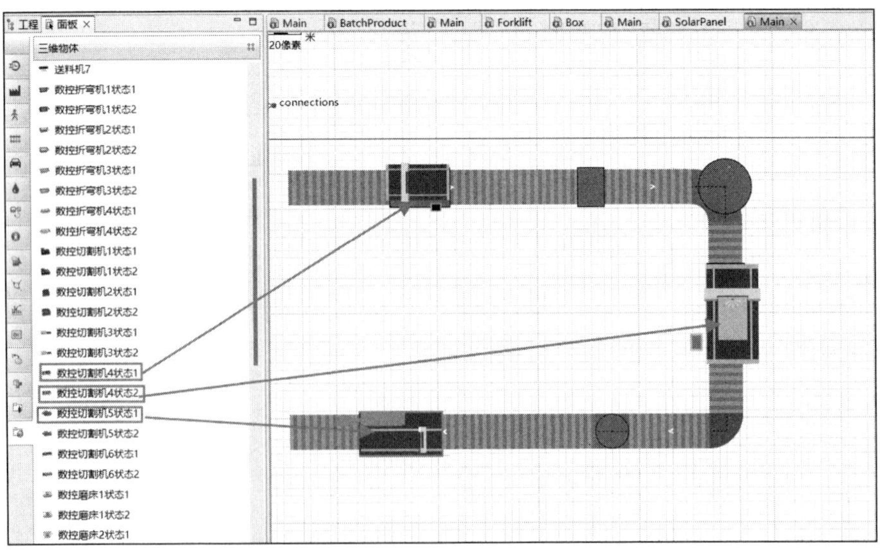

图 5-11 “数控机床”的类型及位置

⑦ 按照“面板”→“物料搬运库”→“资源类型”的操作步骤，找到“资源类型”智能体，长按鼠标左键将其拖至右侧空白处，命名为“Operator”；选择“我正在从头创建智能体类型”，点击“下一步”，选择“人”，然后点击“完成”，则智能体创建完成。

再按照“面板”→“物料搬运库”→“空间标记”→“矩形节点”的操作步骤，找到“矩形节点”元素，长按鼠标左键将其拖至“bussing”站处，具体位置如图 5-13 所示。

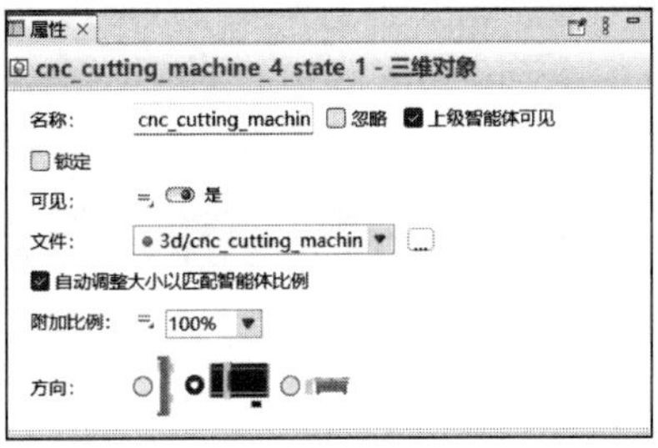

(a)

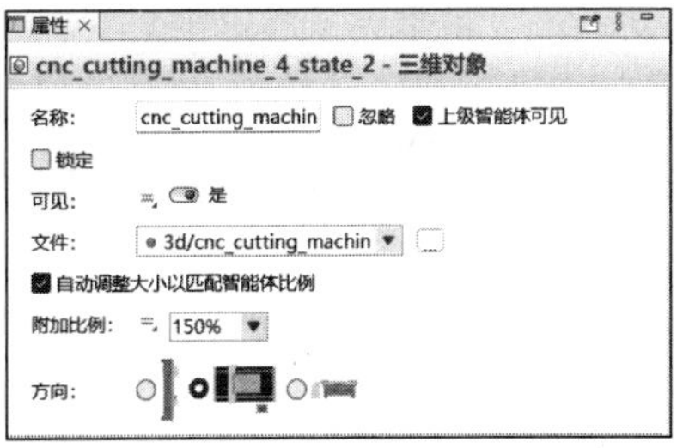

(b)

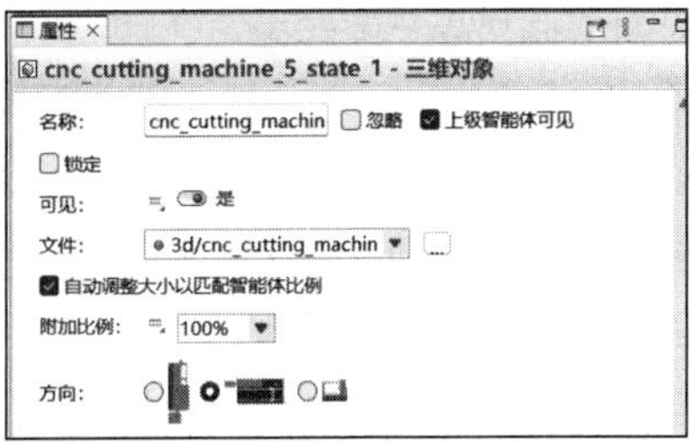

(c)

图 5-12　“数控机床”的基本参数

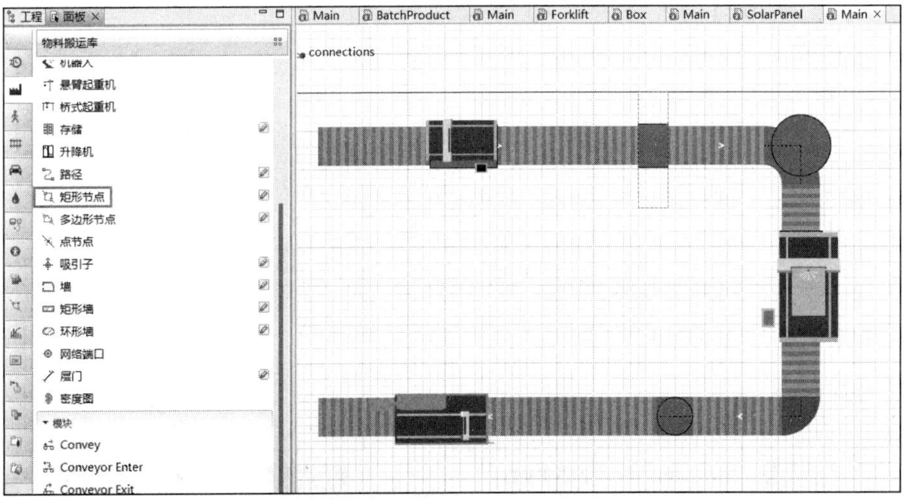

图 5-13　“矩形节点”的构建与位置

然后按照“面板”→“物料搬运库”→“空间标记”→“吸引子”的操作步骤，找到“吸引子”元素，长按鼠标左键将其拖至“bussing”站处构建的矩形节点内，具体位置如图 5-14 所示。

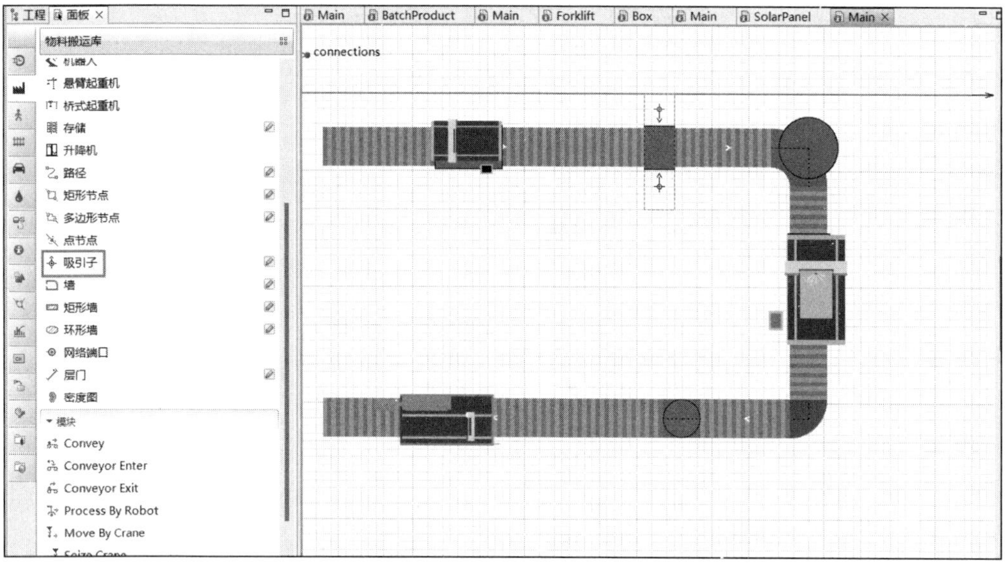

图 5-14 “吸引子”的构建及位置

然后按照“面板”→“物料搬运库”→“流程建模库”→“ResourcePool”的操作步骤，找到“ResourcePool”模块，长按鼠标左键将其拖至右侧空白处，构建名为“bussingOperators”的资源池。单击该功能模块，在右侧属性界面进行参数设置：容量改为“2”，新资源单元选择智能体“Operator”，归属地位置（节点）选择“node”，如图 5-15、图 5-16 所示。同时点击“bussing”模块，在右侧属性界面进行参数设置：勾选“使用资源”模块，资源池选择“bussingOperators”，单元数设置为“2”，如图 5-17 所示。

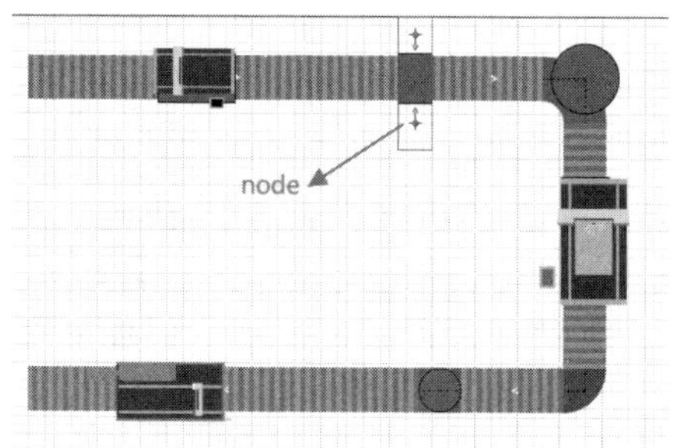

图 5-15 “node”节点的位置

图 5-16 “ResourcePool”的基本参数

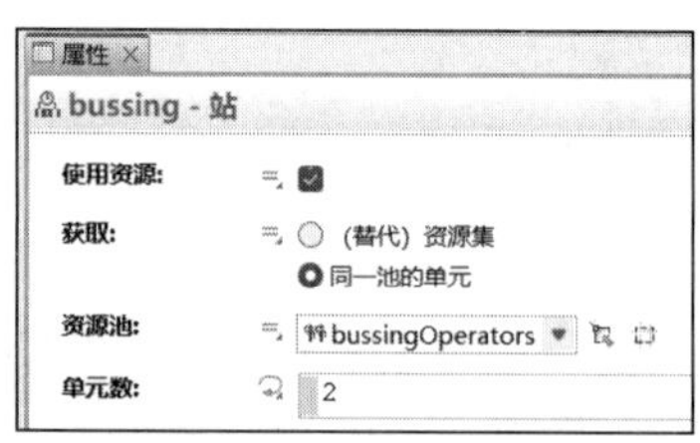

图 5-17 “bussing”的基本参数

⑧ 按照“面板”→“物料搬运库”→“运输车类型”的操作步骤，找到“运输车类型”智能体，长按鼠标左键将其拖至右侧空白处，命名为“Transporter”；选择“我正在从头创建智能体类型”，点击“下一步”，选择“叉车”，然后点击“完成”，则智能体创建完成。单击该智能体模块，在右侧属性界面进行参数设置：长度设置为 2，宽度设置为 1.2。相关参数设置如图 5-18

所示，其余参数暂不发生变化。

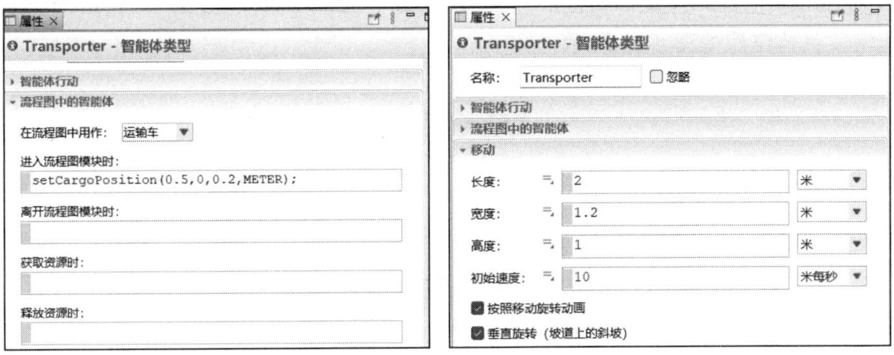

图 5-18　“智能体”的基本参数

叉车路径绘制：按照“面板”→“流程建模库”→“空间标记”→“矩形节点”的操作步骤，找到“矩形节点”元素，单击该功能并长按鼠标左键，将其拖至输送带左侧空白处，构建名为“nodeStorage”的矩形节点。按照“面板”→“流程建模库”→“空间标记”→“路径”的操作步骤，找到“路径”元素，单击该功能并长按鼠标左键，构建出叉车移动路径并以“点节点”连接。具体路径及对应节点位置如图 5-19 所示。

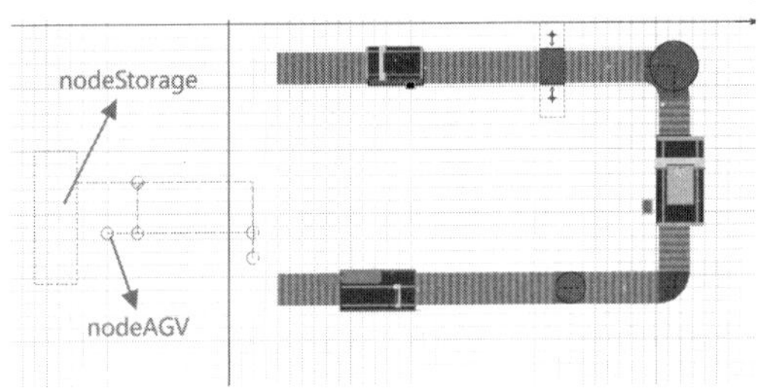

图 5-19　叉车的路径及对应节点位置

按照“面板”→“物料搬运库”→“模块”→“TransporterFleet”的操作步骤，找到“TransporterFleet”模块，单击该功能并长按鼠标左键，将其拖至空白处，构建出名为“transporterFleet”的模块。单击该模块，在右侧属性界面进行参数设置：归属地位置选择“nodeAGV”节点；新运输车类型选择“Transporter”。相关参数设置如图 5-20 所示，其余参数暂不发生变化。

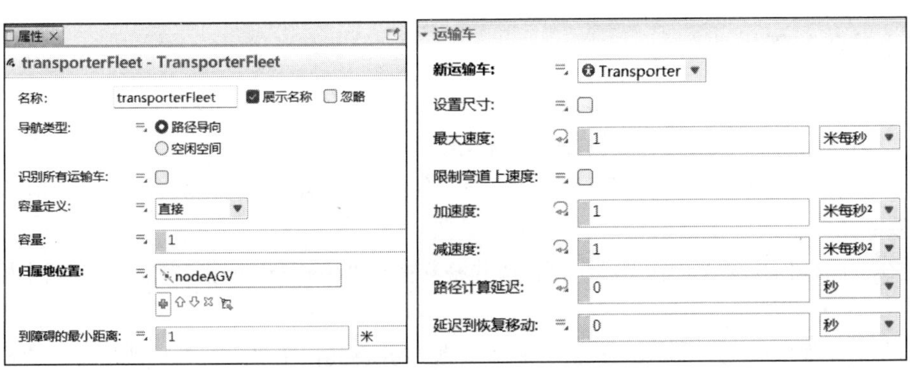

图 5-20　“运输车”的基本参数

⑨ 按照“面板”→“物料搬运库”→“空间标记”→“点节点”的操作步骤，找到“点节点”元素，单击该功能并长按鼠标左键，将其拖至下方输送带左侧，构建出名为“nodeUnloading”的卸载模块，具体位置如图 5-21 所示。

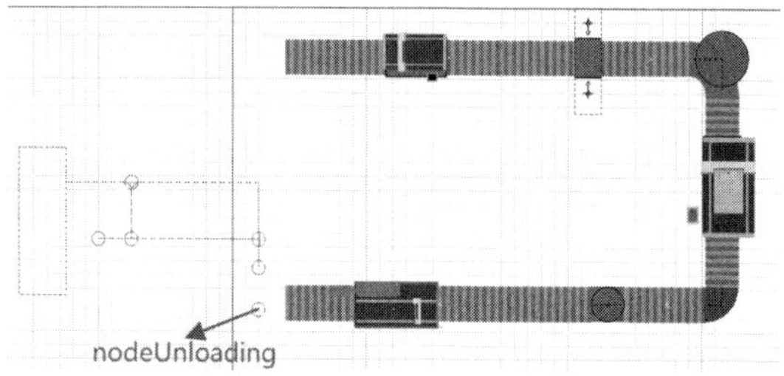

图 5-21 “nodeUnloading”节点的位置

⑩ 按照“面板”→“物料搬运库”→“流程建模库”→“ResourcePool”的操作步骤，找到“ResourcePool”模块，单击该功能并长按鼠标左键，将其拖至右侧空白处，构建出名为“nodeUnloadingMachine”的卸载工具。单击该模块，在右侧属性界面进行参数设置：归属地位置选择“nodeUnloading”节点。相关参数设置如图 5-22 所示，其余参数暂不发生变化。

图 5-22 “ResourcePool”的基本参数

5.2.2 太阳能电池板生产线逻辑模型建模步骤

(1) 流程线图构建

① 按照“面板”→“物料搬运库”→“流程建模库”→“Source”的操作步骤，找到“Source”模块，鼠标左键长按“Source”模块并向右拖至物理模型下方；

② 在该面板内找到“convey”元素，长按并将其拖至“source”模块右侧，直到两个模块自动连接；

③ 在该面板内找到“seize”模块，长按并将其拖至“convey”元素右侧，直到两个模块自动连接；

④ 在该面板内找到“conveyorExit”模块，长按并将其拖至“seize”模块右侧，直到两个模块自动连接；

⑤ 按照“面板”→“流程建模库”→“模块”→“moveTo”的操作步骤找到“moveTo”模块，长按并将其拖至“conveyorExit”模块右侧，直到两个模块自动连接；

⑥ 在该面板内找到“release”模块，长按并将其拖至“moveTo”模块右侧，直到两个模块自动连接；

⑦ 在该面板内找到“batch”模块，长按并将其拖至“release”模块右侧，直到两个模块自动连接；

⑧ 按照“面板”→“物料搬运库”→“模块”→“moveByTransporter”的操作步骤，选择“moveByTransporter”模块，长按并将其拖至“batch”模块右侧，直到两个模块自动连接；

⑨ 在该面板内找到“sink”模块，长按并将其拖至“moveByTransporter”模块右侧，直到两个模块自动连接。

太阳能电池板生产线逻辑模型如图 5-23 所示。

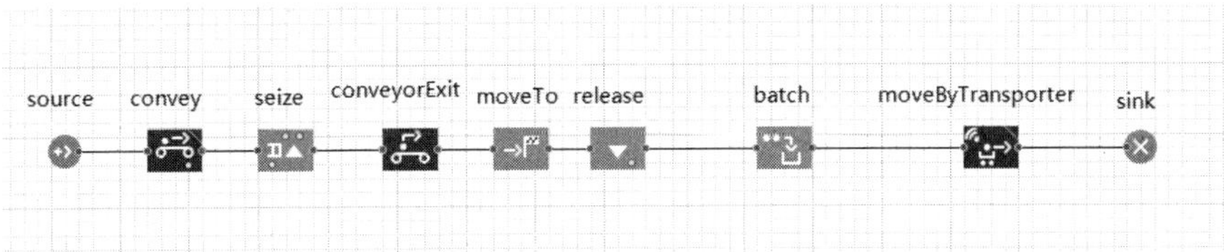

图 5-23　太阳能电池板生产线逻辑模型

(2) 模块功能设置

① 点击“source”模块，在最右侧属性界面对“source”模块进行设置：“定义到达通过”设置为“间隔时间”；“间隔时间”设置为“分钟”；取消“强推”勾选；在“无法离开的智能体”处选择“在这个模块中等待”。相关参数设置如图 5-24 所示，其余参数暂不发生变化。

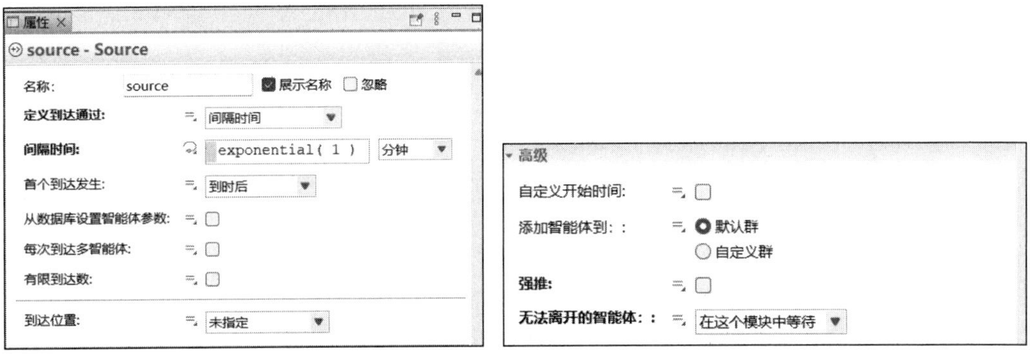

图 5-24　“source”模块的基本参数

构建智能体：按照“面板”→“物料搬运库”→“物料项类型”的操作步骤，找到“物料项类型”智能体，长按鼠标左键，并将其拖至右侧空白处，命名为“SolarPanel”，并选择“我正在从头创建智能体类型”，点击“完成”，则智能体创建完成；并将标尺长度改为 1 米，智能体长度设置为 1 米，宽度设置为 2 米。相关参数设置如图 5-25、图 5-26 所示，其余参数暂不发生变化。

按照“面板”→“演示”→“矩形”的操作步骤，找到“矩形”功能，长按鼠标左键将其拖至智能体处，大小与智能体完全重合。相关参数设置如图 5-27 所示，其余参数暂不发生变化。

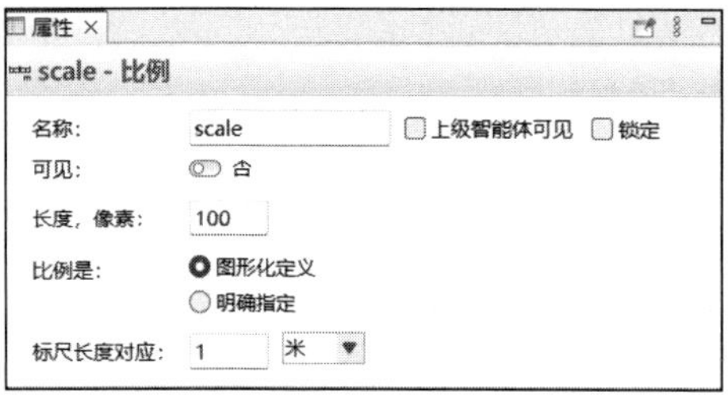

图 5-25 智能体比例设置

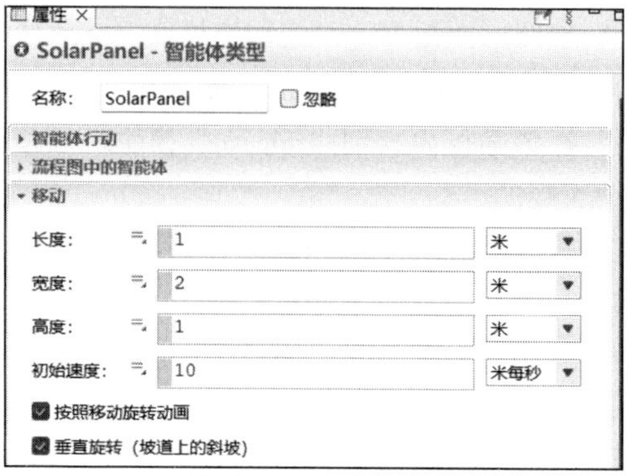

图 5-26 智能体的基本参数

再次点击“source”模块，在最右侧属性界面对“source”模块进行设置：将“新智能体”处设置为“SolarPanel”。相关参数设置如图 5-28 所示，其余参数暂不发生变化。

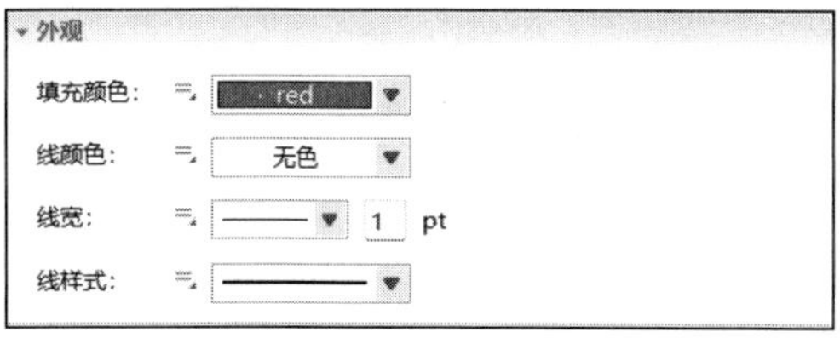

图 5-27 “矩形”模块的基本参数

图 5-28 智能体类型选择

② 点击“convey”模块，在最右侧属性界面对“convey”模块进行设置：将“源输送带”处改为“conveyor”；在“目标输送带”处选择“conveyor3”。相关参数设置及输送带的命名如图 5-29、图 5-30 所示，其余参数暂不发生变化。

图 5-29 “convey”的基本参数

③ 点击“moveByTransporter”模块，在最右侧属性界面对“moveByTransporter”模块进行设置：将“节点”处选择为“nodeStorage”；“车队”选择“transporterFleet”。相关参数设置如图 5-31 所示，其余参数暂不发生变化。

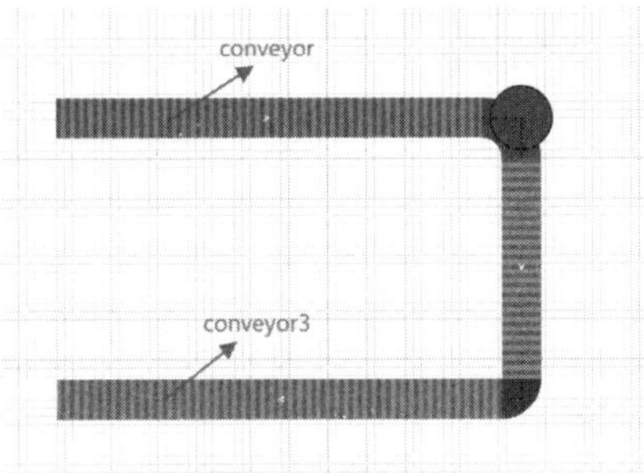

图 5-30 输送带的命名

图 5-31 “moveByTransporter”模块的基本参数

④ 点击“seize”模块，在最右侧属性界面对“seize”模块进行设置：勾选“发送获取的资源”与“附加获取的资源”。相关参数设置如图 5-32 所示，其余参数暂不发生变化。

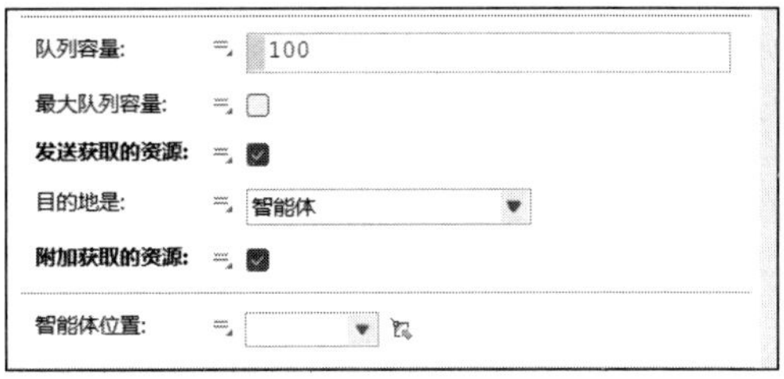

图 5-32 “seize”模块的基本参数

⑤ 点击“conveyorExit”模块，在最右侧属性界面对“conveyorExit”模块进行设置。相关参数设置如图 5-33 所示，其余参数暂不发生变化。

图 5-33 “conveyorExit”模块的基本参数

⑥ 点击“moveTo”模块，在最右侧属性界面对“moveTo”模块进行设置：节点选择“nodeUnloading”。相关参数设置如图 5-34 所示，其余参数暂不发生变化。

⑦ 点击“batch”模块，在最右侧属性界面对“batch”模块进行设置：将“新批”处改为“SolarPanel”；在“批位置”处选择“网络/GIS 节点”，“节点”位置选择“nodeUnloading”节点。相关参数设置如图 5-35 所示，其余参数暂不发生变化。

图 5-34 “moveTo”模块的基本参数

图 5-35 “batch”模块的基本参数

5.3 三维动态仿真

① 按照“面板”→“演示”→“三维”→“三维窗口”的操作步骤，找到“三维窗口”功能，鼠标左键长按“三维窗口”功能并向右拖至空白处，如图 5-36 所示。

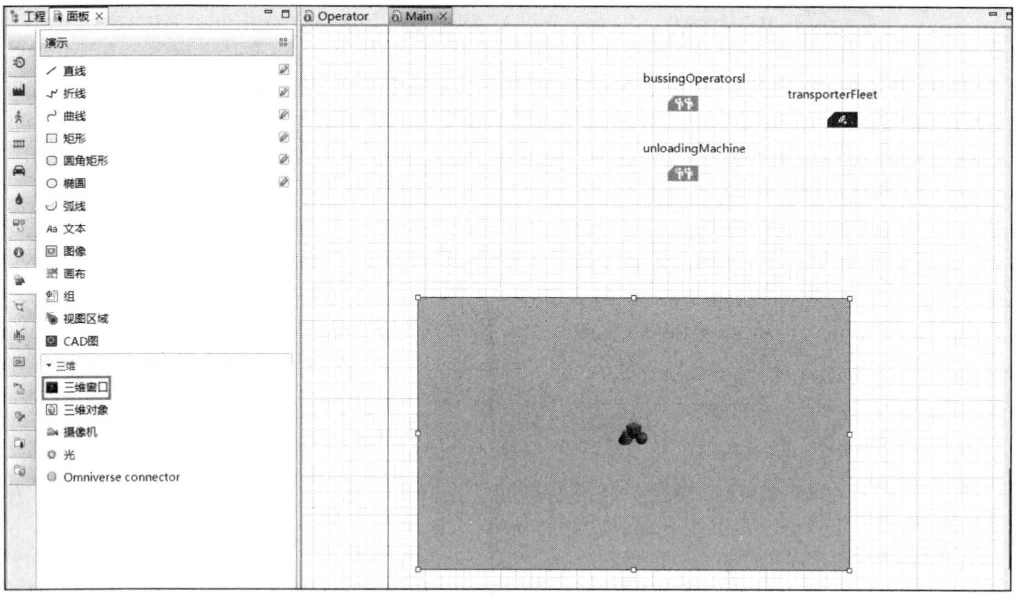

图 5-36 “三维窗口”模块的构建

② 按照“模型”→“运行”的操作步骤，找到“运行”功能，选择相应的模型进行演示，如图 5-37 所示。

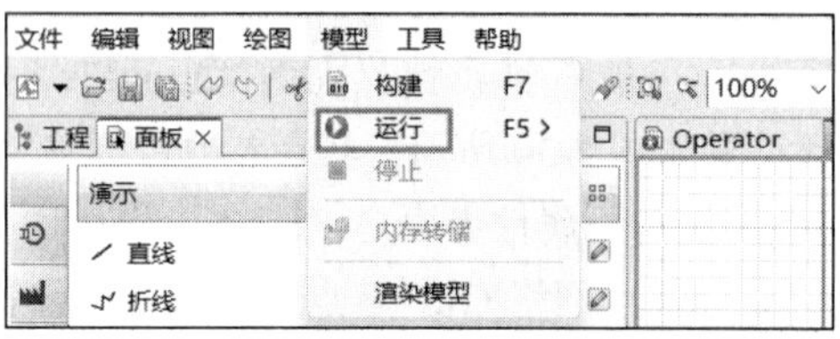

图 5-37 运行“模型”

③ 运行模型，查看模型运行的三维动画图形及作业过程，如图 5-38、图 5-39 所示。

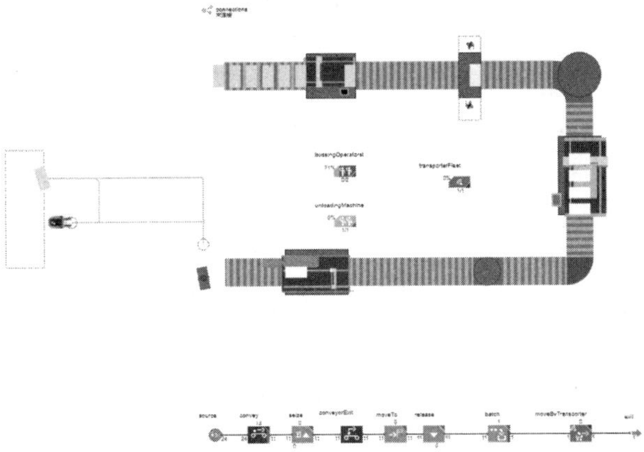

图 5-38 “模型”运行图

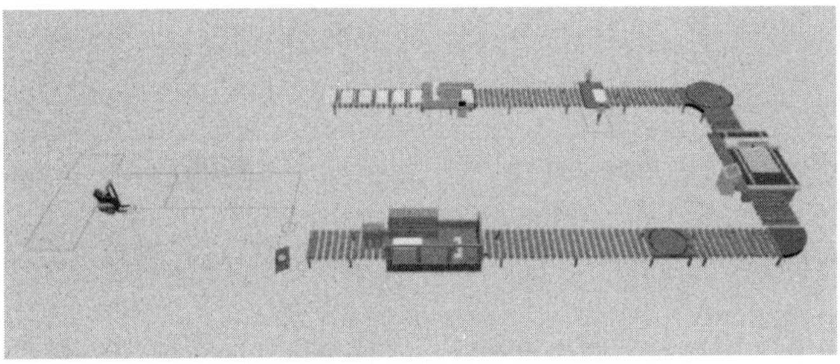

图 5-39 三维动画图

5.4 数据可视化与系统分析

在加工过程中，工件的加工时间往往影响着工厂的效率，本节重点研究工件从开始加工到结束过程中的加工时间，以直方图的形式展示。

① 按照“面板”→“分析”→“数据”→“直方图数据”的操作步骤，找到“直方图数据”功能，鼠标左键长按“直方图数据”功能并向右拖至空白处，如图 5-40～图 5-42 所示。

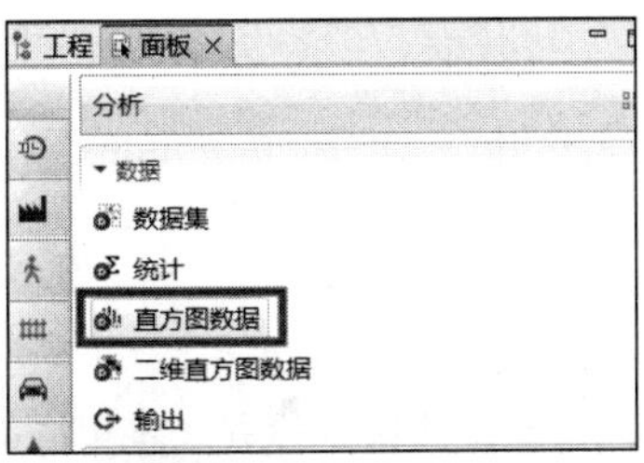

图 5-40 “直方图数据”位置

图 5-41 “直方图”位置

② 点击“SolarPanel”智能体，在智能体内部添加“参数”因素，相关设置如图 5-43 所示。

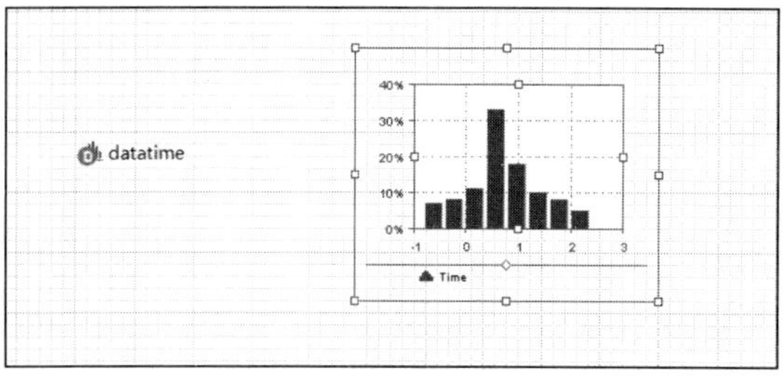

图 5-42 直方图数据与直方图

图 5-43 参数添加

③ 点击“source”模块，在最右侧属性界面对“source”模块进行设置，相关参数设置如图 5-44 所示。

④ 点击“exit”模块，在最右侧属性界面对“exit”模块进行设置，相关参数设置如图 5-45 所示。

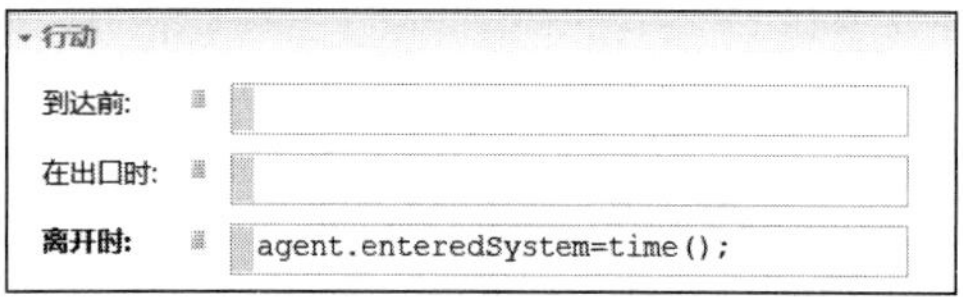

图 5-44 “source”的参数设置

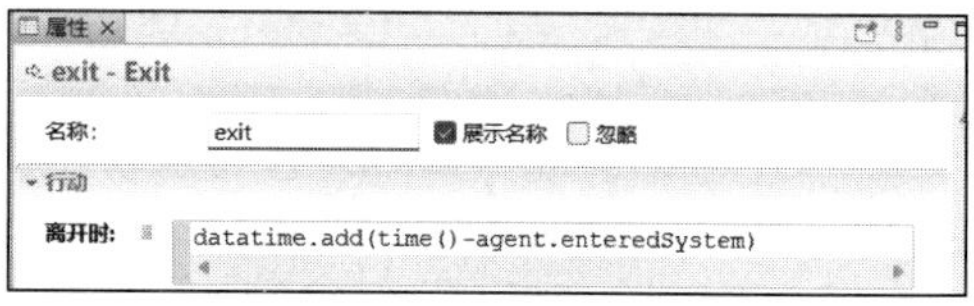

图 5-45 “exit”的参数设置

⑤ 点击“直方图”模块，在最右侧属性界面对“数据”进行设置，相关参数设置如图 5-46 所示。

⑥ 运行模型，可以看到直方图中直观显示了订单排队的数据，如图 5-47 所示。

图 5-46 “直方图”的参数设置

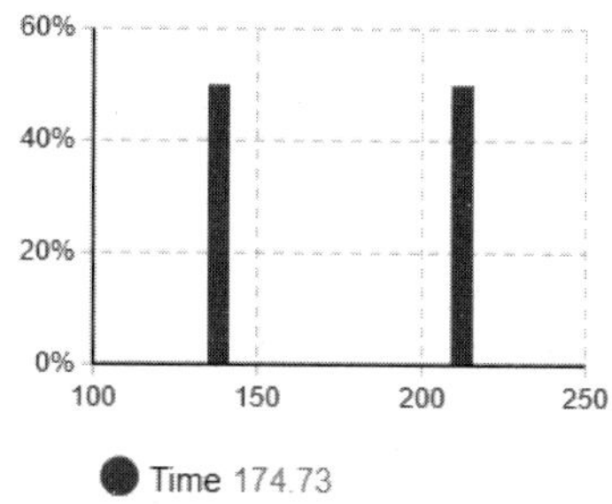

图 5-47 直方图的运行状态

5.5 实验与系统优化

（1）能耗优化

降低生产过程中的能耗不仅有助于成本控制，还能提升绿色制造水平。

能耗分析：统计各设备的能耗，找到高能耗设备，并优化其运行模式。监测待机状态能耗，减少不必要的能耗。

优化方法：

① 智能开关策略：对于部分低频设备，采用智能调度系统，使其在低负载时自动进入节能

模式。

② 优化设备运行参数：调整切割机、镀膜机等关键设备的运行参数，在保证质量的同时减少不必要的高功率运行。

③ 分时调度策略：在低电价时段安排高能耗工序运行，降低整体能源成本。

（2）物流调度优化

物流系统的高效运行是确保生产线流畅的重要因素。优化方向包括 AGV 路径优化、搬运任务调度、运输优先级设定等。

① AGV 路径优化：

问题：AGV 在生产线上运行时，可能存在路径交叉、行驶距离过长等问题。

优化方法：

a．采用最短路径算法计算 AGV 的最优路径，减少搬运时间。

b．采用区域分配策略，避免 AGV 路径在同一区域频繁交错，提高运行效率。

② 搬运任务调度：

问题：某些搬运任务可能长时间等待 AGV 运输，而某些 AGV 任务密度过高，导致等待时间过长。

优化方法：

a．采用动态任务分配算法（如蚁群优化算法）实现智能调度，避免运输系统过载或空闲。

b．采用优先级调度机制，优先处理高需求任务，提高关键工序物料供应的及时性。

思考与练习

① 在生产线的优化过程中，哪些因素对生产效率影响最大？

② 通过仿真分析，如何确定生产瓶颈并提出相应优化策略？

③ 在物料搬运系统的调度优化中，如何减少空载运行、提高搬运效率？

④ 太阳能电池板生产线如何实现绿色制造，降低能耗和材料浪费？

⑤ 使用 AnyLogic 搭建一个简化的太阳能电池板生产线模型，模拟各个生产环节，并分析其设备利用率。

第 6 章

铅酸电池无人生产线建模与仿真

本书电子资源

铅酸电池作为一种广泛应用于汽车、通信、电力和储能系统的产品，其生产过程涉及多个复杂环节，包括电极制造、组装、充液、质检及充电等环节。传统的铅酸电池生产线依赖大量人工操作，存在生产效率低、质量控制不稳定、设备利用率不高等问题。因此，引入无人化生产线和智能调度系统，能够有效提升生产效率、降低人工成本，并优化资源配置。

6.1 案例描述

本章案例通过模拟铅酸电池的完整生产流程，涵盖电极制造、组装、质检、充液和充电等关键环节，并结合智能输送、AGV 运输和自动化检测系统，实现无人化高效协同生产。生产线首先从电极片加工开始，经过粘贴、干燥、批量收集等工艺，随后通过自动输送系统将电极片传输至组装工位。组装完成后，电池单元进入焊接密封环节，并进一步通过智能输送系统进入充液与质检区域。在质检过程中，不合格产品被剔除，合格电池则进入充电环节，最终运输至成品仓储区。在整个生产过程中，AGV 负责物料的智能调度与搬运，减少人工干预，提高生产的自动化水平。

本章案例的仿真能够直观展现铅酸电池生产线的完整流程，清晰展示各环节的运行状态与协同作业方式。通过建模与动态仿真，可以清楚地观察生产节奏、设备运作以及物流调度的整体协调性，为优化生产线布局和提升智能制造水平提供直观的参考。

6.2 建立基础模型

6.2.1 粘贴电极并按批收集

（1）创建新模型

创建一个新模型并将其命名为 LeadAcidBatteryProduction，选择模型时间单位为秒，以便进行精细的时间模拟。从视图面板拖拽图像模块到 Main 图形界面中，设置底图文件（lead_acid_battery_production_layout.png）。在图像属性窗口中，勾选锁定，使布局不受干扰。

（2）绘制输送带

双击输送带（Conveyor）模块进入编辑模式，在图形界面上单击放置输送带的起点，再双击选择输送带的终点，形成一条电极片传输带，如图 6-1 所示。在属性面板中，将 Z 值设为 20，调整输送带高度，以便与后续设备匹配。

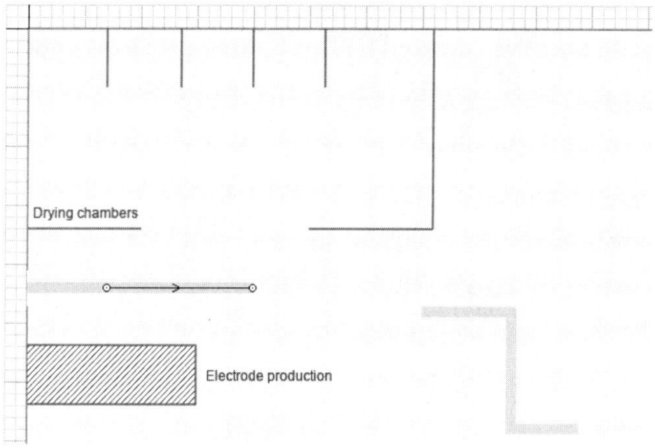

图 6-1 绘制输送带

（3）创建流程图

在流程建模库（ProcessModelingLibrary）中拖拽 source 模块到流程图区域，用于生成电极片。在属性面板中，调整生成速率，使电极片按照设定时间间隔出现。随后，添加 convey 模块，连接 source，以控制电极片的移动路径。最后，在 convey 后添加 sink 模块，用于结束流程并清除物料，如图 6-2 所示。

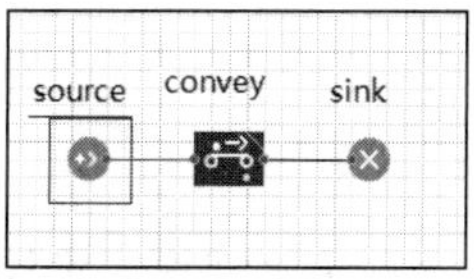

图 6-2 添加模块

修改模块属性，如图 6-3、图 6-4 所示。

图 6-3 修改 source 模块属性

图 6-4 修改 convey 模块属性

（4）运行并测试模型

运行模型并观察电极片在输送带上的流动情况，确保模型按照设定的流程顺畅运行。

点击“运行（Run）”按钮，观察电极片在输送带上的移动情况，确保物料按照设定的路径正确传输。确认电极片从 source 生成，沿着输送带流动，并最终到达 sink 进行处理。

（5）创建物料项类型

在项目树中右击 Main，选择新建 Agent，命名为 Electrode（电极片）。在属性面板中，调整比例尺（Scale）以适配输送带尺寸，确保物料项不会过大或过小。

具体流程如图 6-5～图 6-7 所示。

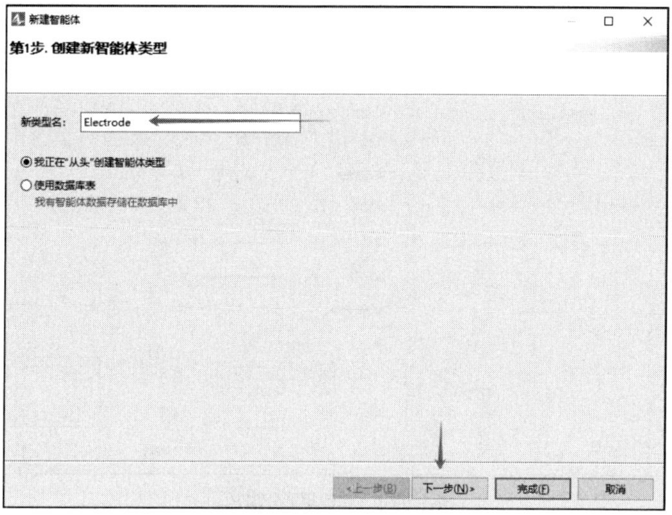

图 6-5　创建物料项类型流程（一）

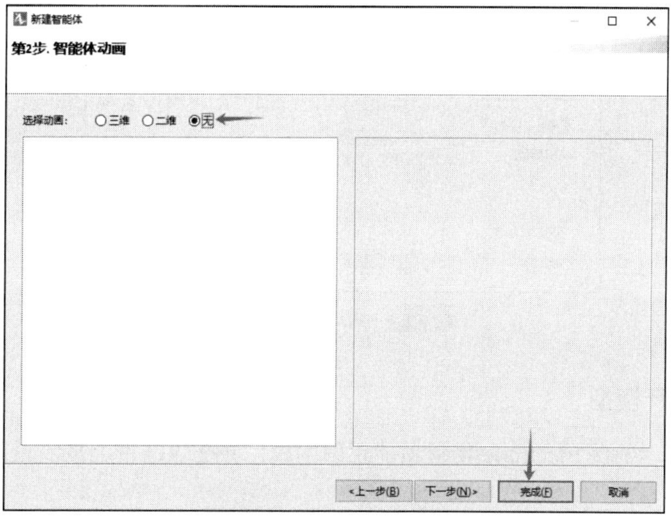

图 6-6　创建物料项类型流程（二）

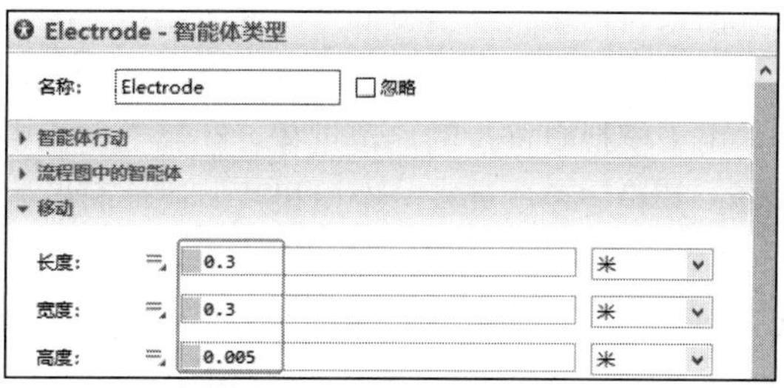

图 6-7　创建物料项类型流程（三）

（6）添加动画

在 Electrode 物料项中，拖拽矩形（Rectangle）到图形编辑界面，修改其颜色、大小以匹配电极片的外观，如图 6-8 所示。返回 Main 主界面，选择 source 模块，在属性面板中，将新生成物料类型设置为 Electrode，确保电极片以正确的形态生成并流动。

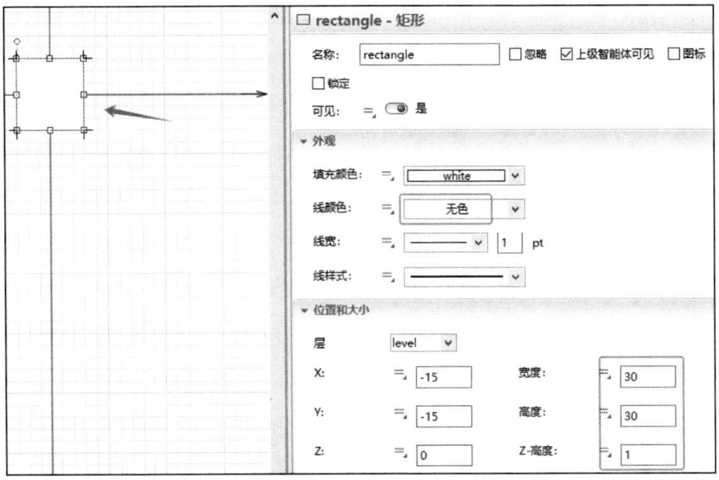

图 6-8 修改矩形外观

指定输送带和 source 中的智能体类型，如图 6-9 所示。

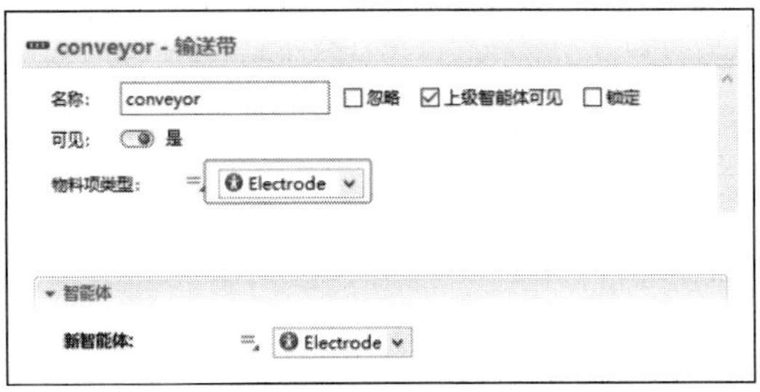

图 6-9 指定智能体类型

（7）再次运行模型

再次运行模型，确保 Electrode 物料项能正确生成，并在输送带上按照设定路径移动。

（8）添加粘贴工艺

铅片必须覆盖一层特殊的浆料，这种浆料将成为一种活性物质，在电池充放电过程的电化学反应中起着重要的作用。从流程建模库中拖拽站（Station）模块到输送带上，命名为 pastingMachine（粘贴机），用于模拟电极片的涂覆过程。在属性面板中，取消可见（Visible）选项，设置处理时间为 5 秒，并设定单次处理一个电极片。属性面板如图 6-10 所示。

（9）动态颜色变化

在 Electrode 物料项中添加变量 color，用于定义粘贴后的颜色变化，如图 6-11 所示。

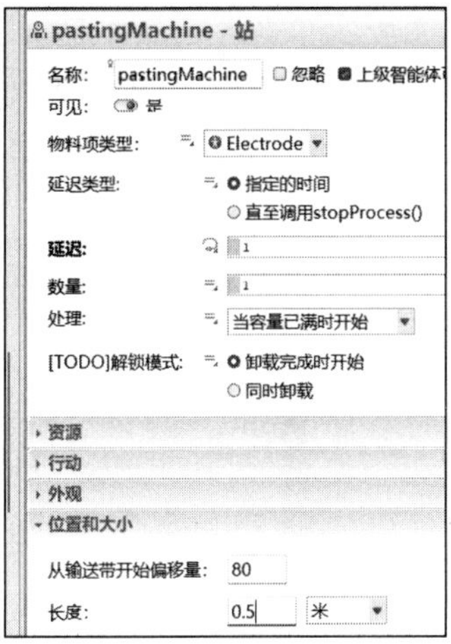

图 6-10 属性面板

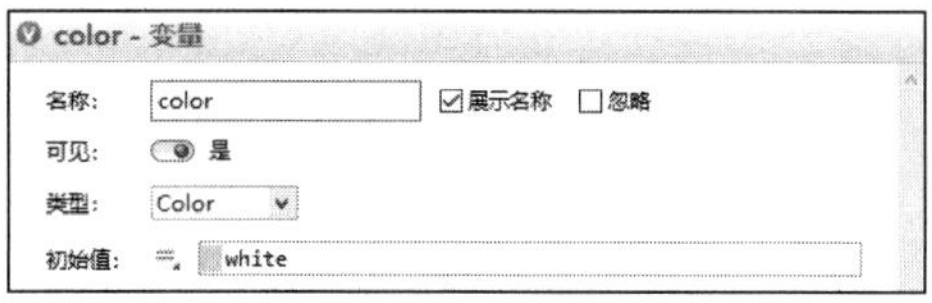

图 6-11 颜色变量

在矩形属性中，将填充颜色设置为动态变量 color。

在 pastingMachine 站点的“处理完成时（OnProcessFinish）”选项中，添加行动代码（图 6-12）：agent.color=peru。该代码确保电极片经过粘贴机后颜色发生变化，模拟浆料涂覆过程。

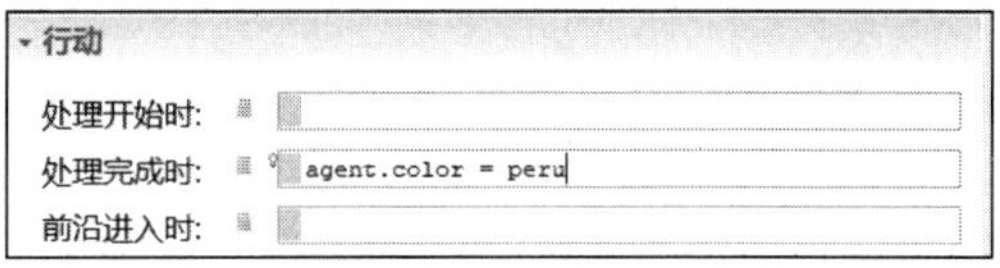

图 6-12 添加行动代码

（10）运行并测试模型

运行模型，观察电极片是否在经过粘贴站后发生颜色变化。

（11）添加批处理

电极片必须成批收集，然后转移到烘烤炉。下面来模拟这个过程。

在输送带末端添加矩形节点作为电极批次收集点，用于存放处理后的电极，如图 6-13 所示。

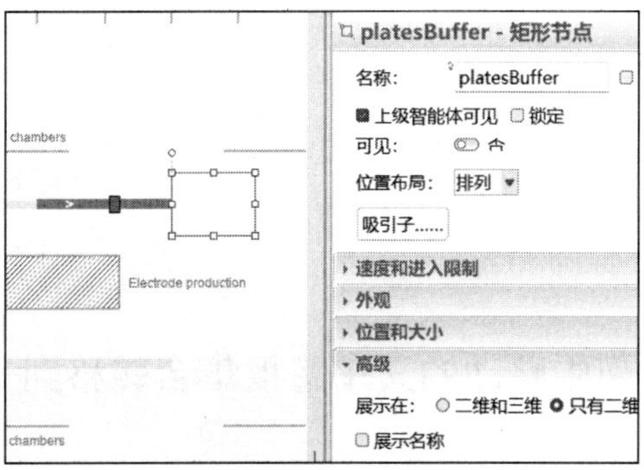

图 6-13 添加矩形节点

在流程图的 convey 和 sink 之间拖拽 Batch 模块，调整批处理大小以控制电极片的批量收集。

（12）创建电极批集合

创建新的物料项类型（Agent），命名为 PlatesBatch（电极批集合），如图 6-14（a）所示。

选择托盘，并且修改属性。

修改比例尺为 1。

托盘上添加矩形，展示物料，如图 6-14（b）所示。

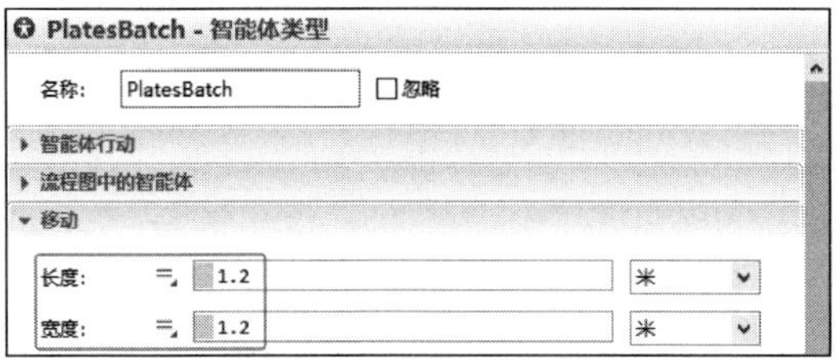

（a）创建智能体

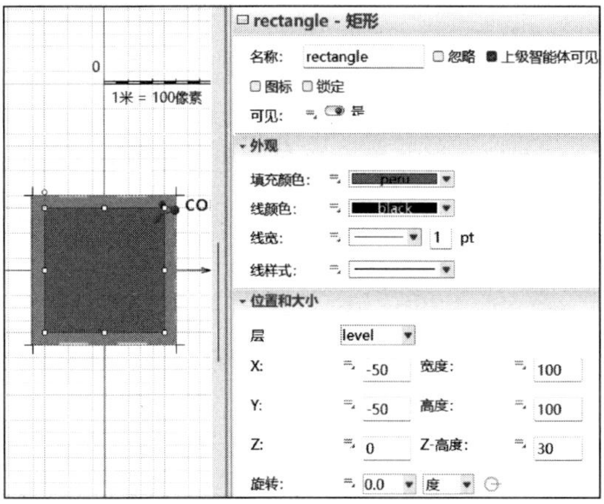

（b）添加矩形，展示物料

图 6-14 创建智能体并添加矩形

切换到 Main 主界面中，修改 batch 模块的属性，如图 6-15 所示。

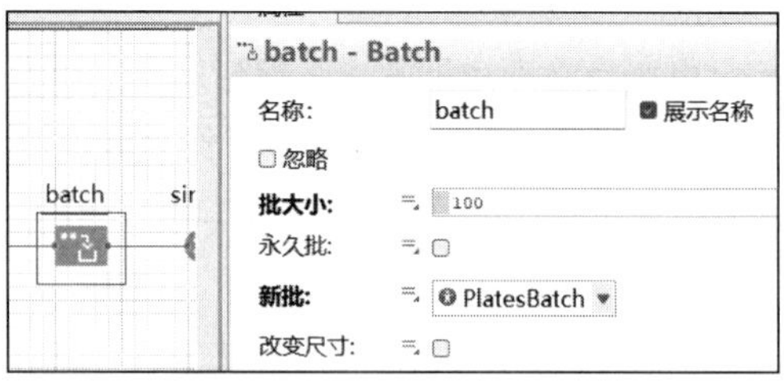

图 6-15 修改 batch 模块属性

（13）绘制工厂墙体

使用矩形墙（Wall）元素，在车间区域绘制阴影矩形，形成工厂布局。在属性面板中，调整颜色为灰色（Gray），Z-高度为 20，并使用 Ctrl+鼠标进行多选调整。

6.2.2 通过在自由空间中移动的叉车将批集合转移到干燥室

（1）创建运输车类型

首先，创建一个新的运输车类型 Forklift（叉车），用于将批量收集的电极从生产区转运到干燥室。在 AnyLogic 中，创建运输车类型时，需要确保其具有适当的运输能力和合适的工作空间。点击 Agent，在属性面板中选择智能体类型（TransporterType），并将其命名为 Forklift，如图 6-16 所示。

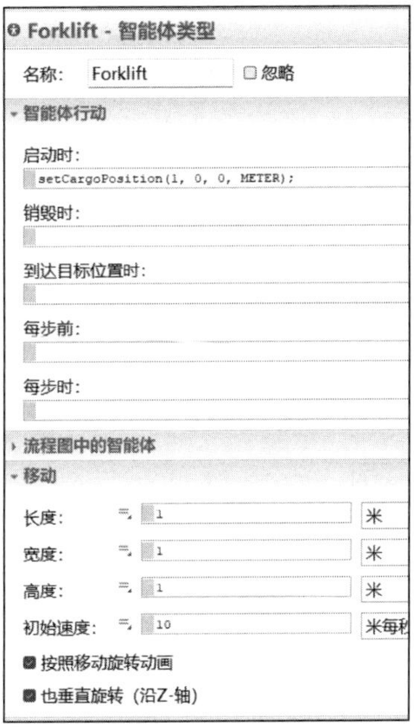

图 6-16　修改智能体属性

（2）添加叉车的归属地节点

接下来，添加叉车的归属地节点，以确定叉车的起始位置和停靠点，如图 6-17 所示。在物料搬运库中拖拽节点（Node）模块，并设置其为叉车的停放点。确保该位置与输送带和干燥室的连接能够平稳过渡。

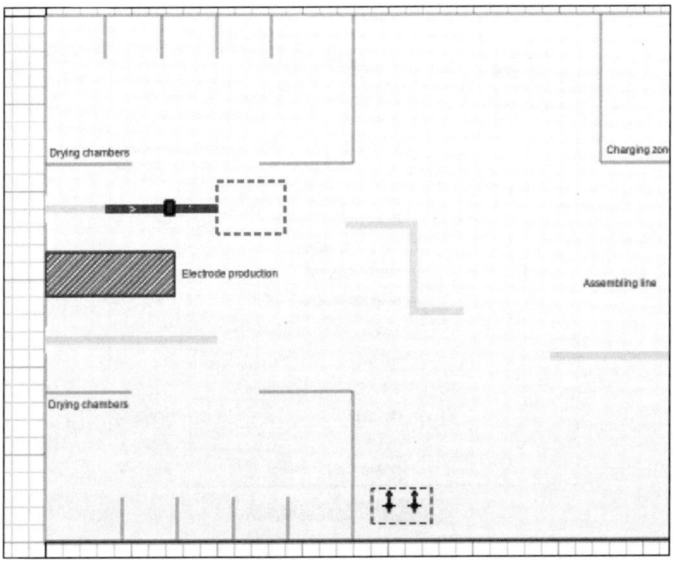

图 6-17　添加归属地节点

（3）添加干燥室（curingOven）

创建干燥室 curingOven 作为电极片的干燥区。在流程建模库中拖拽 Station 模块，并命名为 curingOven。接着，设置干燥室的吸引器（吸引物）为 5×1，确保干燥过程的物料流动合理，如图 6-18 所示。

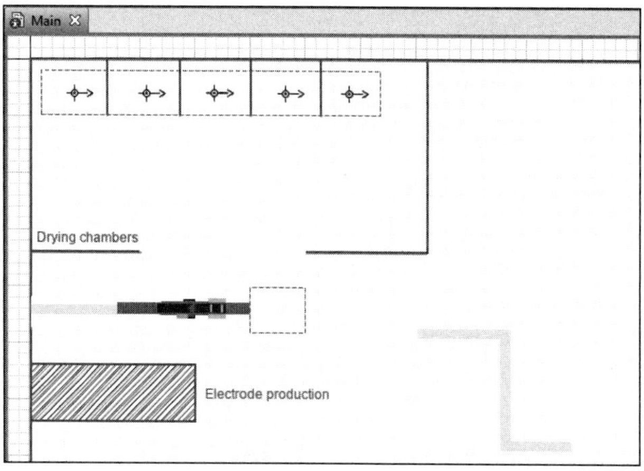

图 6-18 添加干燥室

（4）添加运输车队

创建一个叉车队列 Forklifts，并在新运输车中选择之前创建的 Forklift 类型，如图 6-19 所示。设置车辆数量和运输任务分配策略，确保叉车可以顺利从生产区运输到干燥室。设置运输车队的路径：使用 MoveByTransporter 模块，配置叉车队列（Fleet），将运输任务从电极片收集区分配到干燥室，确保叉车按照设定的顺序运输物料。

图 6-19 创建运输车队

在流程中添加 MoveByTransporter，如图 6-20 所示。

(5)模拟干燥过程

在电极片被送到干燥室后，它们需要在里面停留一段时间以去除水分。设置 Delay 模块，模拟干燥时间。此过程的延迟时间设置为 2 分钟，模拟电极片在干燥室中的时间。此时，叉车应该可以继续执行任务，而电极片在干燥室内完成干燥。

(6)模拟向预包装缓冲区的转移

修改节点属性，如图 6-21 所示。

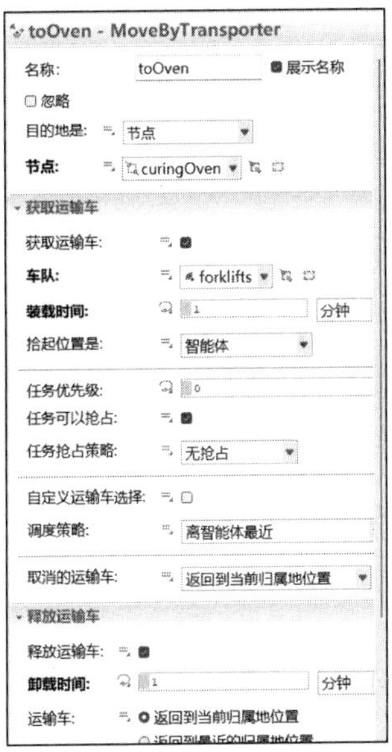

图 6-20 流程中添加节点

图 6-21 修改节点属性

(7)运行模型

点击“运行（Run）”按钮，观察叉车是否能够顺利地将电极批次从收集区运输到干燥室，并执行干燥过程。确保叉车在执行任务时不会出现卡顿或冲突，且每个电极批次都有足够的时间进行干燥。

6.2.3 包裹电极并组装电极组

(1)绘制输送带 wrappingConveyor

在 Main 界面中，使用物料搬运库拖拽 Conveyor 模块，绘制一条新的输送带，并命名为 wrappingConveyor，如图 6-22 所示。该输送带用于传输包裹后的电极组，以便后续进入组装阶段。在属性面板中，设置物料项类型为 Electrode，确保输送带仅处理电极物料。设置输送带宽度为 0.5 米，确保符合电极物料尺寸。将 Z 值设为 20，调整输送带高度，使其符合之前的输送路径。

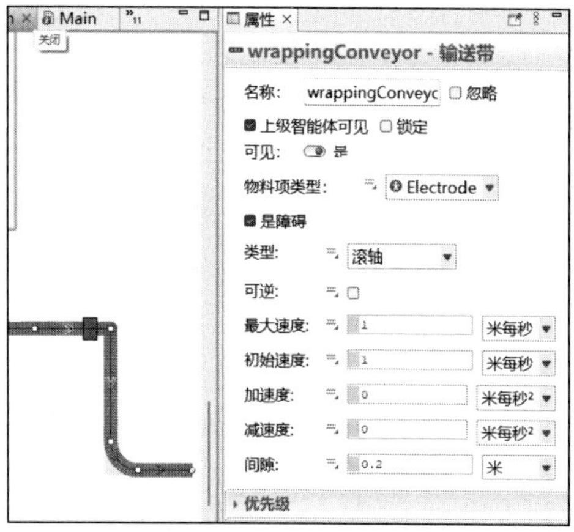

图 6-22　绘制输送带

(2) 修改流程图

修改流程图，如图 6-23 所示。需要更改 Unbatch 后元素出现的位置，应该出现在输送带 wrappingConveyor 上。

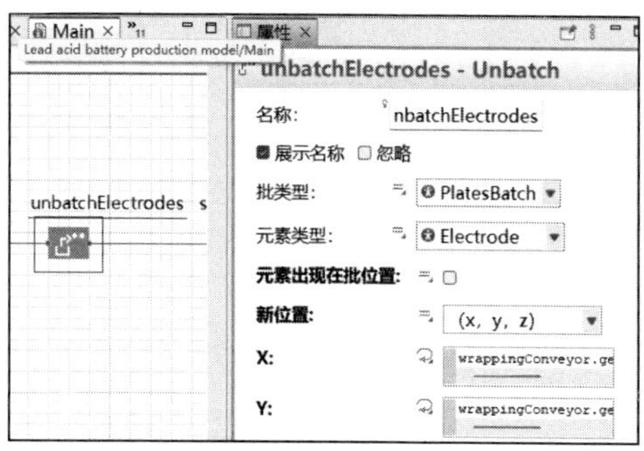

图 6-23　修改流程图

包裹好的电极会再次改变颜色。为了对此建模，我们将利用 wrappingStation。修改站属性，如图 6-24 所示。

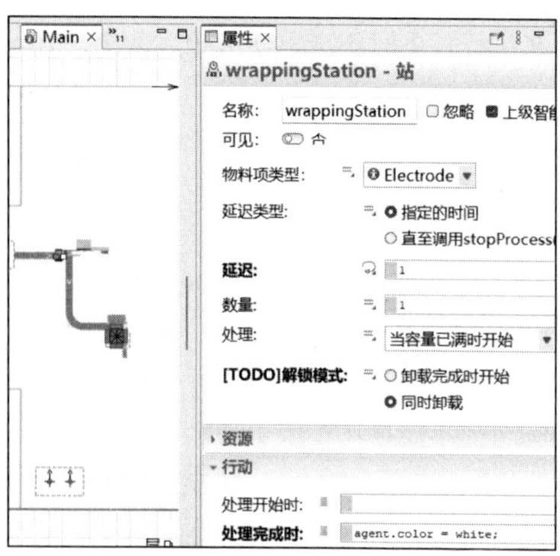

图 6-24　修改站属性

(3)组装电池块

在项目树（Projects）中，右击 Main 主界面，选择新建 Agent，命名为 BatteryBlock，用于表示已组装的电极组。在属性面板中，将比例尺标尺长度设为 1，确保电池块尺寸符合生产线需求。在 BatteryBlock 的图形界面中，复制该三维物体两次，形成三组铅酸电池组件，以匹配实际的装配工艺。

(4)添加装配流程

返回 Main 界面，在流程建模库（ProcessModelingLibrary）中，拖拽 Assembler（装配器）模块，用于完成电极组的装配过程。在属性面板中，选择新智能体类型（AgentType）为 BatteryBlock，确保装配完成后的物料项正确生成，如图 6-25 所示。修改处理时间（ProcessTime），模拟电极组装入电池外壳所需的时间。运行模型时，如果 AnyLogic 警告“代理将不加延迟地通过组装块”，说明当前装配流程未指定执行装配所需的资源。

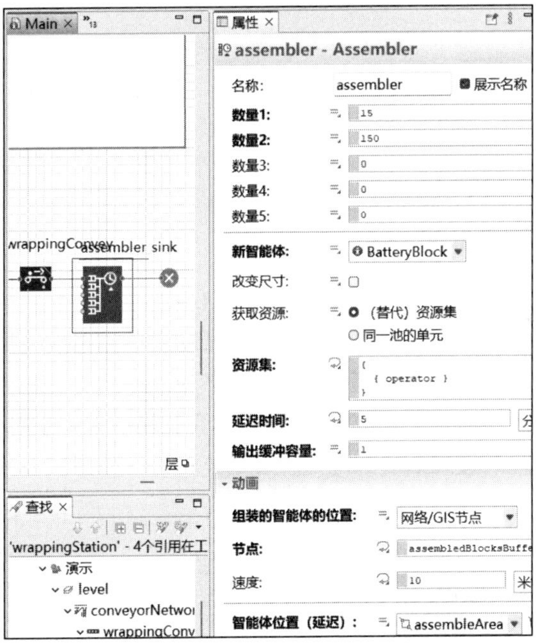

图 6-25 修改 Assembler 属性

(5)添加资源(用于组装)

项目树（Projects）中，右击 Main，选择新建 Agent，将其命名为 Operator，该资源类型表示执行装配任务的操作员。在属性面板中，取消被动（Passive）选项，使 Operator 具备执行任务的能力。在 Main 界面，从流程建模库拖拽 Node（点节点）模块，将其命名为 operatorLocation，表示操作员的默认工作位置，如图 6-26 所示。

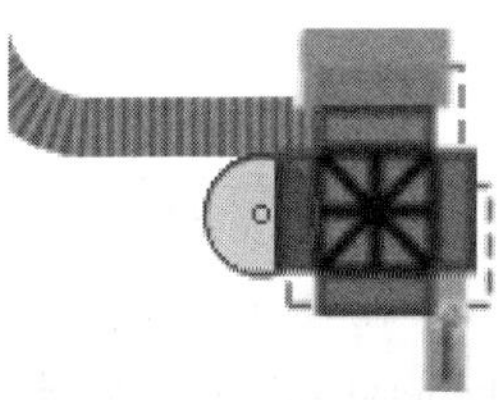

图 6-26 添加操作员工作位置

在 Main 界面，拖拽 ResourcePool 模块，将其命名为 operator，用于管理装配任务的操作员。在属性面板中，设置其资源类型为 Operator，确保资源池管理的是装配操作员。选择归属地位置（HomeLocation）为 operatorLocation，确保操作员在闲置时返回此位置待命，如图 6-27 所示。在 Assembler 模块的属性面板中，找到资源集（Resources）选项，选择 operator 作为执行装配任务的资源，并设置资源数量，确保每个装配任务至少需要 1 名操作员。

图 6-27　添加模块

试运行模型。

6.2.4　电池组装

（1）添加新的物料项类型

在生产的这个阶段，之前的电极组被放置在塑料电池盒中，然后填充酸液。盒内的确切组数取决于电池的预期容量。我们现在将在起重机的帮助下模拟电极组组装到电池盒中。在项目树（Projects）中，右击 Main，选择新建 Agent，命名为 Battery，用于表示最终的电池单元。在属性面板中，将比例尺标尺长度设为 1，确保电池单元在输送带和起重机操作过程中尺寸正确。修改物料智能体尺寸，使其适应后续的电池外壳填充过程，如图 6-28 所示。

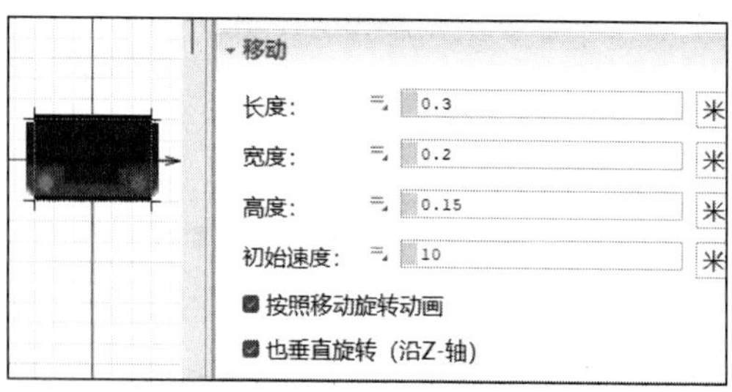

图 6-28　修改智能体尺寸

（2）添加新布局

在 Main 界面中，从物料搬运库拖拽 Conveyor 模块，创建新的输送带，并命名为 batteryConveyor，用于传输最终组装的电池。在属性面板中，设置输送带宽度，使其适应 Battery 物料项的尺寸。

拖拽矩形节点（Rectangle）到 batteryConveyor 的起点，命名为 blockInputPosition，作为电池组装开始的位置。在 batteryConveyor 开头添加矩形节点 caseBuffer，用于存放电池盒。在属性面板中，取消“可见”选项，设置位置布局为排列，确保电池盒排列整齐，如图 6-29 所示。

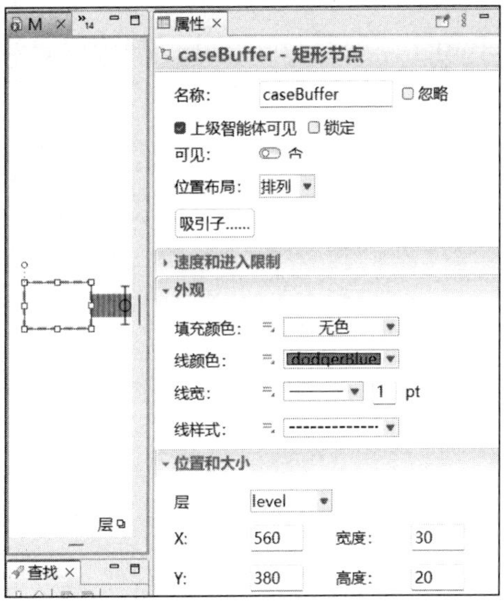

图 6-29 添加矩形节点

（3）添加悬臂起重机 batteryBlockCrane

在 batteryConveyor 旁边，拖拽 Crane（起重机）模块，命名为 batteryBlockCrane，用于将电极组精准放入电池外壳。在属性面板中，调整起重机的工作范围，使其覆盖 batteryConveyor 的整个传输区域，如图 6-30 所示。拖动起重机吊臂末端的手柄，可增加或减少起重机的工作区域，确保所有电极组都能被准确放置到电池盒中。勾选封锁区（BlockArea）复选框，通过拖动手柄来调整其角度，避免起重机在操作过程中与其他组件发生冲突。

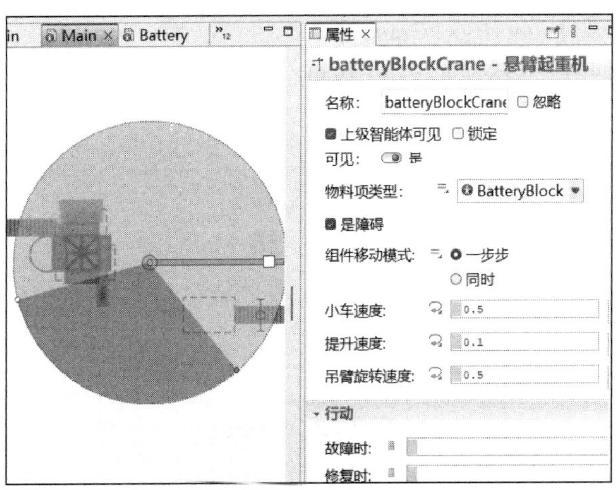

图 6-30 添加悬臂起重机

（4）流程图添加组装逻辑

在流程建模库（ProcessModelingLibrary）中，拖拽 Source 模块到流程图区域，命名为 batterySource，用于生成电池外壳。在属性面板中，调整到达速率，确保电池外壳按照设定时间间隔生成，如图 6-31 所示。在流程图中，拖拽 Queue 模块，命名为 caseBuffer，用于存放等待装配的电池盒。在属性面板中，设置 Capacity 为 25，表示最多可存放 25 个电池外壳。将 Agentlocation 设为 caseBuffer，确保电池外壳进入此存储区域后，能正确排列等待后续处理。

图 6-31 添加组装逻辑

在流程图中，拖拽 ConveyorEnter 模块，并连接到 queueconveyor，确保电池外壳进入输送带，如图 6-32 所示。在 batteryBlockCrane 旁，拖拽 MoveByCrane 模块，并命名为 toCase，用于模拟电极组的装配过程。在属性面板中，将起点设置为 assembleArea，目标设置为 caseBuffer，确保电极组能够从组装区正确放入电池盒中。

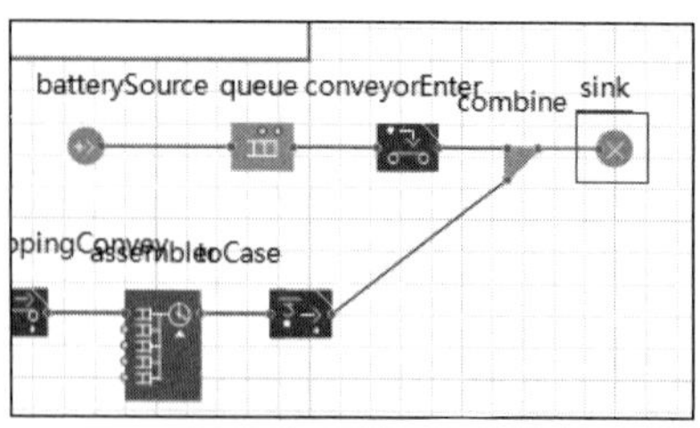

图 6-32 添加模块

（5）同步电极组装配过程和电池盒准备

在流程建模库中，当起重机试图将电极组转移到没有的电池盒时，会发生错误。创建 hold 模块，并且拖拽 Combine 模块，将电极组的组装流程和电池盒的输送流程连接起来。在属性面板中，设置智能体模型为 BatteryBlock，确保该物料项与电池盒正确匹配。hold 属性如图 6-33 所示。

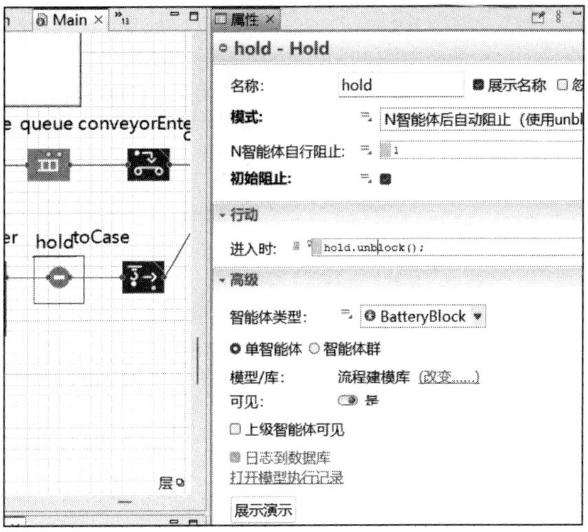

图 6-33 hold 属性

6.2.5 电池处理和质检

(1) 生产线布局

首先，需要在 Main 界面中布置电池处理和质检的相关区域。电池在组装完成后，首先会进入添加电池盖和焊接接头站点，进行电池盖和接头的焊接。然后，电池将进入质检区域，进行质量检测（qaStation）。在质量检测环节后，符合要求的电池将继续进行下一步充液处理，不合格的电池将被移除。

为此，需要布置以下内容：添加焊接接头 addCapAndTerminalsStation，用于电池盖和接头的焊接；添加 qaStation，用于电池质量检测；设置输送带分支，用于质检不合格电池的处理。

在 Main 界面中，从流程建模库（ProcessModelingLibrary）拖拽 Station 模块，命名为 addCapAndTerminalsStation，并设置延迟时间为 1 分钟。然后，添加 qaStation，表示质检环节，并设置延迟时间为 uniform(20,30)秒，模拟质检过程的时间变动。

修改生产线布局如图 6-34 所示。添加站并修改属性如图 6-35 所示。

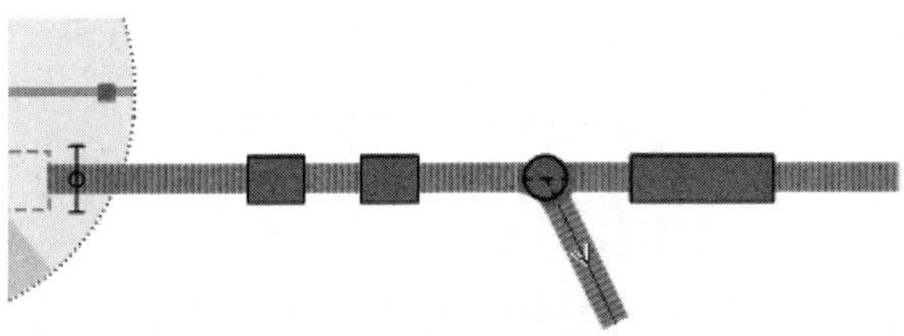

图 6-34 修改生产线布局

(2) 添加逻辑流程

为了确保电池在生产线上的流动正确，需要在流程图中加入适当的逻辑来管理电池的质量检测和后续处理。将通过以下步骤添加相应的逻辑：

添加转盘（Turntable）：用于拆分输送带，将合格的电池和不合格的电池分别送到不同的输送带。

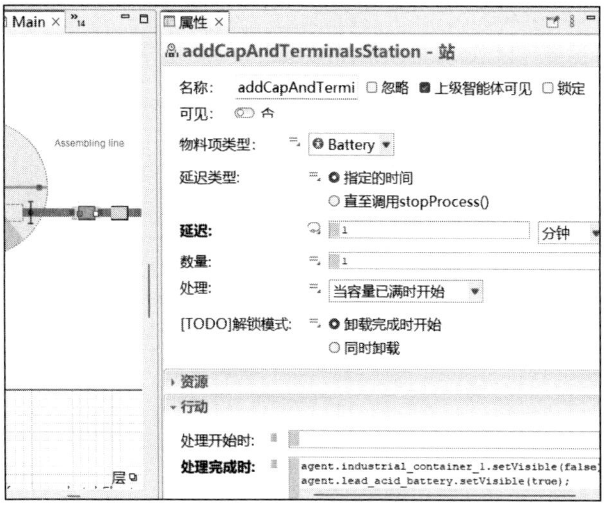

图 6-35 添加站并修改属性

在转盘的位置后，增加一个新的输送带（defectiveBatteryConveyor），用于处理不合格的电池。还需要为质检不合格的电池添加 Sink 模块，确保不合格电池能够被移除。

电池充液：对于质检合格的电池，使用 Conveyor 将其送到 electrolyteFillingStation 站，进行充液处理。将在 Conveyor 中设置相应的物料类型，确保充液过程能够顺利进行。

修改逻辑模型，如图 6-36 所示。

修改 qaStation 站的数据，如图 6-37 所示。

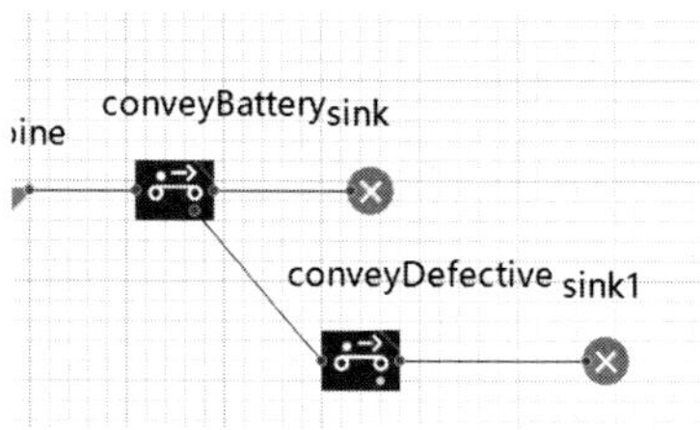

图 6-36 修改逻辑模型

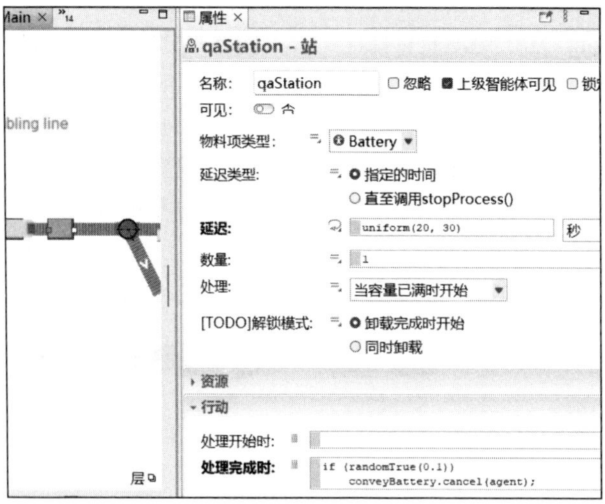

图 6-37 修改站数据

此处，通过随机函数，模拟有 10%的残品率，残品从当前输送带取消，进入分支。

运行并观察模型。

在流程图中，使用 Conveyor 和 MoveByTransporter 等模块，确保电池在各个站点之间流动顺畅，并在“处理完成时（OnProcessFinish）”设置适当的动作，例如合格电池进入充液阶段，不合格电池被移除。

6.2.6 将电池运送至充电位置

（1）为 AGV 规划路网

首先，需要为 AGV（自动导引车）规划运输路径，以便将电池从生产线运送至充电区域。在 Main 界面中，从物料搬运库拖拽矩形节点（RectangleNode）模块，绘制 store（充电区域），这将是电池的最终目的地。

接下来，绘制 agvHomeLocation，用于定义 AGV 的空闲时停靠位置。在此节点上，AGV 将待命并等待接收任务。然后，绘制 agvUnloadingPoint，作为 AGV 卸载电池的位置。

最后，使用路径（Path）模块连接这几个节点，确保 agvHomeLocation、agvUnloadingPoint 和 store 正确连接，形成完整的运输路径。绘制 agvLoadingArea，这定义了 AGV 接收电池的区域。为此区域设置合适的大小和位置，确保电池可以准确进入接收区域。使用 Ctrl+鼠标选择所有的节点和路径，并修改其显示为二维（Displayin2D），确保在仿真过程中，路径导向显示清晰。

AGV 路网效果如图 6-38 所示。

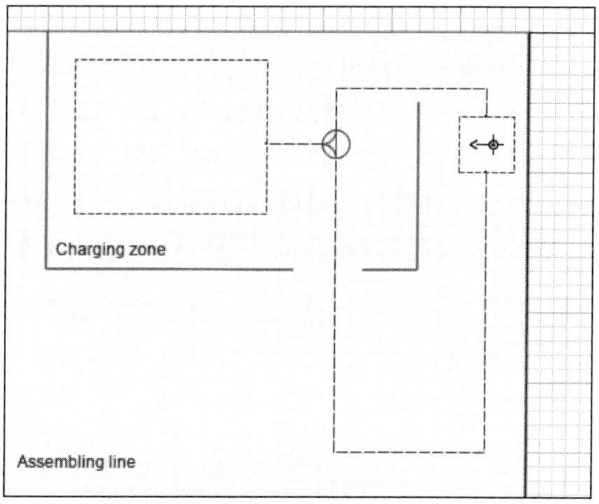

图 6-38 AGV 路网效果

（2）添加悬臂起重机（batteryCrane）

为了将电池从输送带转移到 AGV 接收区域，需要使用悬臂起重机（batteryCrane）。拖拽 Crane 模块，并命名为 batteryCrane，将其放置在输送带与 agvLoadingArea 之间，确保它能够覆盖整个 AGV 接收区域，如图 6-39 所示。

在属性面板中，设置物料项类型（MaterialItemType）为 Battery，确保起重机能够处理电池。吊车高度（Height）设置为 4 米，确保其能够覆盖 agvLoadingArea 的全部区域。

（3）定义对应的逻辑流程

在流程图中，添加 MoveByCrane 模块，用于将电池从输送带转移到 agvLoadingArea。将该模块命名为 toLoadingArea。

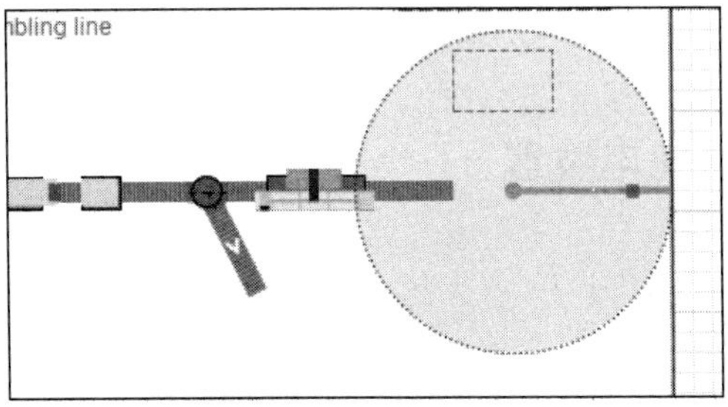

图 6-39 添加悬臂起重机

在属性面板中，执行以下操作：

节点（Node）设置为 agvLoadingArea，这是电池的接收区域。吊车（Crane）设置为 batteryCrane，确保电池通过起重机搬运。装载时间（LoadingTime）设置为 5 秒，表示电池从输送带到 AGV 接收区域所需的时间。卸载时间（UnloadingTime）设置为 5 秒，表示电池从接收区域卸载到 AGV 上所需的时间。

（4）拖拽并添加 TransporterFleet（AGVs）

在 Main 界面中拖拽 TransporterFleet 模块，并命名为 AGVs。该模块定义了在模型中搬运电池的 AGV 车队。

在属性面板中，进行以下设置（图 6-40）：

导航类型（Navigation Type）设置为路径导向（Path-based），确保 AGV 沿着预设的路径移动；

容量（Capacity）设置为 1，表示每次只有一辆 AGV 运输一个电池；

归属地位置（Home Location）设置为 agvHomeLocation，确保 AGV 从该位置开始任务；

新运输车（New Transporter）设置为 Forklift，确保 AGV 使用叉车模型进行运输。

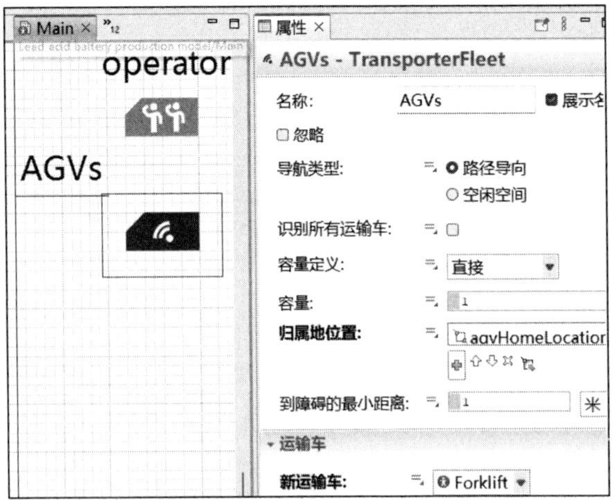

图 6-40 修改 AGVs 模块属性

（5）流程图添加 MoveByTransporter（toChargingArea）

添加 MoveByTransporter 模块，命名为 toChargingArea，用于控制叉车将电池从 agvLoadingArea 运送到 store（充电区域）。在属性面板中，执行以下设置（图 6-41）：

节点（Node）设置为 store，即电池的最终目的地；

车队（Fleet）设置为 AGVs，确保电池由 AGV 完成运输；

装载时间（Loading Time）设置为 5 秒，表示电池上车的时间；

卸载时间（Unloading Time）设置为 5 秒，表示电池到达充电区后的卸货时间。

图 6-41 流程图添加 MoveByTransporter

运行并观察模型。

6.2.7 分离阴极和阳极制备过程

在前面的阶段，我们使用单一电极类型模拟了电池生产过程。然而，电池实际包含两种类型的电极：阳极（负极）和阴极（正极）。这两种类型的制备过程非常相似，但为了避免重复现有的块序列，也为了简化流程，我们将创建一个自定义块来封装这些逻辑，并通过参数来区分这两种电极的制备过程。

（1）绘制电极生产制造布局

在 Main 图形界面中，我们首先需要为阴极电极制作一个专门的生产线。在流程建模库（ProcessModelingLibrary）中，拖拽 Conveyor（输送带）模块，命名为 cathodeConveyor，表示阴极的输送带。设置物料项类型为 Electrode。

在属性面板中，设置输送带宽度为 0.5 米，确保适应电极的大小。设置 Z 值为 20，调整输送带高度。

接着，在 cathodeConveyor 上添加一个 Station 模块，命名为 cathodeCoatingStation，表示阴极电极的涂覆工艺。

在属性面板中，取消 Visible（可见）选项，使其在 3D 视图中不可见。设置延迟时间（Delay）为 1 秒，表示阴极涂覆工艺的时间。设置长度为 0.5 米，适应生产线的布局。在输送带末尾绘制矩形节点（RectangleNode），命名为 cathodePlatesBuffer，该区域用于临时存放阴极电极，如图 6-42 所示。设置位置布局为排列（Arranged），确保电极排列整齐。

最后，绘制一个用于阴极材料干燥的区域，命名为 cathodeCuringOven，在此区域完成阴极的干燥过程，如图 6-43 所示。设置可见为否，以避免其显示。设置吸引子（Attractor）为 5×1，调整干燥时间。

图 6-42 输送带末尾绘制矩形节点

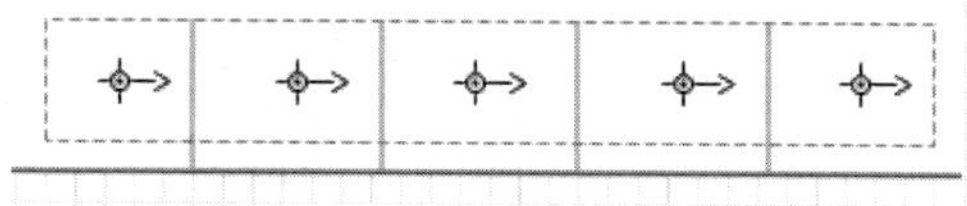

图 6-43 绘制阴极材料干燥区域

（2）创建自定义块

为了避免重复的电极制备过程，我们将创建一个自定义块（CustomBlock）来封装整个制备过程，如图 6-44 所示。在流程图中，选择 Source 模块到 unbatchElectrodes 模块的一系列流程模块（从 source 到 unbatchElectrodes），右击，选择创建流程图模块。

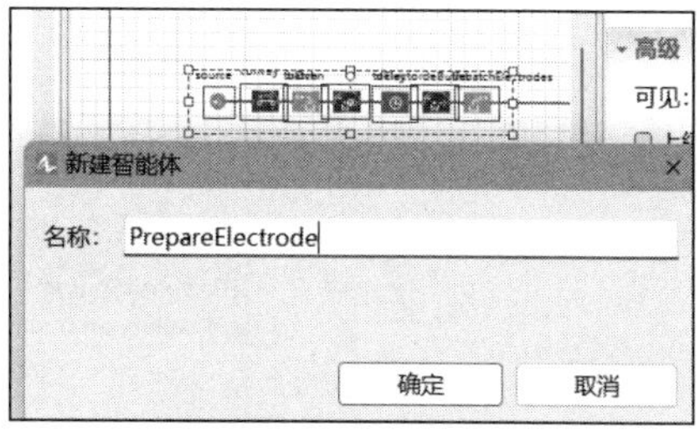

图 6-44 创建自定义块

（3）更正自定义块的参数标签

进入 PrepareElectrode 智能体的图形编辑界面，逐个修改各参数的标签，确保每个参数都能清晰表示其功能。主要的参数标签包括：

batch_batchSize：批大小；

batch_EntityLocation：电极板批次存放位置；

batch_LocationNode：批次存放位置；

convey_sourceConveyor：源输送带；

convey_targetConveyor：目标输送带；

delay_delayTime：干燥时间；

source_entitiesPerArrival：每次到达电极的数量；

source_interarrivalTime：电极到达间隔时间；

toElectrodeBuffer_destinationNode：待组装电极放置节点；

toElectrodeBuffer_loadingTime：干燥后装载时间；

toElectrodeBuffer_unloadingTime：干燥后卸载时间；

toOven_destinationNode：干燥室节点；

toOven_fleet：车队；

toOven_loadingTime：干燥前装载时间；

toOven_unloadingTime：干燥前卸载时间；

unbatchElectrodes_locationX：解批次后电极放置点 X 坐标；

unbatchElectrodes_locationY：解批次后电极放置点 Y 坐标。

（4）调整自定义块的参数项

根据模型中的电极制备过程，所有电极（无论是阴极还是阳极）都使用 Electrode 智能体类表示。因此，进入 source 模块的新智能体设置，将其切换为 Electrode。接着，删除 source_newEntity 参数项。类似地，阴极和阳极的批处理后智能体都用 PlatesBatch 表示，将 batch 块的新批修改为 PlatesBatch，并删除 batch_newBatch 参数项。由于阴极和阳极的转运通过相同的车队完成，因此在 toElectrodeBuffer 模块的属性中，指定车队为 toOven_fleet(agent)，然后删除 toElectrodeBuffer_fleet 参数项。

（5）添加阴极的制备流程

切换到 Main 图形编辑界面，将 PrepareElectrode 名称修改为 prepareAnode，用于阳极电极的制备流程。接下来，从工程栏拖拽 PrepareElectrode 模块到图形界面，确保其连接到 assembler 模块的 in 端口，命名为 PrepareCathode，用于阴极电极的制备，如图 6-45 所示。

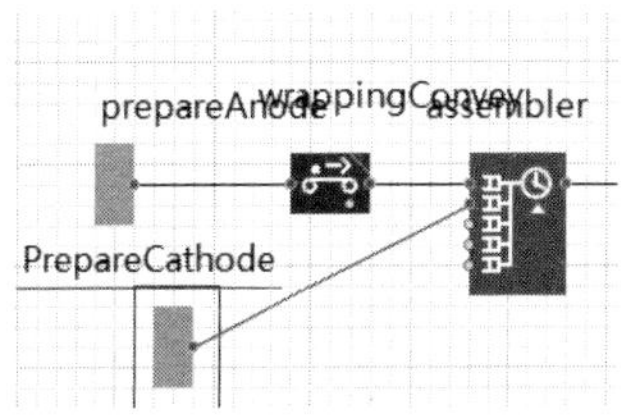

图 6-45　添加 PrepareElectrode 模块

其属性修改如图 6-46 所示。

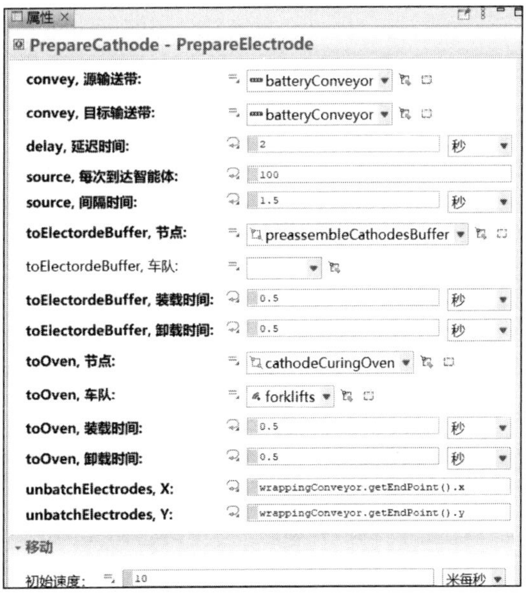

图 6-46　修改 PrepareElectrode 属性

（6）创建选项列表

为了区分阴极和阳极，在工程栏中右击模型，选择“新建”→“选项列表（OptionList）”，如图 6-47 所示。在 PlatesBatch 图形编辑界面中，拖拽添加参数 electrodeType，并在类型下拉框中选择 ElectrodeType，用于区分阴极和阳极。

（7）PlatesBatch 智能体添加参数

在 PlatesBatch 图形编辑界面中，拖拽添加参数 electrodeType，类型设置为 ElectrodeType，

如图 6-48 所示。这将帮助我们区分不同类型的电极（阴极或阳极）。

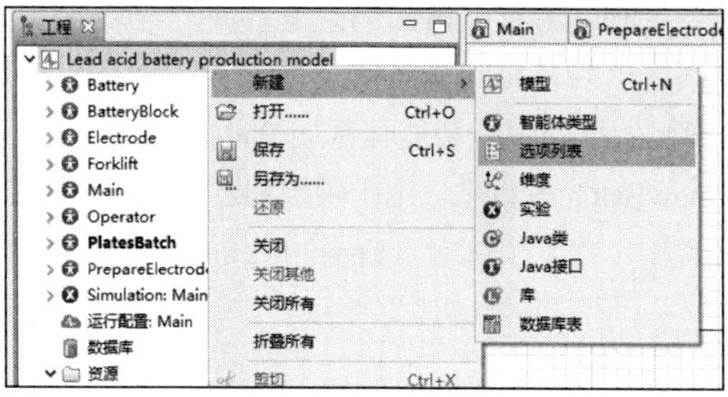

图 6-47　创建选项列表

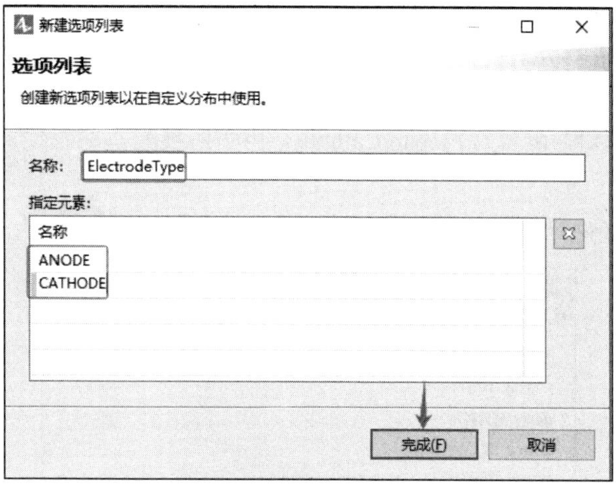

图 6-48　添加参数

（8）定义颜色动态属性

为了在动画过程中显示不同类型电极的颜色变化，在矩形（Rectangle）属性中，将填充颜色设置为动态值，并填入代码，如图 6-49 所示。

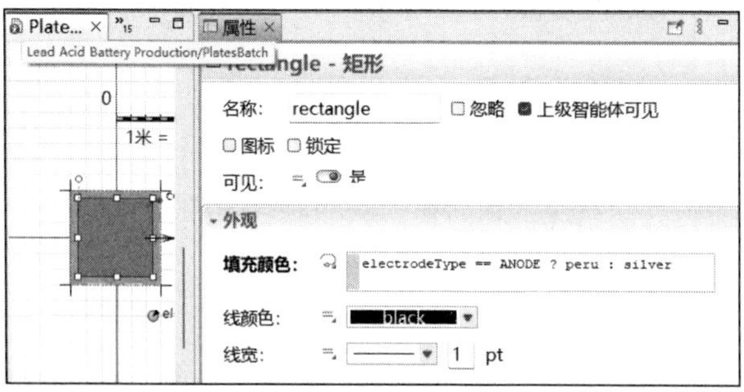

图 6-49　修改矩形参数

（9）为自定义块 PrepareElectrode 定义类型参数

在 PrepareElectrode 图形编辑界面中，拖拽添加参数 electrodeType，并将类型设置为 ElectrodeType，如图 6-50 所示。

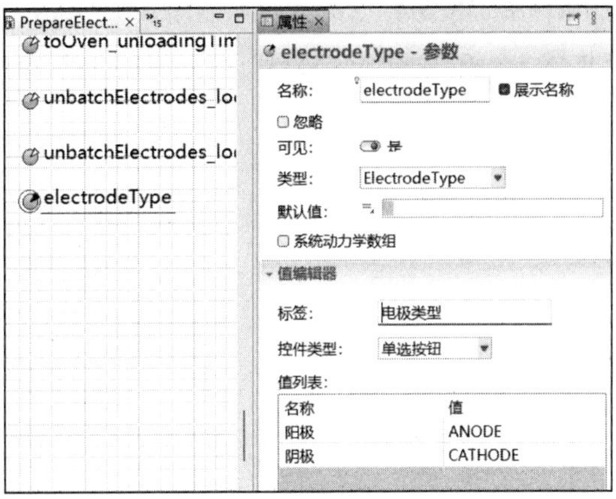

图 6-50　修改自定义块参数

接着，在流程图中的 batch 块中，修改“新批”为动态值，并填入代码，如图 6-51 所示。

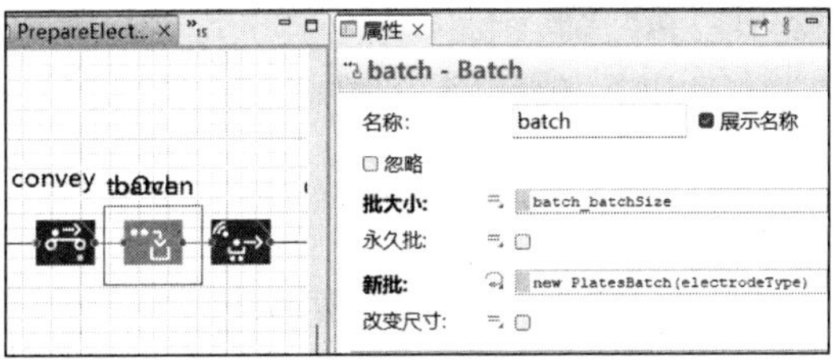

图 6-51　修改 batch 块的参数

切换到 Main 图形编辑界面，为新添加的参数设定具体值，如图 6-52 所示。

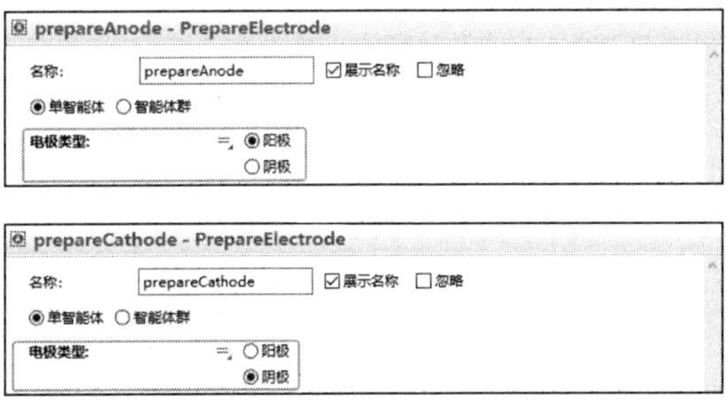

图 6-52　为新添加的参数设定具体值

6.2.8　模拟电极的生产

在电池生产中，电极是由铅卷制成的，铅合金的不同取决于电极是正的还是负的。在此阶段，将使用流体库的元素来模拟铅卷的电极生产。借助此库，能够对不希望作为单独对象进行建模的流体、散装物质或大量离散相的存储和传输进行建模。FluidToAgent 块还提供了从流体建模过渡到离散智能体建模的机会。

（1）绘制底图

从流体库（FluidLibrary）面板中，拖拽散装输送带（BulkConveyor），并命名为 leadMetalConveyor

和 leadDioxideMetalConveyor，用于模拟铅卷的传输，如图 6-53 所示。在 Main 图形界面中，绘制两条输送带，分别用于正极（leadMetalConveyor）和负极（leadDioxideMetalConveyor）的铅合金材料传输。

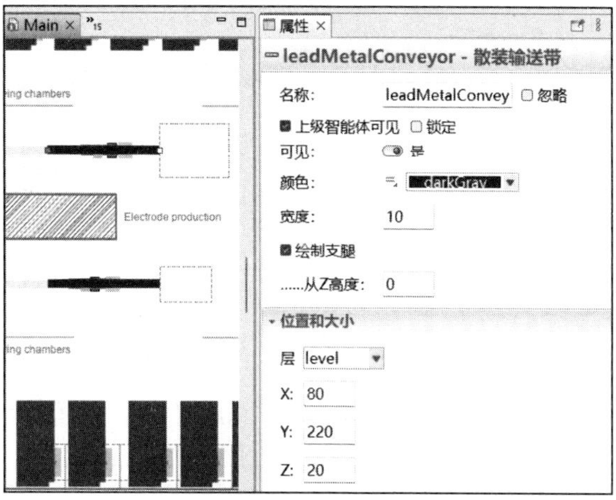

图 6-53 绘制底图

（2）修改自定义块 PrepareElectrode

进入 PrepareElectrode 智能体的图形界面，在属性面板中添加一个新参数 metalBulkConveyor，用于表示电极原料的输送带，如图 6-54 所示。

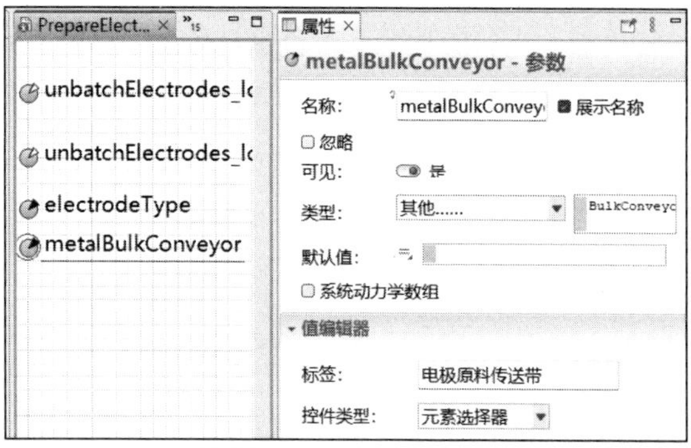

图 6-54 修改自定义块参数

接下来，为 prepareAnode（阳极电极）流程块设置参数，电极原料输送带的值为 leadMetalConveyor；并为 prepareCathode（阴极电极）流程块设置参数，电极原料输送带的值为 leadDioxideMetalConveyor，确保正确区分阳极和阴极的铅合金原料。参数设置如图 6-55 所示。

（3）添加逻辑

在 PrepareElectrode 智能体的流程头部，添加处理电极制造原料的逻辑。

首先，拖拽 FluidSource 块，命名为 metalSource，如图 6-56 所示，并在属性面板中设置以下内容：

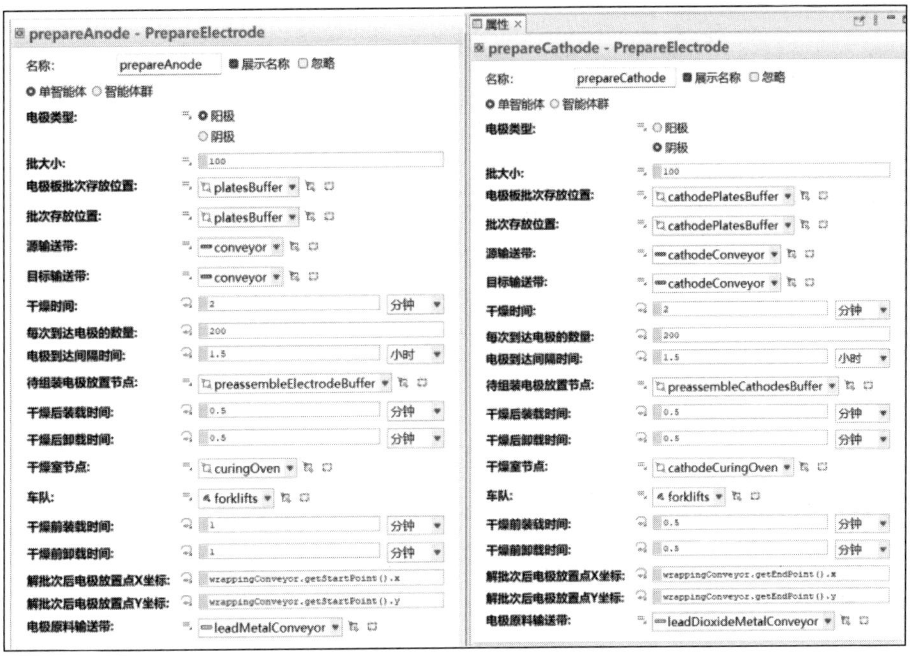

图 6-55　为流程块设置参数

速率（Flowrate）：设置适当的流量，以模拟铅合金原料的供应。

源节点（metalSource）：选择合适的起始位置，使铅合金原料能够顺利流动到后续模块。

图 6-56　设置源节点

然后，继续添加 BulkConveyor 块，命名为 conveyMetal，并在属性面板中设置输送带的路径，确保铅合金原料能够准确地沿着传输路径移动，如图 6-57 所示。

接下来，拖拽 FluidToAgent 块，将流体转换为智能体。在属性面板中，执行以下操作：

连接到后续流程：将 fluidToAgent 与后续流程（如电极的加工和组装）连接，确保流体能够正确转换为物料项（电极）。

删除原有的 Source 块，确保流体通过 fluidToAgent 模块传递。

为了模拟铅合金原料的注入过程，需要添加一个事件（Event），命名为 addRoll，如图 6-58 所示，并在属性面板中定义以下内容：

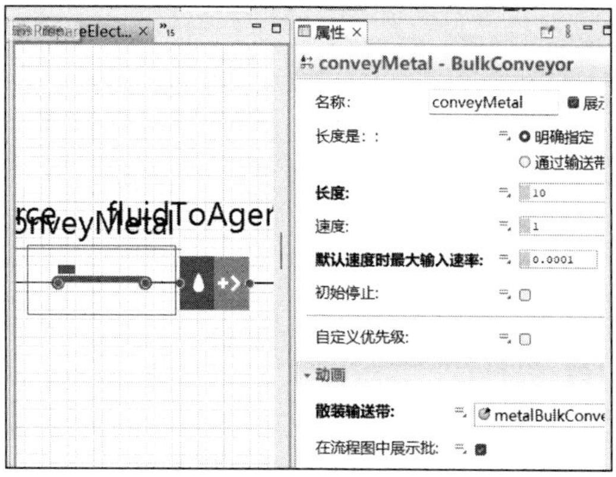

图 6-57　添加模块

事件类型：设置为 Inject，确保铅合金原料以正确的方式注入系统。

触发类型：设置为到时，确保铅合金原料以正确的方式注入系统。

图 6-58　添加新事件

运行并查看结果。

6.3　三维动态仿真

（1）添加三维窗口

在 Main 界面中拖拽 3D 视图（3DWindow），启用三维动画，确保电极片在 3D 视角下可见。在粘贴站 pastingMachine 位置，拖拽三维物体（粘贴机），使其在 3D 视图中正确显示。

（2）添加 3D 物体

添加 3D 模型包封机和汇流排铸焊，如图 6-59 所示。

拖拽三维物体（3DObject），选择铅酸电池（LeadAcidBattery），并将其放置在界面中心，如图 6-60 所示。在 Battery 物料项的图形界面中，修改外观，使其能够在 3D 视图中正确显示。

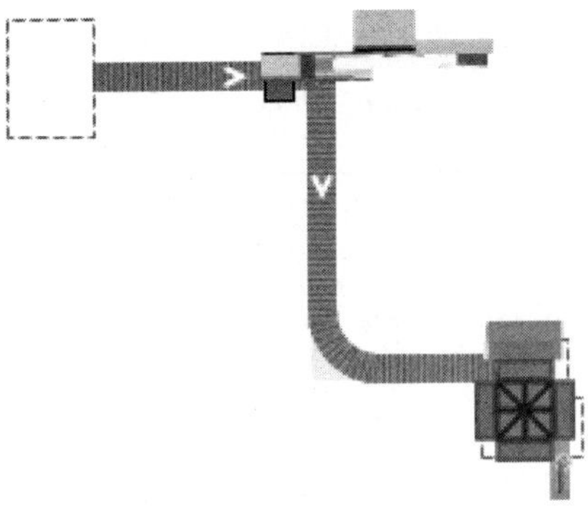

图6-59 添加3D物体（一）

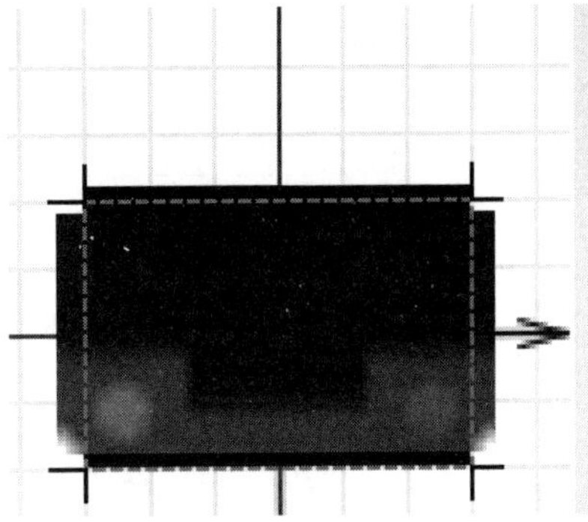

图6-60 设置3D物体铅酸电池

添加三维物体热风机、泄漏试验机和灌装机。

在生产线布局中，需要为每个站点添加相关的三维物体，使其在3D视图中可视化，如图6-61所示。在addCapAndTerminalsStation站上，拖拽三维物体→制造→热风机，以表示电池盖的加热过程。在qaStation站上，拖拽三维物体→制造→泄漏试验机，表示电池的质量检测。在electrolyteFillingStation站上，拖拽三维物体→制造→灌装机，表示电池充液过程。

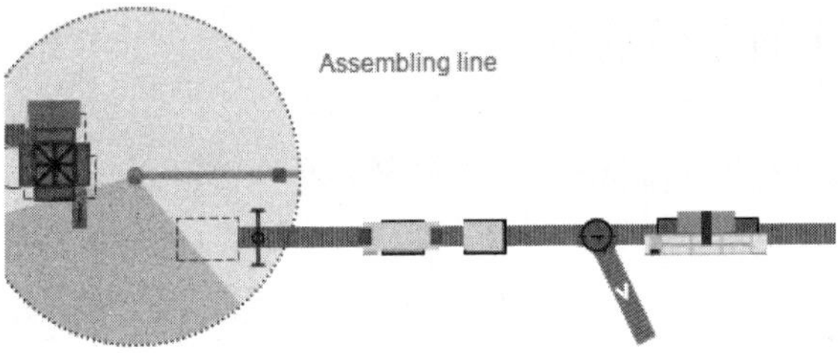

图6-61 添加3D物体（二）

为电极生产过程添加三维物体，以便在3D视图中进行可视化，如图6-62所示。在cathodeCoatingStation站点上，拖拽三维物体→制造→粘贴机，表示阴极涂覆的机械设备。然后，在cathodeCuringOven站点添加三维物体→制造→干燥室，表示阴极电极的干燥过程。

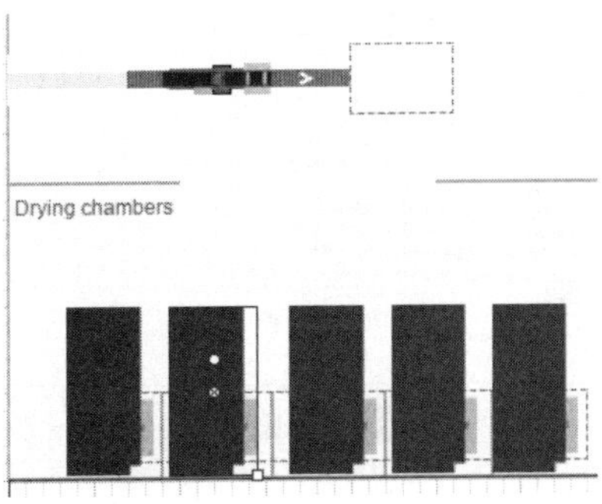

图6-62 添加3D物体（三）

为铅卷的切割过程添加三维物体。

为了更直观地展示电极的生产过程，拖拽三维物体→数控机床→数控切割3状态1到散装输送带和输送带的连接处，模拟铅卷的切割过程。

弹窗提示是否自动缩放图像，选择否，避免图像自动缩放造成失真。

调整添加图像的附加比例为 50%，确保图像与输送带的比例协调。

设置 Z 值为 18，确保图像与其他三维物体的对齐，如图 6-63 所示。

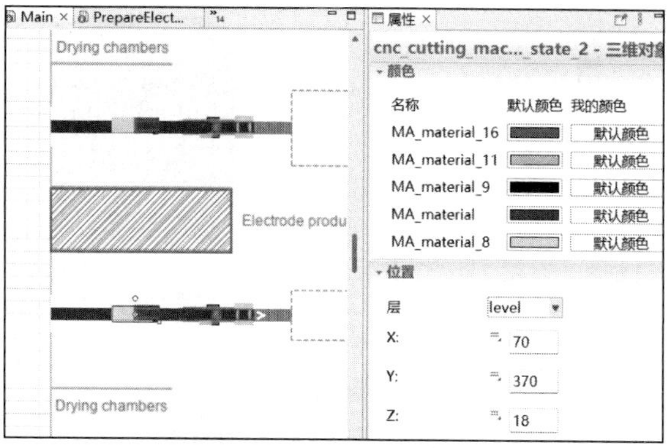

图 6-63 添加 3D 物体（四）

运行并查看 3D 模型。

6.4 数据可视化与系统分析

在铅酸电池无人生产线的仿真过程中，需要监控生产数据，以便实时了解生产情况，并分析关键性能指标（KPI）。在本步骤中，我们创建了一个变量 batteryCount 记录生产的电池数量，并通过一个定时触发的事件（event）定期更新该变量，以便进行数据采集和监控。

（1）创建变量 batteryCount

在 Main 界面：

在 Main 画布上，右击选择“添加变量”（AddVariable）。

在属性面板中，将变量命名为 batteryCount，并设置类型为 int（整数），如图 6-64 所示。

设置初始值为 0，表示初始生产的电池数量为 0。

图 6-64 创建新变量

（2）创建定时事件（event）

在 Main 画布上，右击选择“添加事件”（AddEvent）。

在属性面板中，设置事件名称为 addRoll，如图 6-65 所示。

在触发类型（TriggerType）中，选择速率（Rate），并设置触发间隔时间，例如 10 秒，即每 10 秒统计一次生产的电池数量。

在“动作”（Action）栏输入代码，用于更新电池数量。

（3）运行仿真模型并监控数据

运行仿真模型后，batteryCount 变量会随着生产过程的进行不断增加，并且数据会打印在控制台（Console）窗口，如图 6-66 所示。

通过 AnyLogic 的自定义图表（Chart），可以将 batteryCount 变量实时可视化，形成生产趋势图。

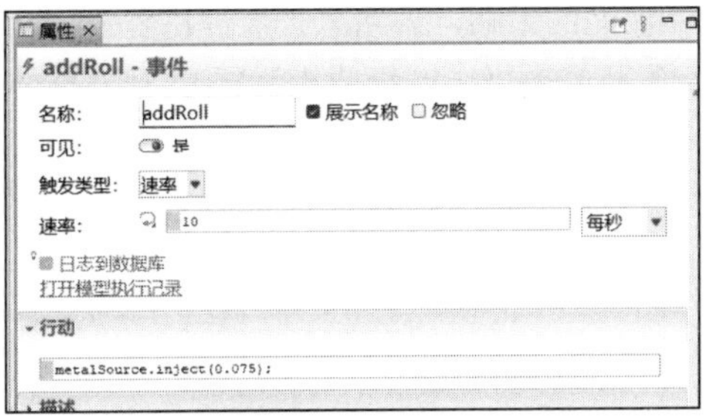

图 6-65　创建新事件

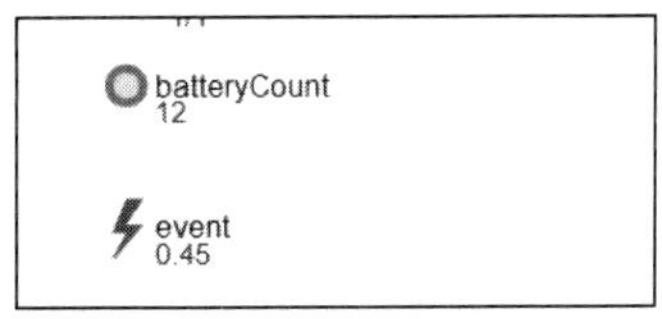

图 6-66　可以在运行期间检测到数据

通过 batteryCount 变量，可以实时监测和分析铅酸电池的生产情况。

6.5　实验与系统优化

在完成无人化铅酸电池生产线的仿真与数据分析后，我们可以进一步进行实验和优化，以提升整体生产效率、降低成本，并提高系统的智能化水平。本节将探讨几个关键实验方案，并对未来的优化方向进行展望。

为了进一步优化生产系统，将来可以从以下几个方面着手。

（1）生产节奏优化实验

实验目标：调整各工序的生产速率，优化瓶颈环节，提高整体生产效率。

实验方法：调整电极粘贴、干燥、组装、充液、充电等关键工序的处理时间，观察对生产效率的影响。

通过仿真数据分析，找出生产周期最长的环节，并尝试增加并行工作站或优化调度规则。

设定不同的任务优先级策略，分析不同调度方式下的产能变化。

（2）物流调度优化实验

实验目标：优化 AGV 运输路径与任务分配，减少物料等待时间，提高物流系统效率。

实验方法：采用不同的 AGV 调度策略（随机分配、最近任务分配、负载均衡）进行对比实验。分析 AGV 空载率、等待时间、任务完成率，确定最优的物流调度策略。适当增加或减少 AGV 车队数量，找到系统吞吐量的平衡点。

（3）设备利用率实验

实验目标：提高生产设备的利用率，减少停机时间，提高生产连续性。

实验方法：调整不同工序的任务分配，避免某些设备过载，而其他设备处于空闲状态。采用动态任务调度，让某些设备在非高峰时段执行其他任务，以提高整体利用率。

记录各设备的工作时间与空闲时间，评估不同优化方案对设备利用率的影响。

（4）生产线扩展实验

实验目标：评估增加产线规模后对系统整体性能的影响，为未来扩展提供参考。

实验方法：增加额外的生产单元（如增加一条新的电极生产线或组装线），观察整体产能的变化。

评估 AGV 负载与输送带拥堵情况，调整物流系统以适应扩展后的生产规模。

计算新增设备带来的产能增量，并与额外的成本和资源消耗进行对比分析。

思考与练习

① 在本案例中，无人化生产线如何提高生产效率？采用智能调度系统如何减少人工干预，提高自动化水平？

② 在生产过程中，哪些设备的利用率对整体生产效率影响最大？

③ 在仿真过程中，如何设置合理的参数（如生产节拍、批量大小）以保证仿真结果的准确性？

④ 自主尝试添加 AGV 运输系统，用于在不同工序之间转运物料，设定 AGV 的任务分配规则，并观察不同调度策略对生产效率的影响。

⑤ 自主尝试记录电池生产数量，创建变量 batteryCount 并设置定期更新事件。使用时间序列图（TimePlot）展示电池生产速率的变化趋势，通过统计设备利用率，观察哪些设备在生产过程中出现了瓶颈。

第7章

物料库建模与仿真

本书电子资源

在工业制造、物流及供应链领域，物料库作为资源调配的核心枢纽，直接影响生产效率和成本控制。其动态特性涉及物料的存储、流转、分拣及调度，需通过建模与仿真技术实现流程可视化和优化决策。AnyLogic 作为多方法建模与仿真的前沿工具，凭借其离散事件、系统动力学及基于智能体的混合建模能力，为物料库的复杂系统分析提供了高效且灵活的解决方案。

本章将系统阐述如何利用 AnyLogic 构建物料库仿真模型，涵盖基础架构设计、多方法融合建模及仿真结果解析，为工业场景下的仓储优化、供应链优化提升提供方法论支持。通过案例与实践结合，展现 AnyLogic 在应对物料库动态复杂性中的独特技术优势。

7.1 案例描述

本案例模型描述了一个分为地面层和地下层的两层仓库：地面层仓库为货架存储仓，该区域分为 4 大部分，分别为货架区、物品堆放区、叉车停放区、AGV 停放区；地下层为输送带转运区，将地面层需要转运的物品通过电梯运送到地下一层输送带，再通过输送带运送到需要的地方。

该模型不仅可以通过3D模拟的方式展示物料库中物料通过叉车以及AGV和输送带的相互运作的流程，还可以通过模型中自带的数据整合软件分析物料仓库中叉车以及 AGV 的利用率，以便为仓库管理人员提供更为合理的建议，保证仓库的健康运转。

7.2 建立基础模型

7.2.1 物料库物理模型建模步骤

① 按照“面板”→“流程建模库”→“空间标记”→“托盘货架”的操作步骤，找到“托

盘货架”元素，长按鼠标左键将其拖至右侧空白处，并在最右侧弹出的属性框内将相关属性改成如图 7-1 所示的相关参数，其余参数暂不发生变化。

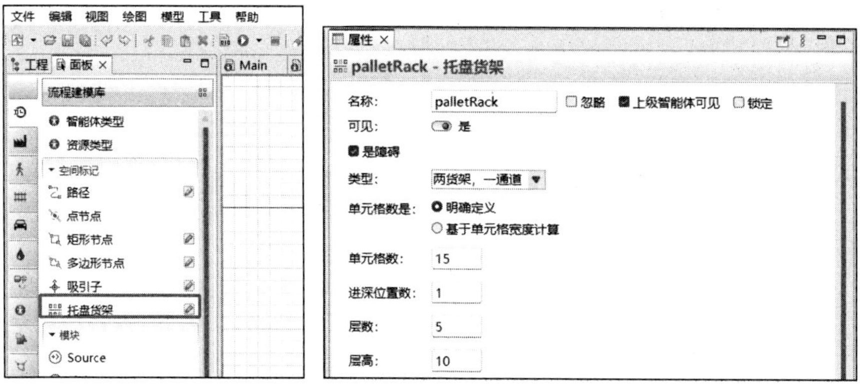

图 7-1　托盘货架及参数设置

② 按照“面板”→“流程建模库”→“空间标记”→“路径”的操作步骤，找到“路径”元素，双击“路径”元素，选中“货架托盘”并长按鼠标左键向右滑动，到合适位置双击鼠标取消绘制，如图 7-2 所示。

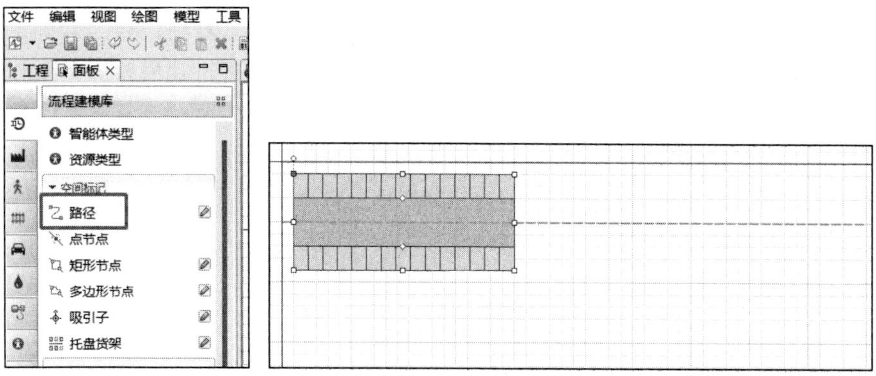

图 7-2　路径设置

③ 按照“面板”→“流程建模库”→“空间标记”→“点节点”的操作步骤，找到“点节点”元素，单击该元素并长按鼠标左键，将其拖至右侧已绘制的“路径”上。按照该步骤重复操作 2 次，最终形成在“路径”中具有 3 个点节点的画面，如图 7-3 所示。

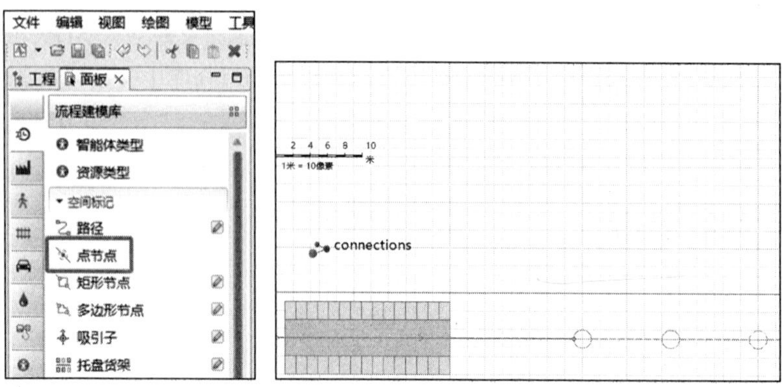

图 7-3　点节点及参数设置

④ 按照“面板”→“流程建模库”→“空间标记”→“矩形节点”的操作步骤，找到“矩形节点”元素，单击该元素并长按鼠标左键，将其拖至右侧已绘制的“点节点”正下方，并按照该步骤重复操作 2 次，最终形成在“点节点”正下方中具有 3 个“矩形节点”的画面。接着双击“矩形节点”，生成连接线并向上连接至“点节点”，按照该步骤连接完剩下 2 个节点图，如图 7-4 所示。

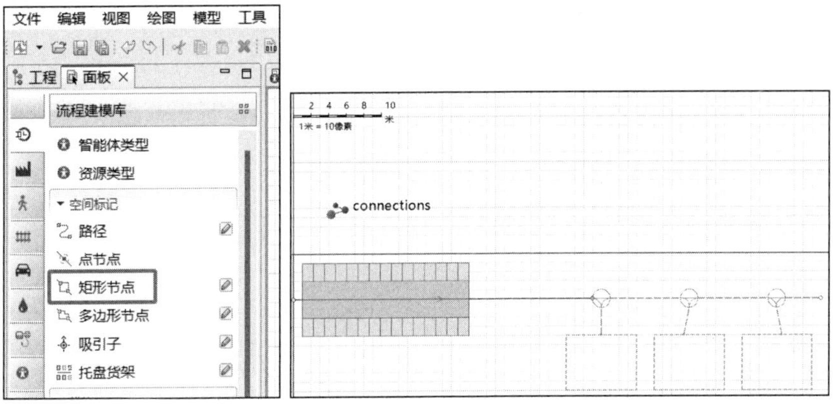

图 7-4　矩形节点及参数设置

⑤ 按照“面板”→“物料搬运库”→“空间标记”→“升降机”的操作步骤，找到“升降机”元素，单击该元素并长按鼠标左键，向右将其拖至步骤④中“路径”的最右方，并将“路径”与该“升降机”连接，即“路径”与“升降机”的连接点呈现绿色，如图 7-5 所示。

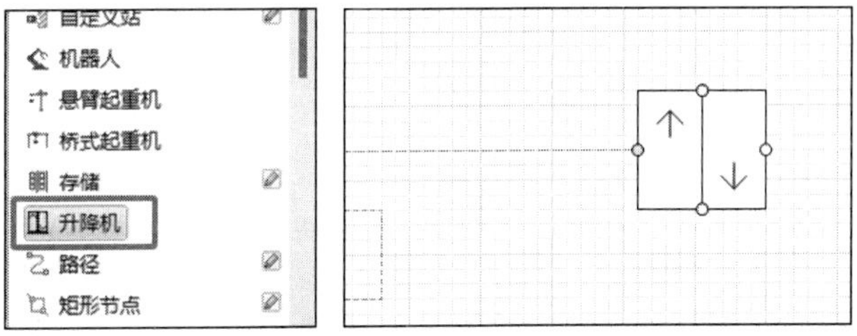

图 7-5　升降机及参数设置

⑥ 在屏幕右下角找到“层”按钮（图 7-6），点击“创建新层”，并将新建层改名为“地下一层”。

⑦ 按照“工程”→“物料库建模”→“Main 智能体”→“演示”→“地下一层”的操作步骤，找到“地下一层”层元素，单击该元素，在右侧属性“Z”处将数字 0 改为−30（地下 3 米），其余参数暂不发生改变，如图 7-7 所示。

⑧ 按照步骤⑥单击右下角“层”功能，点击“地下一层”层功能按钮，在主屏幕处按照步骤⑤在“地面层”电梯处建立“地下一层”的升降机，如图 7-8 所示。

⑨ 按照“面板”→“物料搬运库”→“空间标记”→“输送带”的操作步骤，找到“输送带”元素，双击“输送带”元素，到合适位置单击鼠标并向左方向滑动进行绘制，到合适位置后双击取消绘制。按该操作步骤进行剩余两条输送带的绘制，如图 7-9 所示。

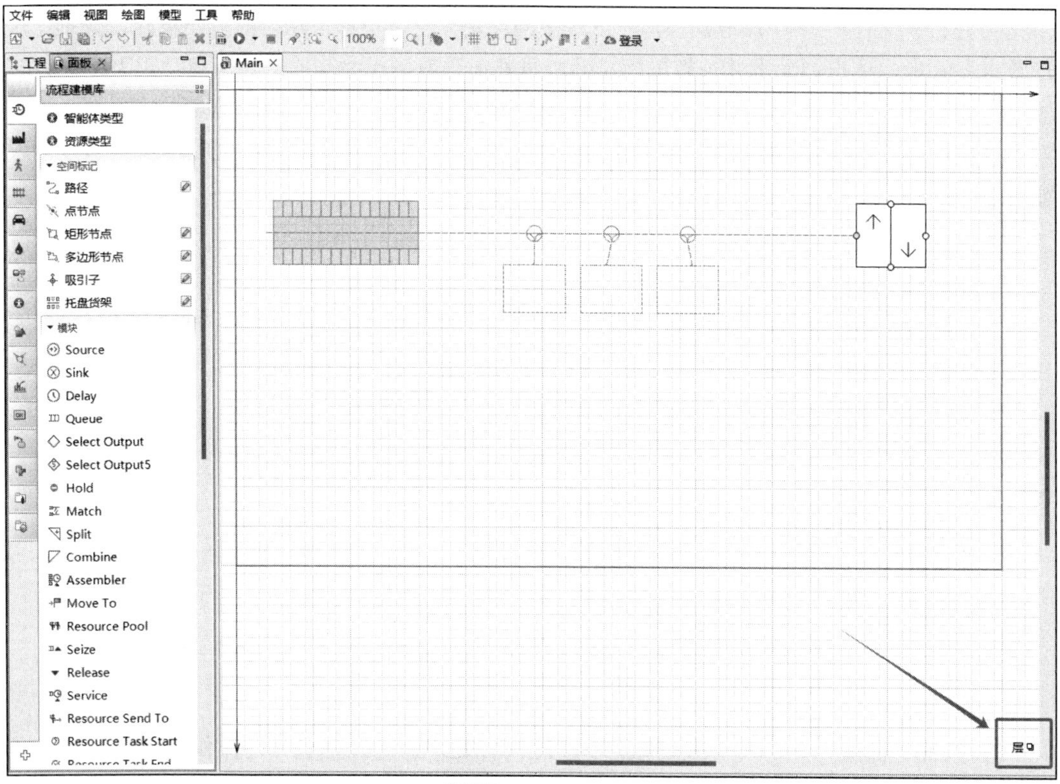

图 7-6 层功能设置

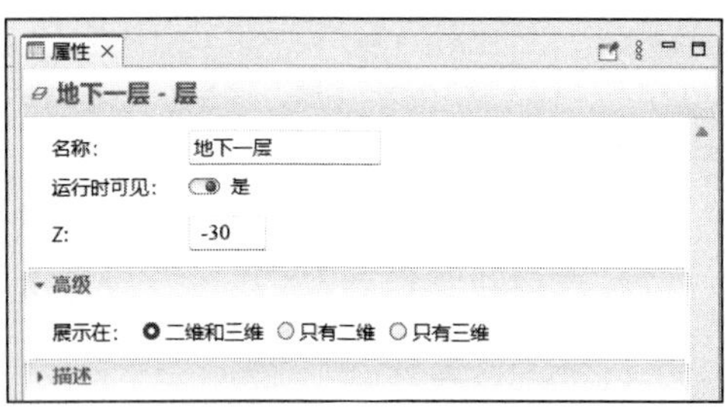

图 7-7 地下一层参数设置

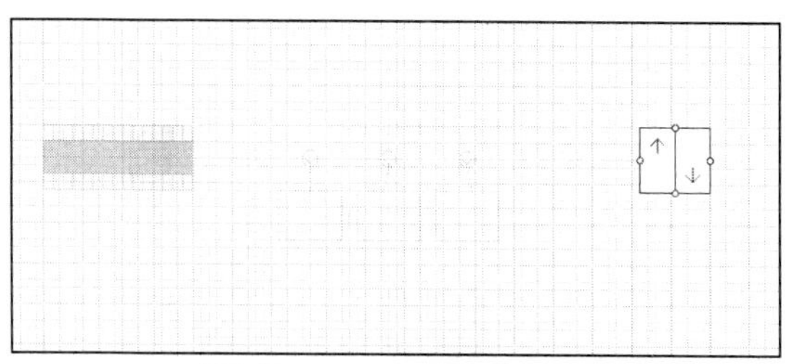

图 7-8 地下一层电梯功能设置

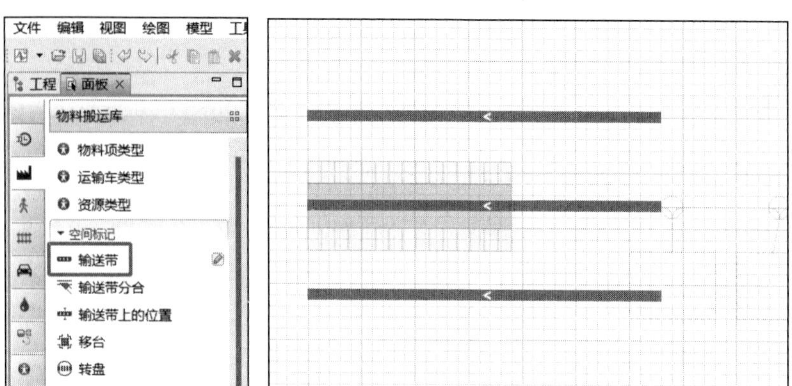

图 7-9 地下一层输送带设置

⑩ 按照“面板”→“流程建模库”→“空间标记”→“点节点”的操作步骤，找到“点节

点”元素，鼠标左键长按“点节点”元素并向右拖至步骤⑨所画的输送带最右面，并按照该操作步骤将“点节点”元素连接至其余两条输送带。按照步骤②所示的“路径”绘画步骤，从本步骤所画的“点节点”向右画线，将三条路径汇集到某一点，然后再连接至右侧电梯处，如图 7-10 所示。

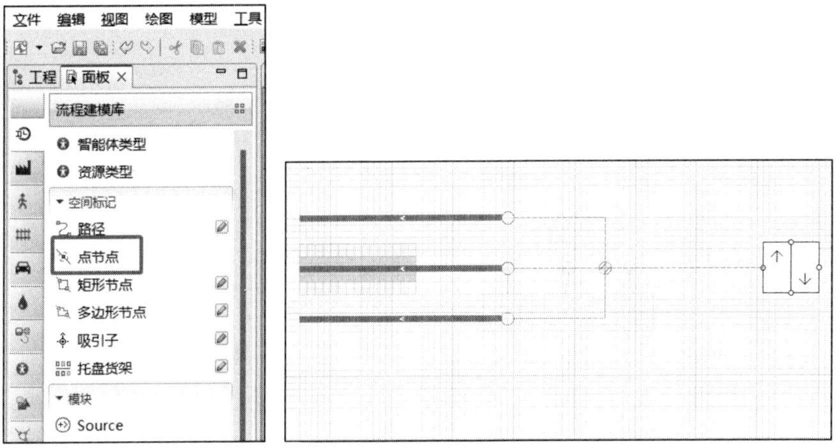

图 7-10　地下一层点节点与路径连接及参数设置

⑪ 点击步骤⑨所设置的“输送带”元素，在右侧“属性”界面，点击“外观”属性，“线颜色”属性选择红色，将“输送带”外观更改为红色，便于后续观察。按照该步骤将其余两条“输送带”颜色分别更改为黄色、蓝色，如图 7-11 所示。

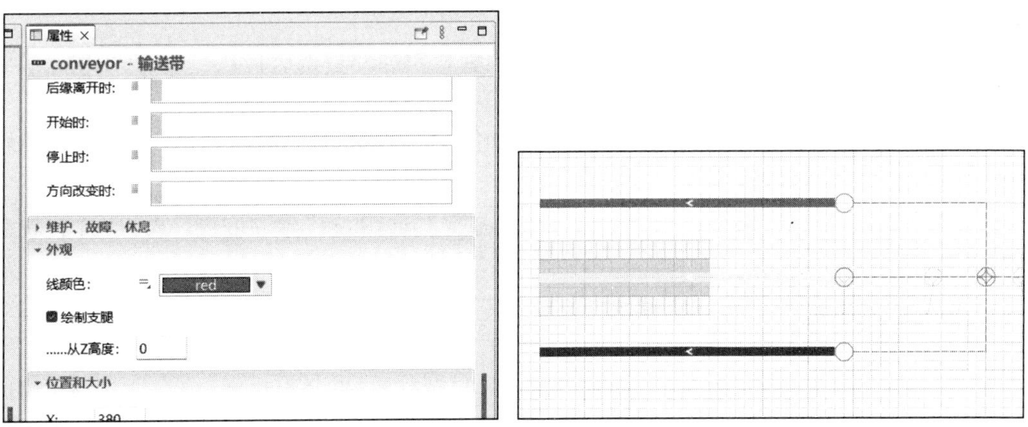

图 7-11　输送带颜色参数设置

⑫ 按照步骤⑥单击右下角“层”功能，点击“地面层”层功能按钮，点击在步骤⑤建立的“升降机”，在右侧属性界面进行参数设置：勾选“主平台（定义升降机参数）”，相关参数设置如图 7-12 所示，其余参数暂不发生变化。

⑬ 按照步骤⑥单击右下角“层”功能，点击“地下一层”层功能按钮，点击在步骤⑧建立的“升降机”，在右侧属性界面进行参数设置：在“楼层”处填写“-3”米；点击“指向主平台”下拉菜单，选择“lift”。相关参数设置如图 7-13 所示，其余参数暂不发生变化。

图 7-12 升降机参数设置

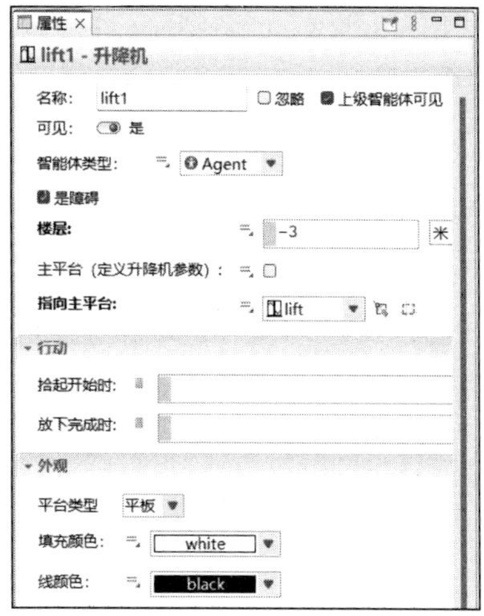

图 7-13 地下一层升降机参数设置

7.2.2 物料库逻辑模型建模步骤

（1）设置物料库逻辑模型

① 按照“面板”→“流程建模库”→“模块”→“source”的操作步骤，找到“source”模块，鼠标左键长按“source”模块并向右拖至物理模型下方；

② 在该面板内找到“queue”模块，长按将其拖至“source”模块右侧，直到两个模块自动连接；

③ 在该面板内找到“rackStore”模块，长按将其拖至“queue”模块右侧，直到两个模块自动连接；

④ 在该面板内找到“delay”模块，长按将其拖至“rackStore”模块右侧，直到两个模块自动连接；

⑤ 在该面板内找到“queue”模块，长按将其拖至“delay”模块右侧，直到两个模块自动连接；

⑥ 在该面板内找到“rackPick”模块，长按将其拖至“queue1”模块右侧，直到两个模块自动连接；

⑦ 在该面板内找到“selectOutput5”模块，长按将其拖至“rackPick”模块右侧，直到两个模块自动连接；

⑧ 按照“面板”→“物料搬运库”→“模块”→“moveByTransporter”的操作步骤，选择“moveByTransporter”模块，长按将其拖至“selectOutput5”模块右侧，直到两个模块自动连接；

⑨ 在该面板内找到“convey”模块，长按将其拖至“moveByTransporter”模块右侧，直到两个模块自动连接，并在该模块下方重复此步骤，直到建立一共 3 个一样的模块；

⑩ 按照“面板”→“物料搬运库”→“流程建模库”→“Sink”的操作步骤，找到“sink”模块，长按将其拖至“convey”模块右侧，直到两个模块自动连接。

物料库逻辑模型设置如图 7-14 所示。

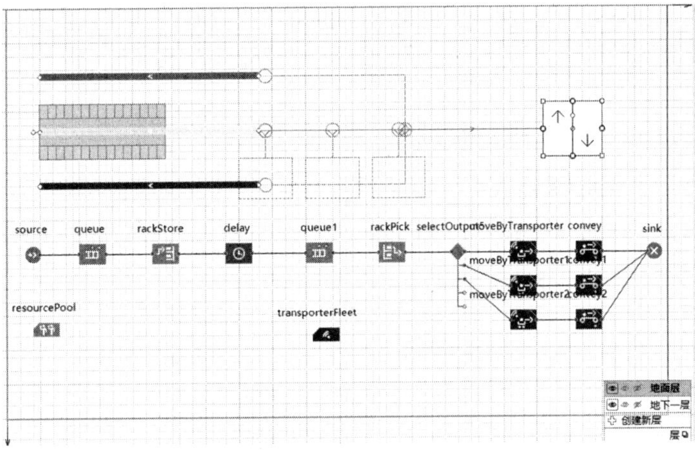

图 7-14 物料库逻辑模型设置

(2)对“source”模块进行设置

点击“source”模块，在最右侧属性界面对“source”模块进行设置：

① 将“到达速率”处改为 10（每小时）；

② 在“到达位置”处选择“网络/GIS 节点”，并在下方新增的“节点”模块处点击右侧绿色箭头位置，选择在 7.2.1 节步骤④建立的第一个“矩形节点”，出来名为“node3”的节点，并将其速度改为 10 米每秒；

③ 在“智能体”处，点击“创建自定义类型”，命名为“Box”，并选择“我正在从头创建智能体类型”，点击“下一步”，选择“盒子-盒 1 关”，点击“下一步”，点击“完成”。盒子智能体创建完成。

相关参数设置如图 7-15 所示，其余参数暂不发生变化。

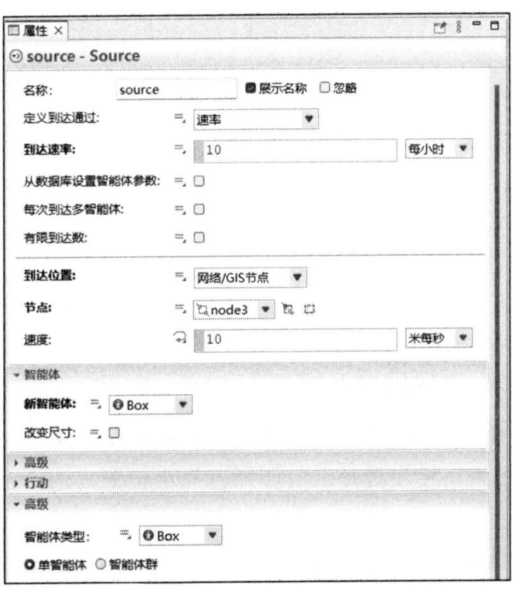

图 7-15 source 模块参数设置

（3）对“queue”模块“queue”功能进行设置

点击“queue”模块，在最右侧属性界面对“queue”模块进行设置：在容量选择处点击“最大容量”。相关参数设置如图 7-16 所示，其余参数暂不发生变化。

（4）设置 resourcePool 模块参数

按照“面板”→“物料搬运库”→“流程建模库”→“resourcePool”的操作步骤，找到“ResourcePool”模块，单击该模块并长按鼠标左键，向右将其拖至右侧空白地方。单击该模块，在右侧属性界面进行参数设置：

将容量改为 2；

在“新资源单元”处点击“创建自定义类型”，命名为“ForkTruck”，并选择“我正在从头创建智能体类型”，点击“下一步”，选择“仓库和集装箱码头-叉车”，点击“下一步”，点击“完成”，则叉车智能体创建完成；

将速度改为 0.1 米每秒；

在“归属地位置（节点）”处点击右下方绿色小箭头，点击在 7.2.1 节步骤④设置的第二个“矩形节点”。

相关参数设置如图 7-17 所示，其余参数暂不发生变化。

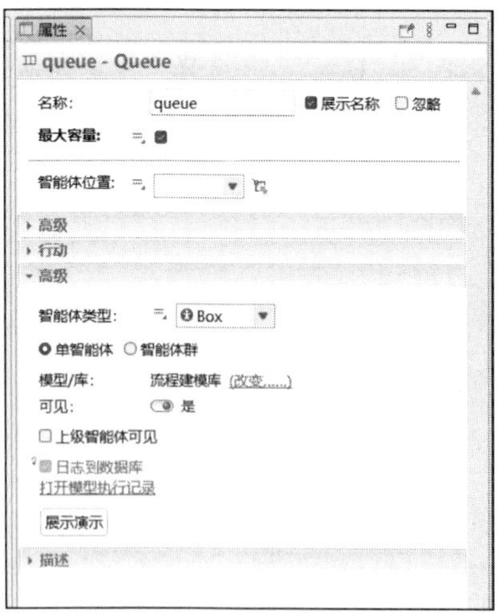

图 7-16　queue 模块参数设置

图 7-17　resourcePool 模块参数设置

（5）对“rackStore”模块进行设置

点击“rackStore”模块，在最右侧属性界面对“rackStore”模块进行设置：

在“托盘货架/货架系统”模块处点击右侧绿色箭头位置，选择在 7.2.1 节步骤①建立的“palletRack”货架模块；

按照“面板”→“物料搬运库”→“流程建模库”→“ResourcePool”的操作步骤，找到“ResourcePool”模块；

将“每层上升时间”改为 10 秒；

在“资源”处，点击“使用资源移动”，并在下方的“资源集（替代）”处点击右下方绿色箭头，选择在 7.2.1 节步骤④处设置的“resourcePool”模块；

勾选下方的“以资源速度移动”，并在下方的“移动资源”处点击右下方绿色箭头，选择在 7.2.1 节步骤④处设置的“ResourcePool”模块；

在下方“返回归属地”处选择“如果无其他任务”。

相关参数设置如图 7-18 所示，其余参数暂不发生变化。

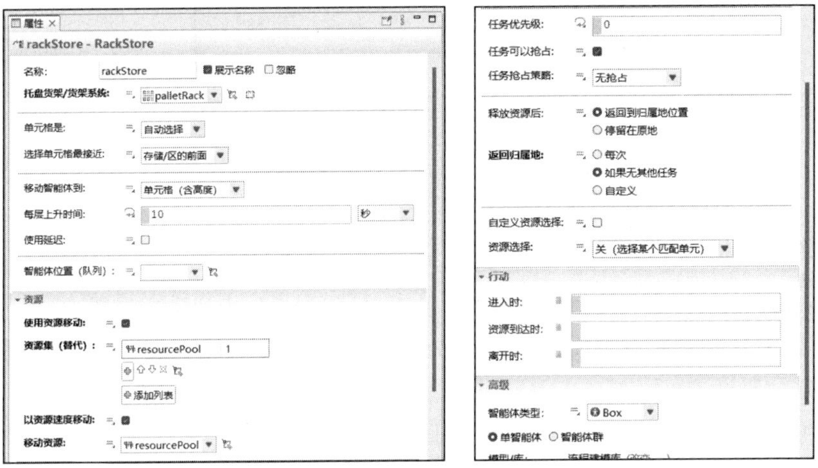

图 7-18 rackStore 模块参数设置

（6）对“delay”模块“delay”功能进行设置

点击“delay”模块，在最右侧属性界面对“delay”模块进行设置，其参数暂不发生改变，相关参数设置如图 7-19 所示。

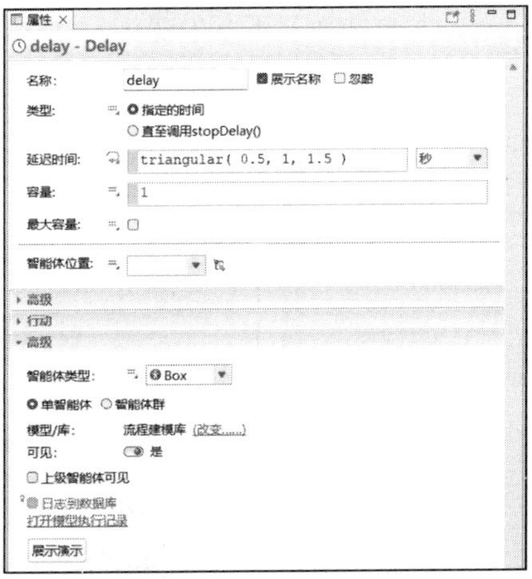

图 7-19 delay 模块参数设置

（7）对“queue1”模块进行设置

点击“queue1”模块，在最右侧属性界面对“queue1”模块进行设置：在容量选择处勾选

“最大容量”。相关参数设置如图 7-20 所示，其余参数暂不发生变化。

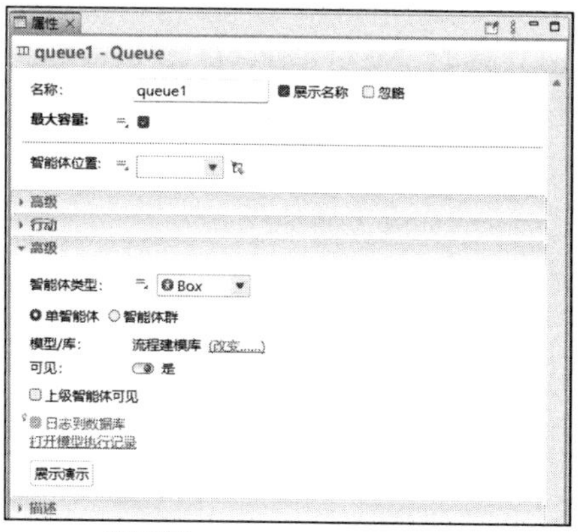

图 7-20 queue1 模块参数设置

(8) 对“rackPick”模块进行设置

点击“rackPick”模块，在最右侧属性界面对“rackPick”模块进行设置：

在“托盘货架/货架系统”模块处点击右侧绿色箭头位置，选择在 7.2.1 节步骤①建立的“palletRack”货架模块；

在“节点”处点击右侧绿色箭头位置，选择在 7.2.1 节步骤④建立的第二个“矩形节点”，出来名为“node4”的节点；

点击“使用资源移动”，并在下方的“资源集（替代）”处点击右下方绿色箭头，选择在 7.2.1 节步骤④处设置的“resourcePool”模块；

勾选下方的“以资源速度移动”，并在下方的“移动资源”处点击右下方绿色箭头，选择在 7.2.1 节步骤④处设置的“resourcePool”模块；

在下方“返回归属地”处选择“如果无其他任务”。

相关参数设置如图 7-21 所示，其余参数暂不发生变化。

图 7-21 rackPick 模块参数设置

(9)对“selectOutput5”模块进行设置

点击“selectOutput5”模块，在最右侧属性界面对“selectOutput5”模块进行设置：“概率 1”“概率 2”“概率 3”处分别填写数字 0.2，其余处均设置为 0。相关参数设置如图 7-22 所示，其余参数暂不发生变化。

(10)选择层

按照 7.2.1 节中步骤⑥选择“层”的步骤，选择“地下一层”。

(11)设置 transporterFleet 模块参数

按照“面板”→“物料搬运库”→“模块”→“transporterFleet”的操作步骤，找到“transporterFleet”模块，单击该模块并长按鼠标左键，向右将其拖至右侧空白区域，在最右侧属性界面对“transporterFleet”模块进行设置：

在“归属地位置”处，点击右侧绿色箭头位置，选择在 7.2.1 节步骤④建立的第三个“矩形节点”，出来名为“node5”的节点；

在“运输车”→“新运输车”处，点击“创建自定义类型”，命名为“AGV”，并选择“我正在从头创建智能体类型”，点击“下一步”，选择“仓库和集装箱码头-自动引导小车”，点击“下一步”，点击“完成”，AGV 智能体创建完成；

将“最大速度”处改为 0.1 米每秒。

相关参数设置如图 7-23 所示，其余参数暂不发生变化。

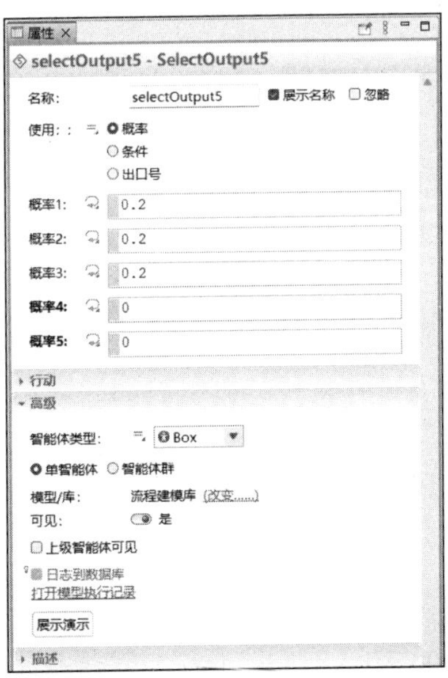

图 7-22 selectOutput5 模块参数设置

图 7-23 transporterFleet 模块参数设置

(12)对“moveByTransporter”模块进行设置

点击“moveByTransporter”模块，在最右侧属性界面对“moveByTransporter”模块进行设置：

在“目的地是”下拉菜单选择“输送带”，点击下方的“输送带”右侧绿色箭头位置，选择在 7.2.1 节步骤⑨建立的“输送带”元素，选择第一个红色输送带；

在“节点”处点击右侧绿色箭头位置，选择在 7.2.1 节步骤④建立的第二个“矩形节点”，出来名为“node4”的节点；

“获取运输车→车队”处点击右下方绿色箭头位置，选择步骤(11)处设置的“transporterFleet”模块。

相关参数设置如图 7-24 所示，其余参数暂不发生变化。

图 7-24 moveByTransporter 模块参数设置

(13) 对“convey”模块进行设置

点击“convey”模块，在最右侧属性界面对“convey”模块进行设置：

在“输送自”下拉菜单选择“输送带”；

在“源输送带”处，点击右侧绿色箭头位置，选择在 7.2.1 节步骤⑨建立的“输送带”元素，选择第一个红色输送带；

在“源偏移自”处选择“输送带始端”；

在“输送到”下拉菜单选择“输送带”；

在“目标输送带”处，点击右侧绿色箭头位置，选择在 7.2.1 节步骤⑨建立的“输送带”元素，选择第一个红色输送带；

在“目标偏移自”处选择“输送带末端”。

相关参数设置如图 7-25 所示，其余参数暂不发生变化。

(14) “moveByTransporter1”“convey1”参数设置

按照步骤（12）以及步骤（13）的操作方法，对接下来的“moveByTransporter1”“convey1”进行相同的参数设置，其中，“输送带”类元素选择在 7.2.1 节步骤⑨建立的“输送带”元素，选择第二个黄色输送带，其余参数暂不发生变化。

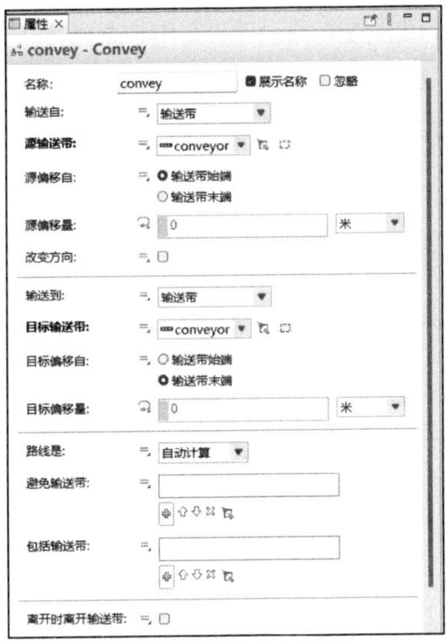

图 7-25　convey 模块参数设置

（15）“moveByTransporter2”“convey2”参数设置

按照步骤（12）以及步骤（13）的操作方法，对接下来的“moveByTransporter2”“convey2”进行相同的参数设置，其中，“输送带”类元素选择我们在 7.2.1 节步骤⑨建立的“输送带”元素，选择第三个蓝色输送带，其余参数暂不发生变化。

7.3　三维动态仿真

① 按照“面板”→“演示”→“三维”→“三维窗口”的操作步骤，找到“三维窗口”模块，长按鼠标左键，将其拖至右侧空白区域内。可通过点击“三维窗口”模块右下角调整合适大小。如图 7-26 所示，其余参数暂不发生变化。

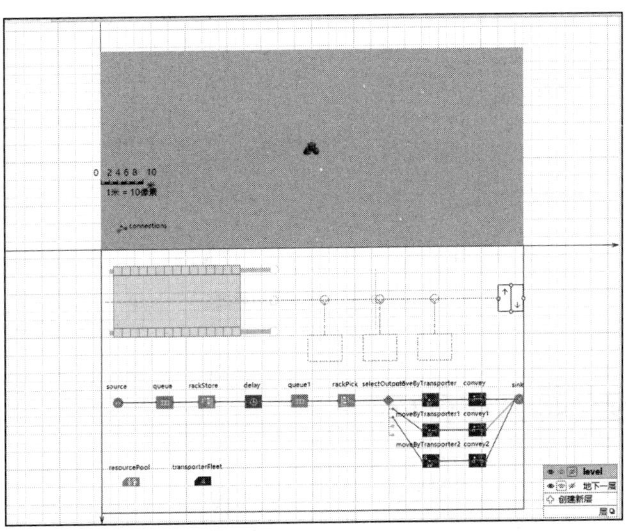

图 7-26　三维窗口功能设置

② 在工程-物料库处，右击该模型，在下拉菜单中点击“运行”，即可观看该模型的仿真界面，如图 7-27 所示。

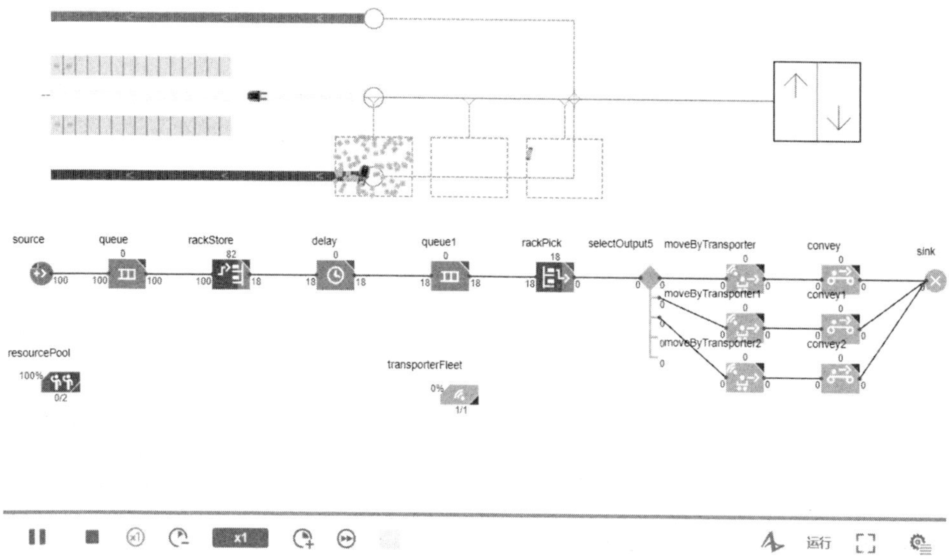

图 7-27 模型仿真界面

③ 可按住鼠标左键拖动界面，直到出现 3D 界面，即可研究在 3D 界面物料库中，叉车是如何搬运货物的，以及 AGV 是如何将货物运送到输送带中工作的。在 3D 界面中可通过鼠标中键滚轮放大或缩小界面，也可按住鼠标左键拖动界面进行不同位置的详细研究，如图 7-28 所示。

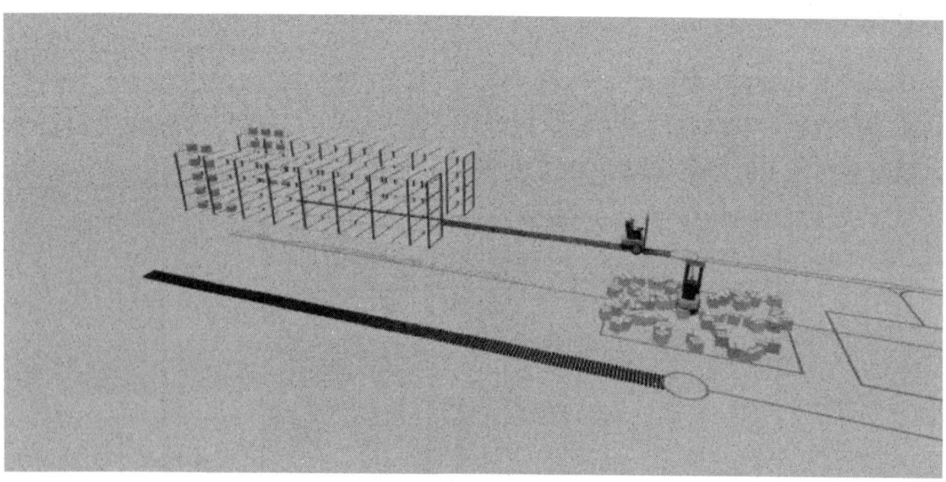

图 7-28 三维仿真界面

7.4 数据可视化与系统分析

① 按照“面板”→“分析”→“图表”→“时间折线图”的操作步骤，找到“时间折线图”模块，单击该模块并长按鼠标左键，向右将其拖至右侧空白地方，并调整合适大小，如图 7-29 所示。

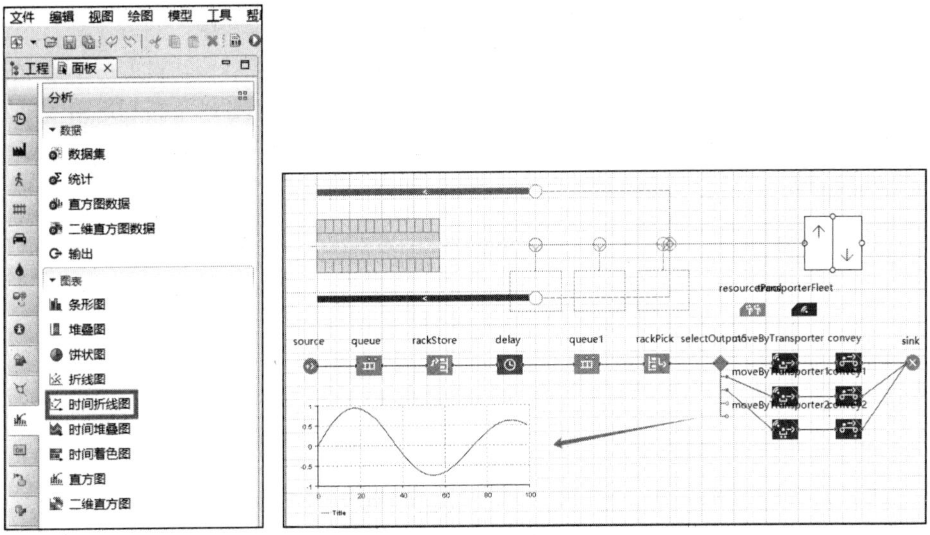

图 7-29 时间折线图功能设置界面

② 单击“时间折线图”功能，在右侧属性界面进行参数调整：

在“数据→标题”处，将标题改为“叉车利用率”，在“值”处编辑框内输入“resourcePool.utilization()”，下方颜色可选个性化颜色；

点击左下角加号符号，再次添加一个坐标曲线，在“数据→标题”处，将标题改为“AGV 利用率”，在“值”处编辑框内输入“transporterFleet.utilization()”，下方颜色可选个性化颜色。

其余参数设置保持不变，如图 7-30 所示。

③ 按照 7.3 节中步骤②的操作方法运行该仿真模型，可以在界面中通过所设置的“时间折线图”清楚地看到物料库的搬运叉车、AGV 随时间的增加以及在货物增多的情况下的利用率，如图 7-31 所示。

图 7-30 时间折线图参数设置界面

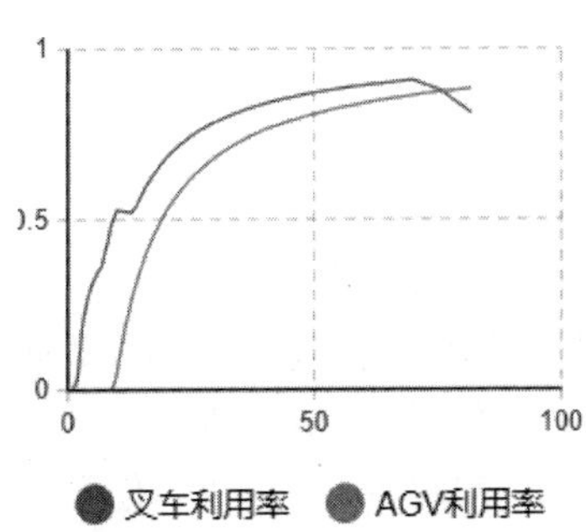

图 7-31 时间折线图数据可视化界面

④ 我们还可以通过对 7.2.2 节步骤（2）所设立的“source”模块中“到达速率”的参数进行更改，例如改为“每分钟，2”或“每分钟，3”等不同参数，观察该物料库仿真系统运行时各小车的利用率，从而更好地分析数据，以便更好地掌握物料库中各小车的利用率，更好地加强对物料库的管理。如图 7-32 所示分别为“每分钟，2”以及“每分钟，3”的情况下，叉车以及 AGV 的利用率。

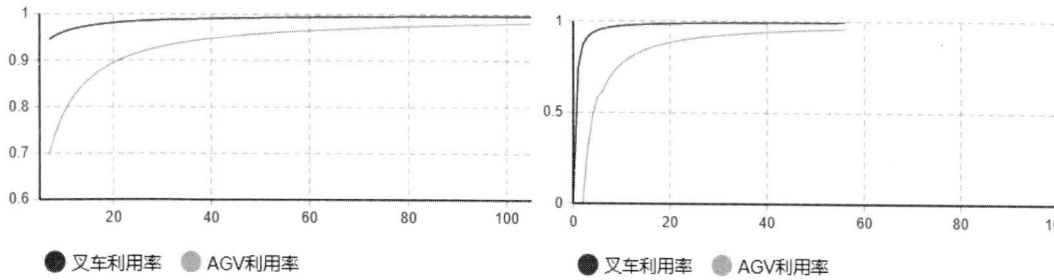

（a）每分钟，2　　（b）每分钟，3

图 7-32　时间折线图数据可视化界面

7.5　实验与系统优化

（1）实验设计与数据收集

在包含叉车、输送带和 AGV 的物料库系统中，为了实现系统的优化，我们首先要精心设计实验并全面收集数据。实验的主要目的在于找出系统存在的瓶颈和问题，以提升整体运行效率、降低成本并增强可靠性。

① 实验涉及多个可控变量和响应变量。

可控变量方面，叉车和 AGV 的数量对物料搬运能力有直接影响。增加叉车数量可提高重型物料的装卸效率，但过多可能导致资源闲置；AGV 数量的变化会影响短距离频繁搬运的效率。输送带速度也是关键因素，速度过快可能引发物料拥堵，过慢则会降低输送效率。任务分配规则包括基于距离、空闲时间和任务优先级等多种方式，不同规则会影响设备利用率。路径规划算法，如在寻路过程中常用的 A*算法、Dijkstra 算法等，对 AGV 的行驶路径和时间影响显著。

② 响应变量主要有物料处理时间、设备利用率和任务完成率。物料处理时间反映系统从物料入库到出库的整体效率；设备利用率体现设备的使用程度；任务完成率则衡量系统的可靠性。

为全面测试系统性能，可以设置多个实验场景。在不同设备数量组合场景中，固定输送带速度和任务分配规则，改变叉车和 AGV 的数量组合进行多次模拟运行。不同输送带速度场景下，固定设备数量，测试低速、中速、高速对系统的影响。对不同任务分配规则场景和不同路径规划算法场景也分别进行测试。

在数据收集阶段，收集设备运行数据，如叉车和 AGV 的行驶里程与时间、等待时间和装卸货时间，以及输送带的运行时间、传输物料数量和故障次数。同时，记录任务数据，包括任务下达、开始处理和完成时间以及任务类型。能源消耗数据则涵盖叉车、AGV 和输送带的能耗情况。

（2）数据分析与系统优化

① 收集到数据后，可以运用多种分析方法对其进行深入研究。描述性统计分析用于计算各项响应变量的均值、中位数和标准差，初步了解系统的基本运行情况。相关性分析则探究可控变量与响应变量之间的关系，找出对系统性能影响较大的因素。例如，若发现叉车数量与物料处理时间呈强负相关，可考虑适当增加叉车数量。通过分析设备利用率和任务处理时间，找出系统中的瓶颈环节，如某设备利用率过高或某环节任务处理时间过长。

② 基于数据分析结果，可以采取一系列系统优化措施。设备配置优化方面，根据实验结果调整叉车和 AGV 的数量，选择合适的输送带速度，在提高效率的同时降低成本和设备磨损。任务分配优化采用基于实时状态的规则，根据设备位置、任务负荷等动态分配任务，并合理分配不同类型的任务给相应设备。路径规划优化选择最优算法并动态调整路径，避免拥堵和延误。系统调度优化建立智能调度系统，实时监控设备和任务状态，自动调整运行策略和任务分配，提高系统响应速度和运行效率。

③ 实施优化措施后，再次进行实验评估优化效果。对比优化前后的响应变量，若效果不佳则重新分析调整。此外，建立持续改进机制，定期监控系统运行数据，及时发现新问题并优化，确保物料库系统始终高效稳定运行。

思考与练习

① 当 AGV 数量与叉车数量均改变到 2 辆时，它们在 20 分钟后各自的利用率为多少？

② 当增加货物到达速率为 20（每分钟）时，需要多少叉车数量以及多少货架才不会让货物堆积率超过 50%？

③ 这是一个简单的物料库的建模仿真结构，请你设计一个在有 5 个货架、2 个物料堆放区的情况下，整个物料库的仿真结构。当货架增加时，搬运货物的叉车和 AGV 应该增加到多少时才会让它们的利用效率到达 80%左右？

④ 在“source”模块中，可以更改货物的到达速率。请思考：如果将货物的到达速率更改为固定的数量，而不是持续到达，那么在当前操作不变的情况下，需要多长时间才能将货物搬运完？

⑤ 当更改逻辑为 AGV 从“地下一层”的输送带中将货物搬运至“地面层”，叉车再将货物码放至货架上时，整体的建模仿真应该发生什么样的变化？

第 8 章

包装系统建模与仿真

本书电子资源

在智能制造系统中，包装过程是连接生产与物流的重要环节。通过 AnyLogic 进行包装过程的建模与仿真，可以有效优化包装生产线，提高包装效率，减少资源浪费，并提升整体供应链的智能化水平。本章将围绕包装过程的建模与仿真展开，探讨如何利用 AnyLogic 构建包装系统的基础模型、进行三维动态仿真、实现数据可视化分析，并最终优化实验系统，确保包装环节的智能化和高效运行。

8.1 案例描述

本章将介绍一个典型的智能包装生产线案例。该生产线用于自动完成产品的分拣、封装、贴标以及打包，最终使产品达到出厂标准。在传统包装过程中，人工干预较多，生产节奏难以精确控制，容易造成瓶颈问题。因此，我们希望通过 AnyLogic 仿真，建立一个高效、智能的包装系统，使其能够动态响应生产需求，合理分配资源，提高整体生产效率。

该案例涉及多个关键环节，包括自动输送系统、智能分拣、包装机械的协同工作以及最终的打包和入库过程。通过仿真，我们可以评估不同参数对系统效率的影响，并优化资源配置，从而实现包装过程的智能化管理。

8.2 建立基础模型

8.2.1 物料库物理模型建模步骤

① 按照“面板”→“流程建模库”→“空间标记”→“点节点”的操作步骤，找到“点节

点”功能，长按鼠标左键，将其拖至右侧空白处，如图 8-1 所示。

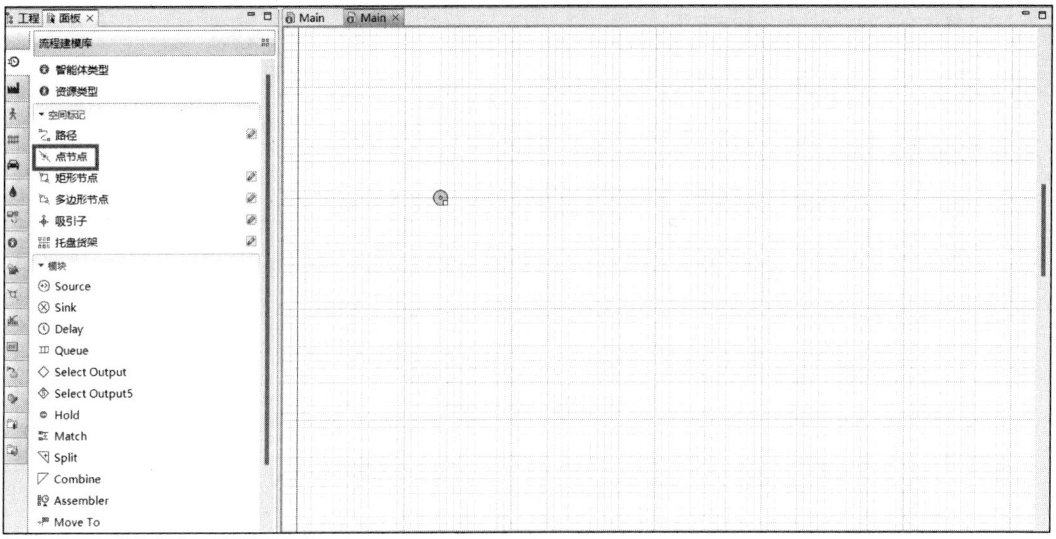

图 8-1 点节点的构建

② 按照“面板”→“流程建模库”→“空间标记”→“矩形节点”的操作步骤，找到“矩形节点”元素，长按鼠标左键，将其拖至右侧空白处，如图 8-2 所示。

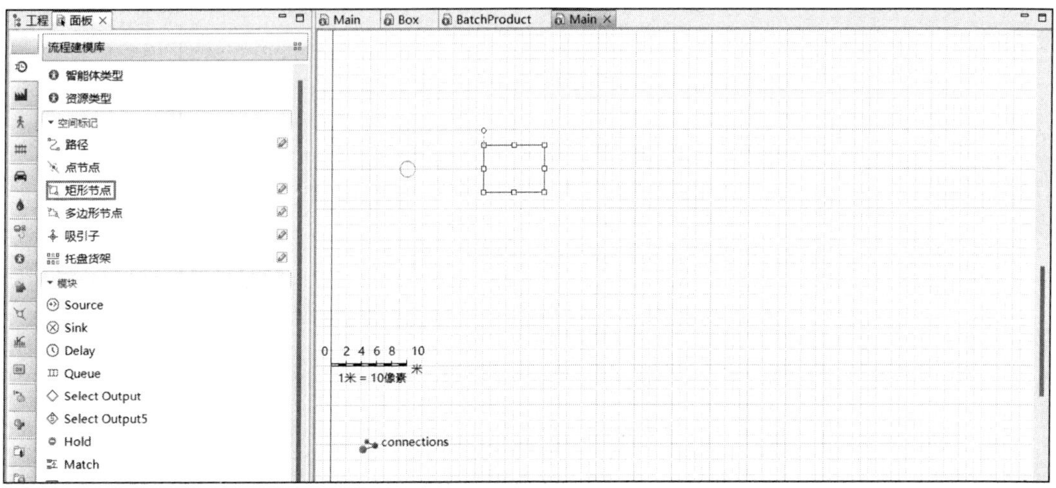

图 8-2 矩形节点的构建

③ 按照“面板”→“流程建模库”→“空间标记”→“路径”的操作步骤，找到“路径”元素，双击“路径”元素，从步骤①处“点节点”左侧单击鼠标并按住向右移动，到“矩形节点”处进行绘制，如图 8-3 所示。

④ 按照“面板”→“流程建模库”→“空间标记”→“托盘货架”的操作步骤，找到“托盘货架”元素，长按鼠标左键，将其拖至右侧空白处，并在最右侧弹出的属性框内将相关属性改成如图 8-4 所示的相关参数，其余参数暂不发生变化。点击“托盘货架”功能右下角调整至合适大小。

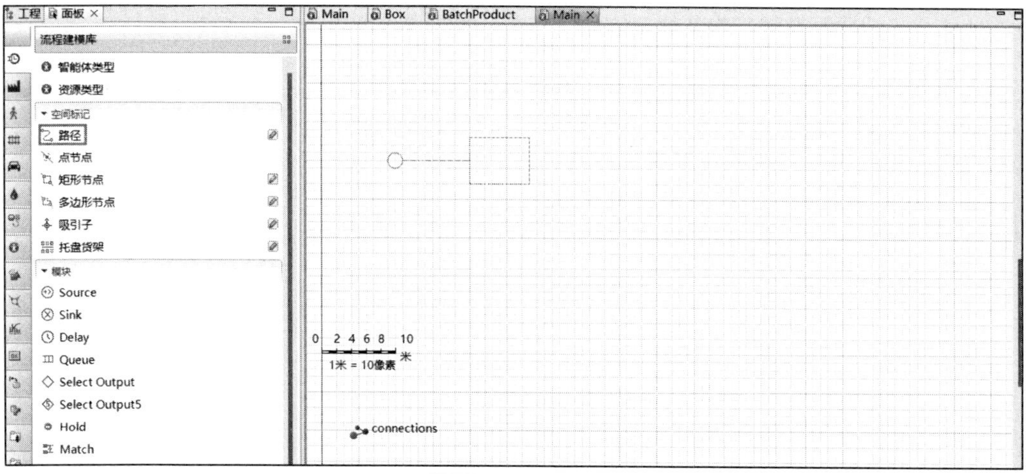

图 8-3　路径的构建

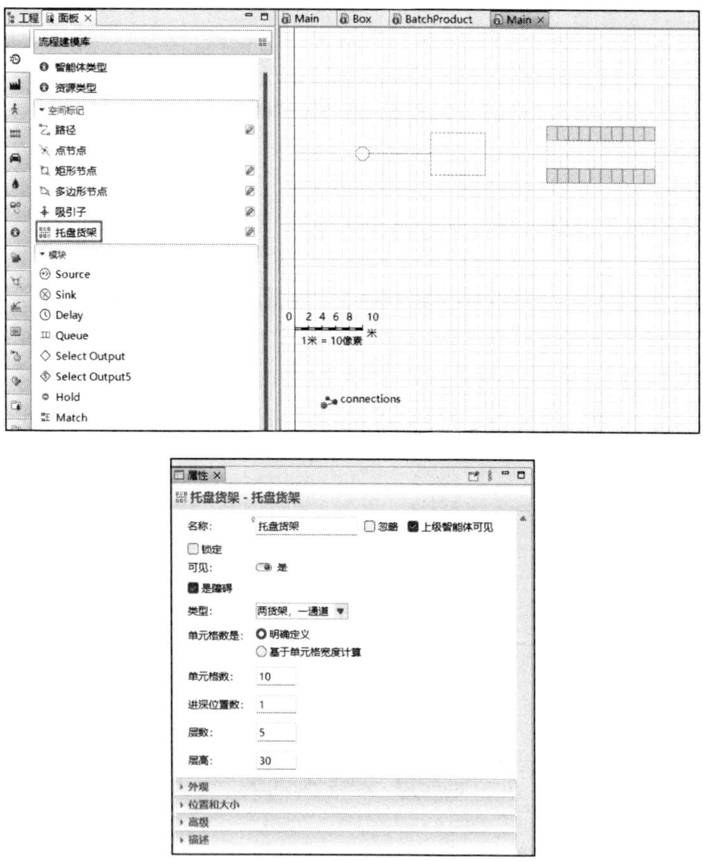

图 8-4　托盘货架的构建

⑤ 按照“面板”→“流程建模库”→“空间标记”→“矩形节点”的操作步骤，找到“矩形节点”元素。在托盘货架右侧构建“矩形节点”，点击“路径”功能，将两个矩形节点连接，同时“路径”穿过“托盘货架”，如图 8-5 所示。

⑥ 在步骤②的“矩形节点”与步骤④的“托盘货架”之间构建一个“点节点”，再在“点节点”下方构建一个“矩形节点”，将两者通过“路径”连接，如图 8-6 所示。

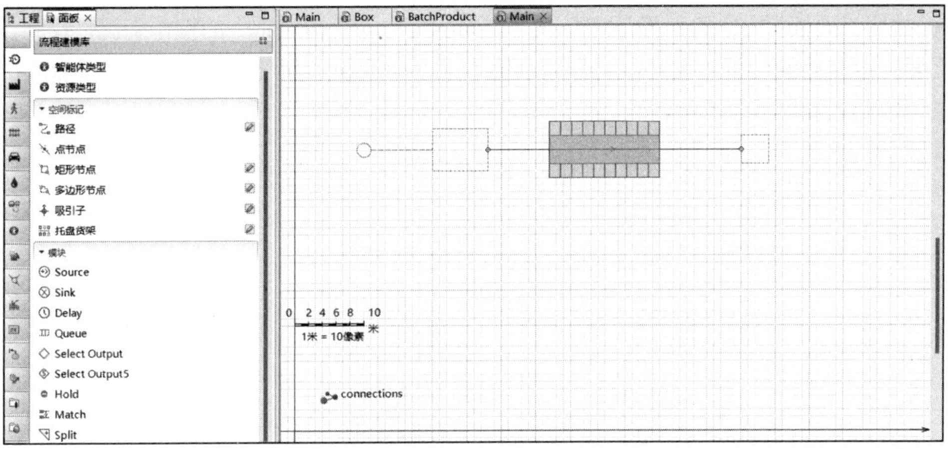

图 8-5 矩形节点的连接

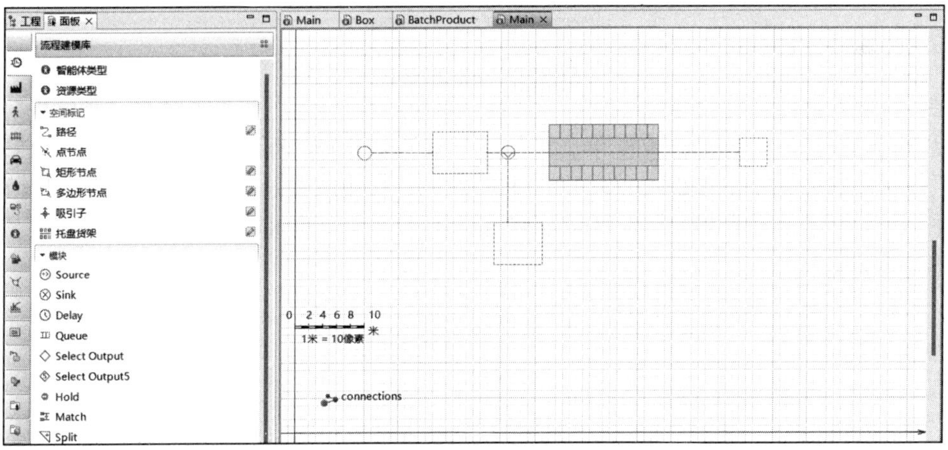

图 8-6 储存区域的构建

⑦ 按照“面板”→“物料搬运库”→“空间标记”→“悬臂起重机”的操作步骤，找到“悬臂起重机”元素。长按鼠标左键，将其拖至步骤⑤中“矩形节点”右侧，使悬臂起重机完全覆盖“矩形节点”，如图 8-7 所示。

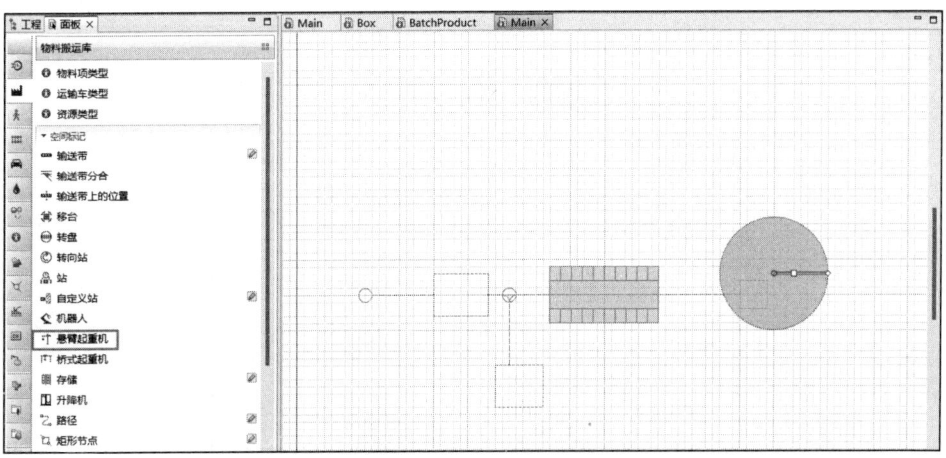

图 8-7 悬臂起重机的构建

⑧ 按照“面板”→“物料搬运库”→“空间标记”→“输送带”的操作步骤，找到“输送带”元素。双击“输送带”元素，到合适位置单击滑动鼠标进行绘制，到合适位置后双击鼠标左键取消绘制，如图 8-8 所示。

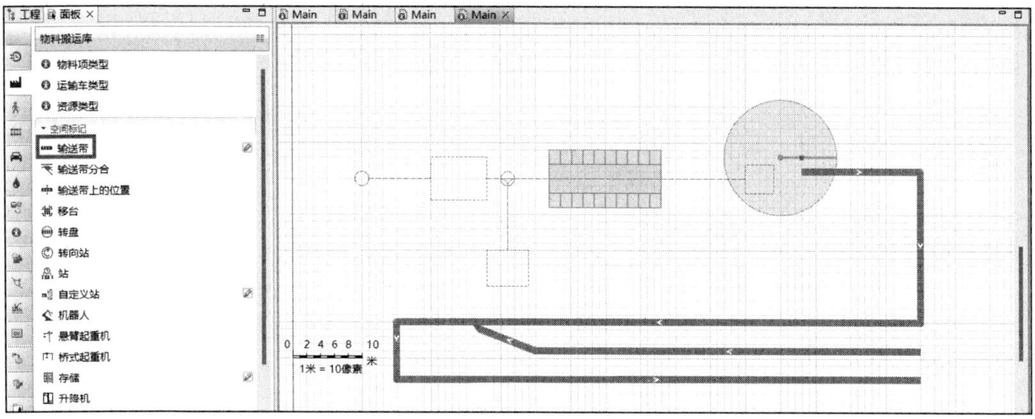

图 8-8　输送带的绘制

⑨ 按照“面板”→“物料搬运库”→“空间标记”→“站”的操作步骤，找到“站”元素，双击“站”元素，在两条输送带上移动鼠标进行绘制，在输送带上得到两个“站”，如图 8-9 所示。并在最右侧弹出的属性框内将“station1”相关属性改成如图 8-10 所示的相关参数，其余参数暂不发生变化。

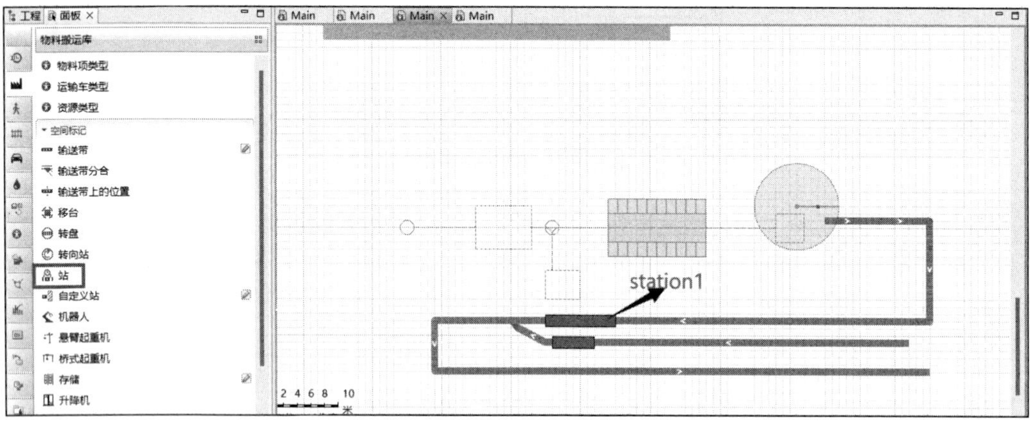

图 8-9　输送带上站的构建

图 8-10　站的基本参数

8.2.2 物料库逻辑模型建模步骤

8.2.2.1 流程线图构建

(1)步骤1

按照“面板”→“流程建模库”→“模块”→“Source”的操作步骤，找到“Source”模块，鼠标左键长按“Source”模块并向右拖至物理模型下方；

在该面板内找到“Queue”模块，并长按将其拖至“source”模块右侧，直到两个模块自动连接；

在该面板内找到“Delay”模块，并长按将其拖至“queue”模块右侧，直到两个模块自动连接；

在该面板内找到“Batch”模块，并长按将其拖至“delay”模块右侧，直到两个模块自动连接；

在该面板内找到“Rackstore”模块，并长按将其拖至“batch”模块右侧，直到两个模块自动连接；

在该面板内找到“exit”模块，并长按将其拖至“rackStore”模块右侧，直到两个模块自动连接。

(2)步骤2

按照“面板”→“流程建模库”→“模块”→“Enter”的操作步骤，找到“Enter”模块，鼠标左键长按“Enter”模块并向右拖至“source”下方一行；

在该面板内找到“RackPick”模块，并长按将其拖至“enter”模块右侧，直到两个模块自动连接；

在该面板内找到“Unbatch”模块，并长按将其拖至“rackPick”模块右侧，直到两个模块自动连接；

在该面板内找到“Queue”模块，并长按将其拖至“unbatch”模块右侧，直到两个模块自动连接；

按照面板→物料搬运库→模块→MoveByCrane的操作步骤，选择“MoveByCrane”模块，并长按将其拖至“Queue1”模块右侧，直到两个模块自动连接；

在该面板内找到“Convey”模块，并长按将其拖至“MoveByCrane”模块右侧，直到两个模块自动连接。

(3)步骤3

按照“面板”→“流程建模库”→“模块”→“Source”的操作步骤，找到“Source”模块，鼠标左键长按“Source”模块并向右拖至“enter”下方一行；

按照“面板”→“物料搬运库”→“模块”→“Convey”的操作步骤，选择“Convey”模块，并长按将其拖至“Queue”模块右侧，直到两个模块自动连接。

(4)步骤4

按照“面板”→“流程建模库”→“模块”→“Assembler”的操作步骤，找到“Assembler”模块，鼠标左键长按“Assembler”模块并向右拖至步骤2的“Convey”的右侧；

按照“面板”→“物料搬运库”→“模块”→“Convey”的操作步骤，选择“Convey”模块，并长按将其拖至“Assembler”模块右侧，直到两个模块自动连接；

同时将第三行中的“convey1”模块与“Assembler”连接；

在该面板内找到“Sink”模块，并长按将其拖至“convey2”模块右侧，直到两个模块自动连接，如图 8-11 所示。

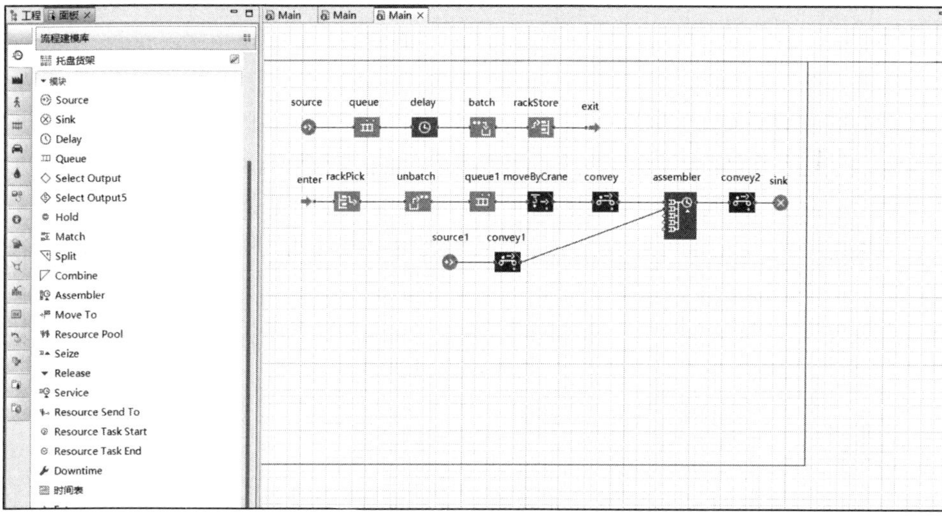

图 8-11　物料库逻辑模型

8.2.2.2　模块功能设置

① 点击“Source”模块，在最右侧属性界面对“Source”模块进行设置：

将“定义到达通过”处改为按“到达时间表”到达，如图 8-12 所示。

按照“面板”→“流程建模库”→“模块”→“时间表”的操作步骤，找到“时间表”功能，建立如图 8-13 所示时间表。同时在图 8-12 的“到达时间表”处选择所建时间表。

图 8-12　Source 模块基本参数

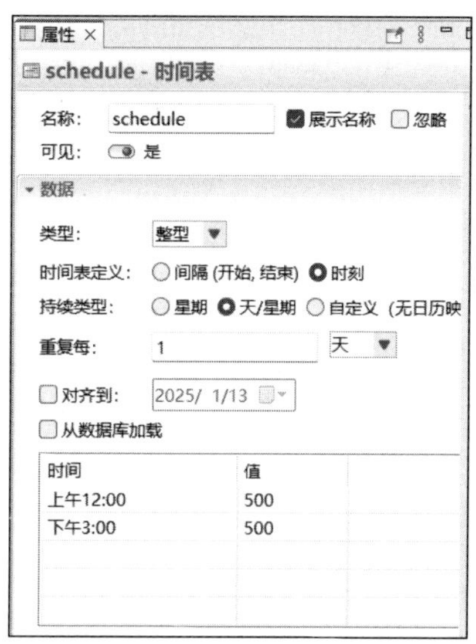

图 8-13　时间表模块基本参数

② 点击“Queue”模块，在最右侧属性界面对“Queue”模块进行设置：在容量选择处点击“最大容量”。相关参数设置如图 8-14 所示，其余参数暂不发生变化。

智能体位置选择“node1”，如图 8-15 所示。

图 8-14　Queue 模块基本参数

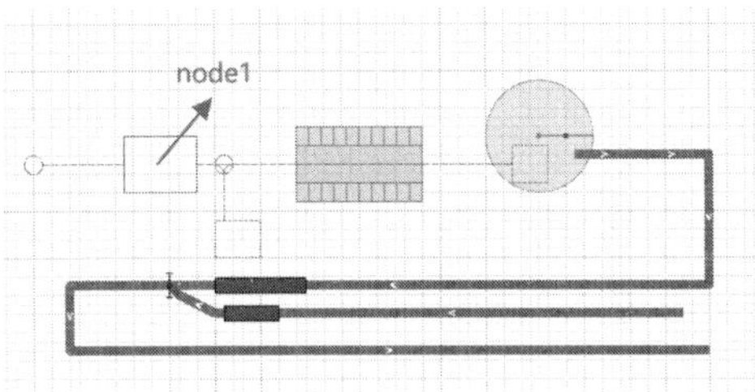

图 8-15　“node1”位置

③ 点击“Delay”模块，在最右侧属性界面对“延迟时间”功能进行相应功能设置。相关参数设置如图 8-16 所示，其余参数暂不发生变化。

④ 点击“Batch”模块，在最右侧属性界面对“Batch”模块进行设置：在“批位置”处选择“网络/GIS 节点”，节点选择“node3”，“智能体位置”选择“node1”。相关参数设置如图 8-17 所示，其余参数暂不发生变化。node3 的位置如图 8-18 所示。

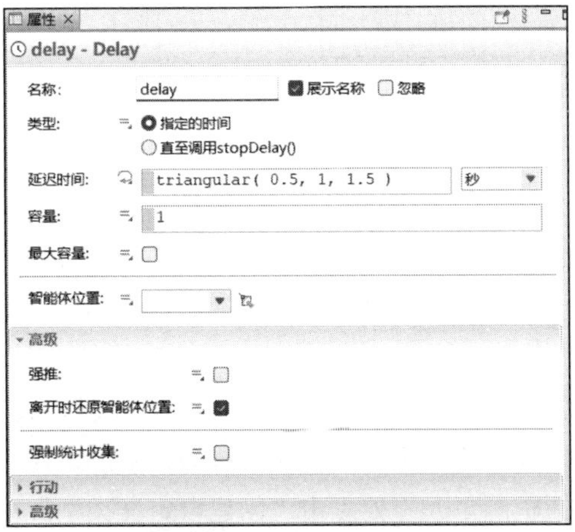

图 8-16　Delay 模块基本参数

图 8-17　Batch 模块基本参数

⑤ 按照“面板”→“演示”→“矩形”的操作步骤，创建名为“BatchProduct”的智能体，单击该智能体，在右侧属性界面进行参数设置。相关参数设置如图 8-19 所示，其余参数暂不发生变化。

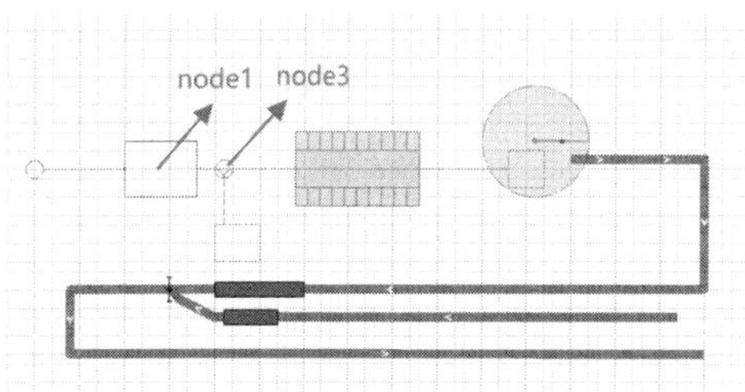

图 8-18 node3 的位置

图 8-19 矩形智能体模块基本参数

填充颜色设置：按照“面板”→“智能体”→“变量”的操作步骤，找到“变量”功能，单击该功能并长按鼠标左键，向右将其拖至右侧空白地方。单击该功能模块，在右侧属性界面进行参数设置：类型设置为“Color”，初始值设置为“randomColor()”，其余参数暂不发生变化，如图 8-20 所示。

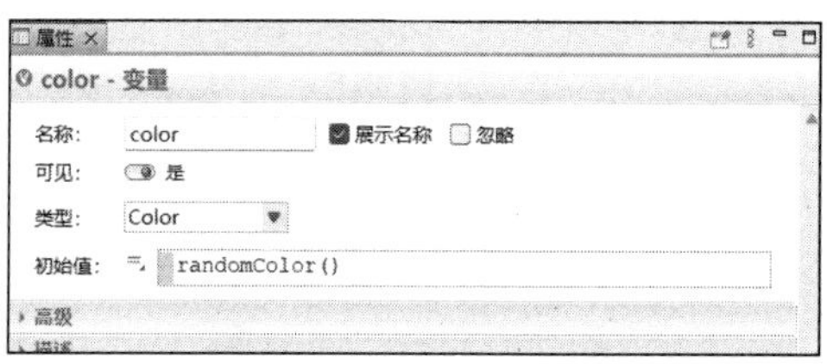

图 8-20 随机颜色变量的参数

然后在“BatchProduct”的智能体的属性面板处，按照“外观”→“填充颜色”→“动态值”的操作步骤，设置为颜色变量“color”。

⑥ 点击“rackStore”模块，在最右侧属性界面对“rackStore”模块进行设置，托盘货架选择“palletRack”，其余参数暂不发生改变，相关参数设置如图 8-21 所示。palletRack 的位置如图 8-22 所示。

按照“面板”→“物料搬运库”→“流程建模库”→“ResourcePool”的操作步骤，找到“ResourcePool”模块，单击该模块并长按鼠标左键，向右将其拖至右侧空白地方。单击该模块，在右侧属性界面进行参数设置，容量改为 2；在“新资源单元”处点击“创建自定义类型”，命名为“Forklift”，并选择“我正在从头创建智能体类型”，点击“下一步”，选择“仓库和集装箱码头-叉车”，点击“下一步”，点击“完成”，则叉车智能体创建完成；归属地位置选择“node4”。相关参数设置如图 8-23 所示，其余参数暂不发生变化。node4 的位置如图 8-24 所示。

图 8-21　rackStore 模块基本参数

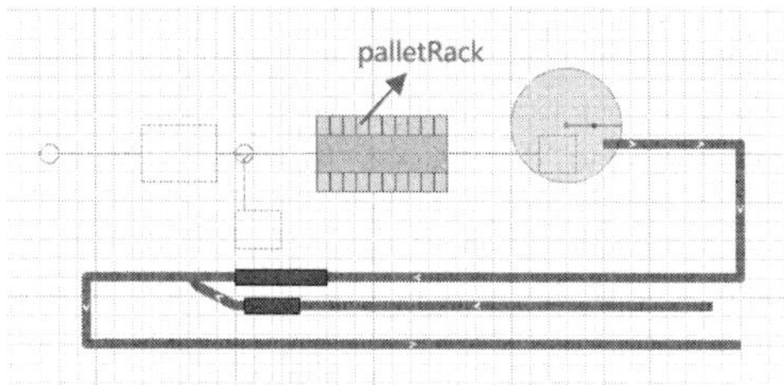

图 8-22　palletRack 的位置

图 8-23　resourcePool 的基本参数

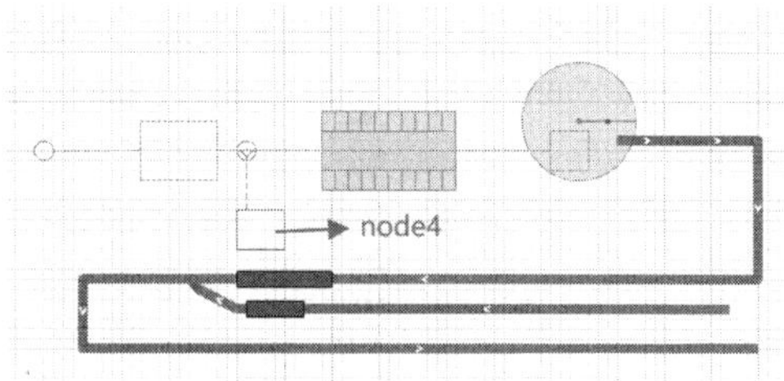

图 8-24　node4 的位置

点击“rackStore”模块，在最右侧属性界面对“rackStore”模块进行设置，相关参数设置如图 8-25 所示。

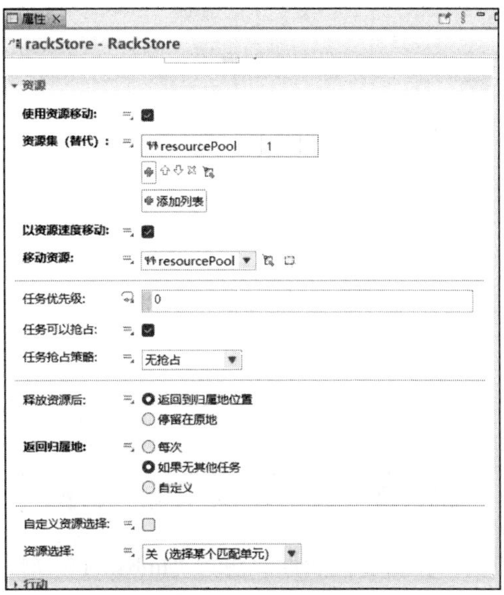

图 8-25　rackStore 的基本参数

⑦ 按照“面板”→“智能体”→“智能体组件”→“集合”的操作步骤，找到“集合”模块，单击该模块并长按鼠标左键，向右将其拖至右侧空白地方。相关参数设置如图 8-26 所示。

点击“exit”模块，在最右侧属性界面对“exit”模块进行设置，相关参数设置如图 8-27 所示。

图 8-26 “集合”模块的参数设置

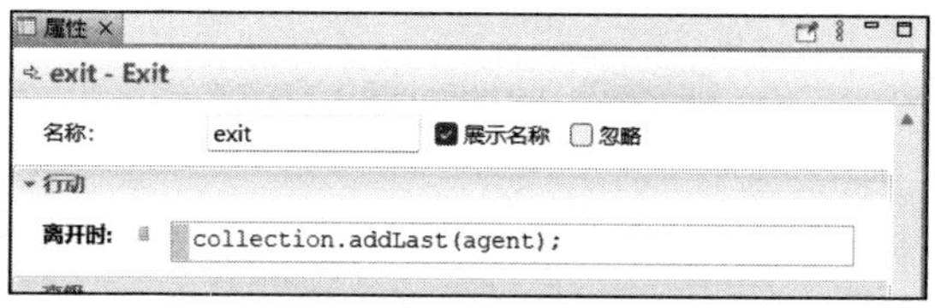

图 8-27 “exit”模块的参数设置

⑧ 点击“enter”模块，在最右侧属性界面对“enter”模块进行设置，相关参数设置如图 8-28 所示。

⑨ 点击“rackPick”模块，在最右侧属性界面对“rackPick”模块进行设置，托盘货架选择“palletRack”，节点选择“node2”。“rackPick”模块的参数设置如图 8-29 所示。“palletRack”与“node2”的位置如图 8-30 所示。“rackPick”模块的资源参数设置如图 8-31 所示。

图 8-28 “enter”模块的参数设置

图 8-29 “rackPick”模块的参数设置

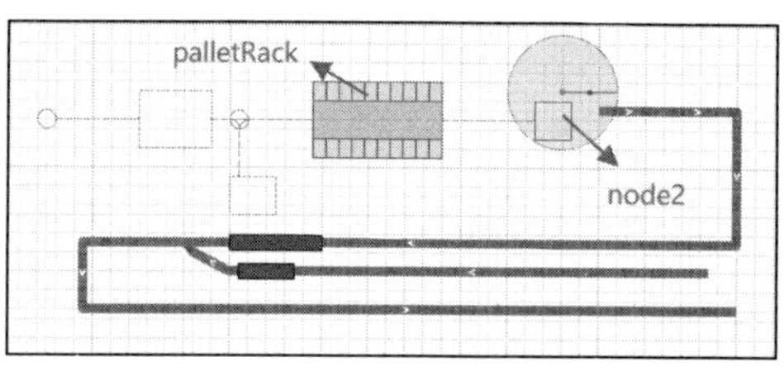

图 8-30 “palletRack”与“node2”的位置

⑩ 点击“unbatch”模块，在最右侧属性界面对“unbatch”模块进行设置，相关参数设置如图 8-32 所示。

图 8-31　“rackPick”模块的资源参数设置

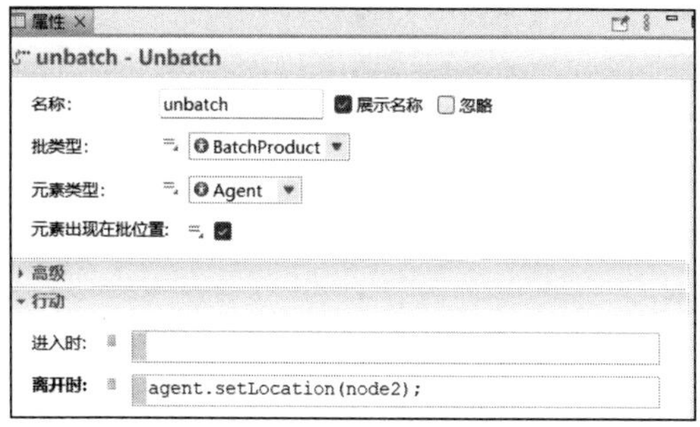

图 8-32　“unbatch”模块的参数设置

⑪ 点击“queue1”模块，在最右侧属性界面对“queue1”模块进行设置，智能体位置选择“node2”，相关参数设置如图 8-33 所示。

⑫ 点击“moveByCrane”模块，在最右侧属性界面对“moveByCrane”模块进行设置，目的地选择“输送带”，输送带选择“conveyor”，吊车选择“crane”，相关参数设置如图 8-34 所示。“crane”与“convey”的位置如图 8-35 所示。

图 8-33　“queue1”模块的智能体位置选择

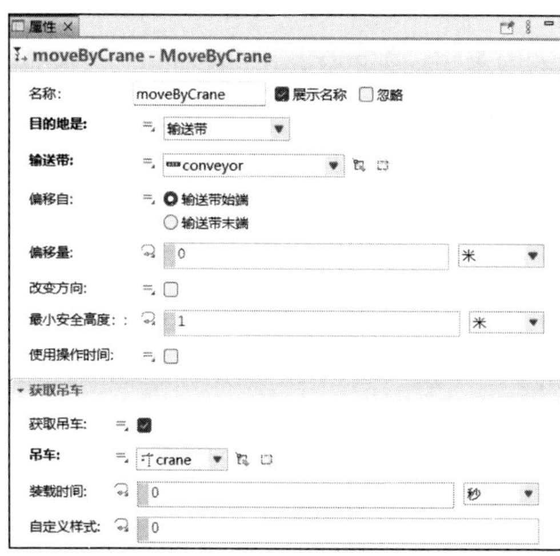

图 8-34　“moveByCrane”模块的参数设置

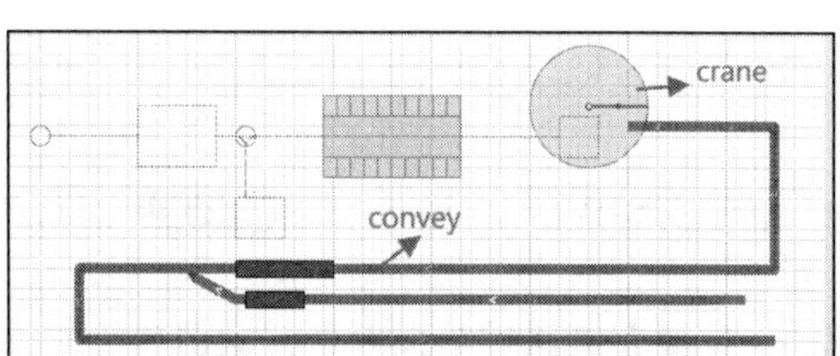

图 8-35　“crane”与“convey”的位置

⑬ 点击“convey”模块，在最右侧属性界面对“convey”模块进行设置，源输送带选择“conveyor”，目标站选择“station”，相关参数设置如图 8-36 所示。“station”与“station1”的位置如图 8-37 所示。

图 8-36 “convey”模块的参数设置

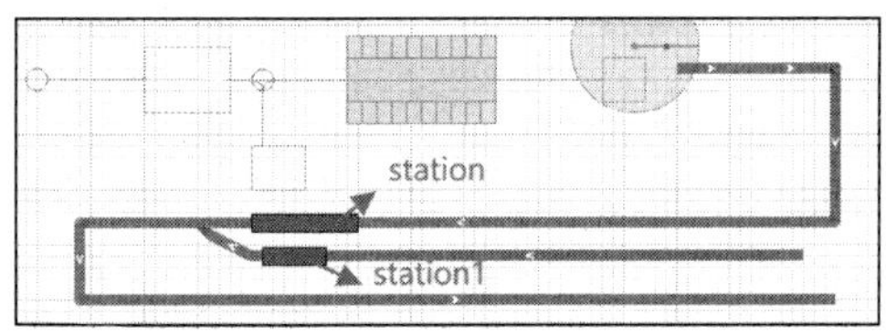

图 8-37 “station”与“station1”的位置

⑭ 点击“assembler”模块，在最右侧属性界面对“assembler”模块进行设置，相关参数设置如图 8-38、图 8-39 所示。

图 8-38 “assembler”模块的参数设置（一）

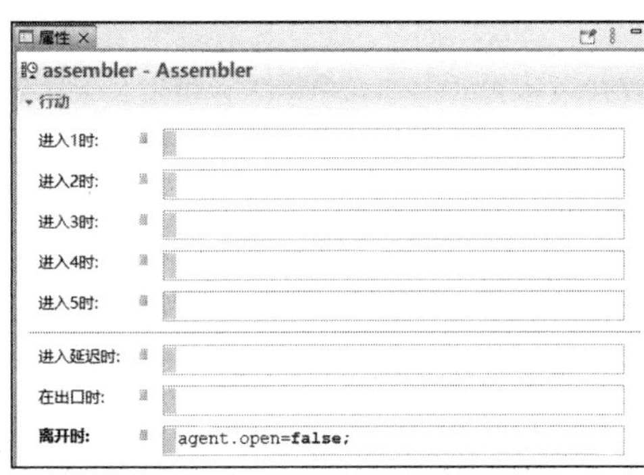

图 8-39 “assembler”模块的参数设置（二）

⑮ 点击“source1”模块，在最右侧属性界面对“source1”模块进行设置，“定义到达通过”选择“inject()函数调用”，相关参数设置如图 8-40 所示。

再创建新智能体：

在“智能体下方”处点击“创建自定义类型”，命名为“Box”，并选择“我正在从头创建智能体类型”，点击“下一步”，选择“盒子”，选择“盒 1 关”，点击“下一步”，点击“完成”，则智能体创建完成；

按照“面板”→“三维物体”→“盒子”→“盒 1 开”的操作步骤，找到“盒 1 开”功能，鼠标左键长按“盒 1 开”功能并向右拖至与“盒 1 关”重合。

按照“面板”→“智能体”→“智能体组件”→“变量”的操作步骤，找到“变量”功能，鼠标左键长按“变量”功能并向右拖至空格部分，相关参数设置如图 8-41 所示。

图 8-40 “source1”模块的参数设置

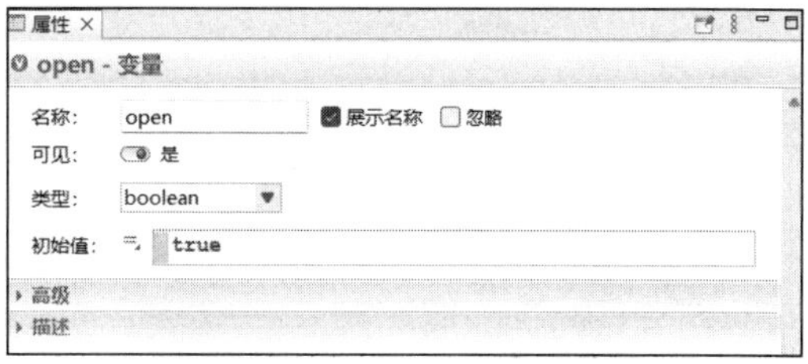

图 8-41 “open”模块的参数设置

⑯ 点击“convey1”模块，在最右侧属性界面对“convey1”模块进行设置，源输送带选择“conveyor1”，目标站选择“station1”，相关参数设置如图 8-42 所示。

图 8-42 “convey1”模块的参数设置

⑰ 按照“面板”→“物料搬运库”→“空间标记”→“输送带上的位置”的操作步骤，找到“输送带上的位置”功能，长按鼠标左键，将其拖至输送带交叉口处；点击“convey2”模块，在最右侧属性界面对“convey2”功能进行设置，相关参数设置如图 8-43 所示。

⑱ 按照“面板”→“智能体”→“智能体组件”→“事件”的操作步骤，找到“事件”模块，长按鼠标左键，将其拖至右侧空白处，点击“event”模块，在最右侧属性界面对“event”模块进行设置，相关参数设置如图 8-44 所示。

图 8-43 “convey2”模块的参数设置

图 8-44 “event”模块的参数设置

8.3 三维动态仿真

① 按照“面板”→“演示”→“三维”→“三维窗口”的操作步骤，找到“三维窗口”功能，鼠标左键长按“三维窗口”并将其向右拖至空白处，如图 8-45 所示。

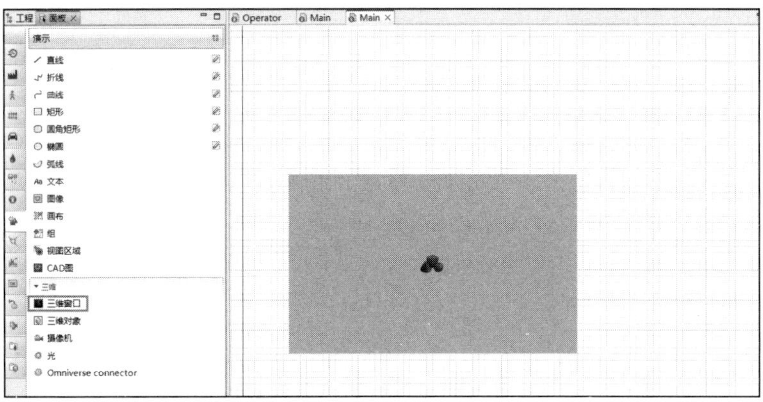

图 8-45 “三维窗口”模块的构建

② 按照“模型”→“运行”的操作步骤，找到“运行”功能，选择相应的模型进行演示，如图 8-46 所示。

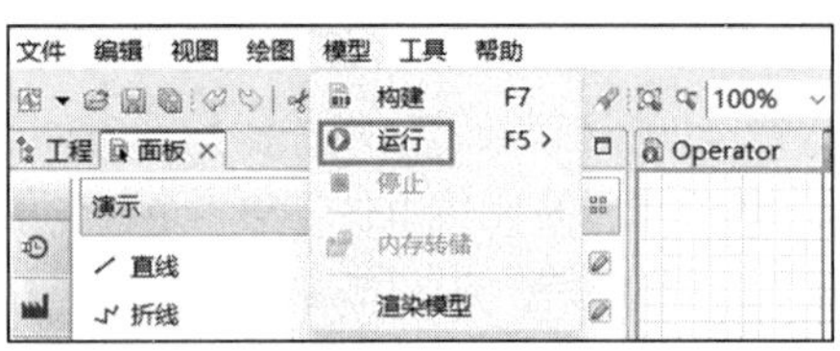

图 8-46 运行模型

③ 运行模型，查看模型运行的三维动画图形及作业过程，如图 8-47、图 8-48 所示。

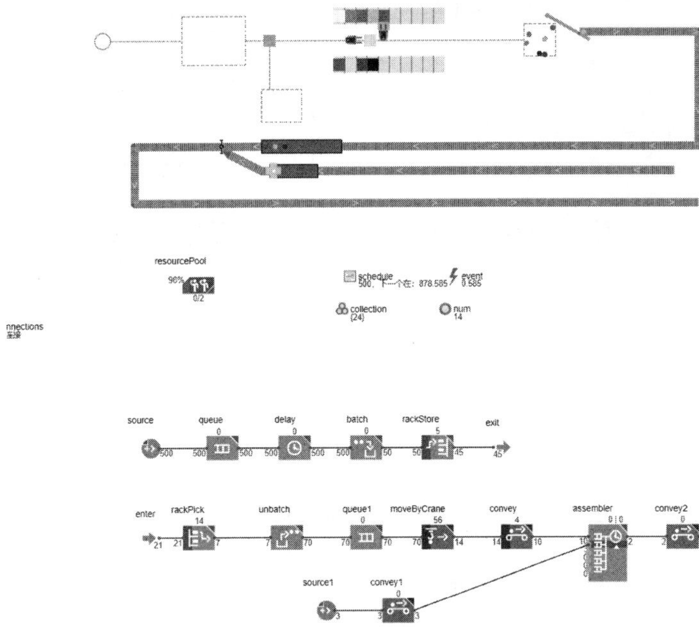

图 8-47　模型运行图

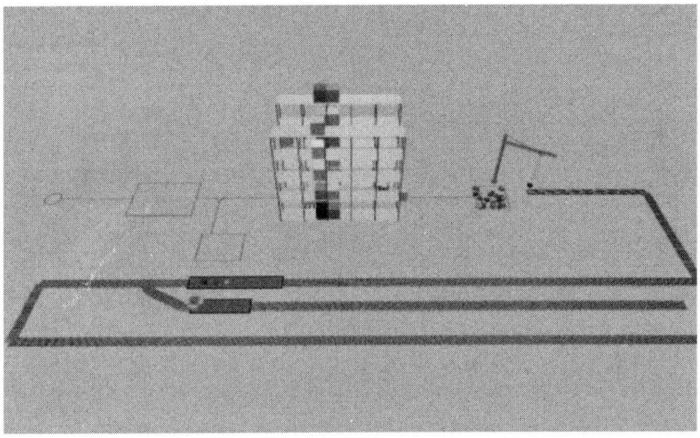

图 8-48　模型运行三维动画图

8.4　数据可视化与系统分析

在加工过程中不可避免地会发生等待，本节主要分析在加工过程中队列随时间的变化，以直方图的形式展示出来。

① 按照“面板”→“分析”→“数据”→“直方图数据”的操作步骤，找到“直方图数据”功能，鼠标左键长按“直方图数据”功能并将其向右拖至空白处，如图 8-49～图 8-51 所示。

② 点击“data”模块，在最右侧属性界面对“data”功能进行设置，相关参数设置如图 8-52 所示。

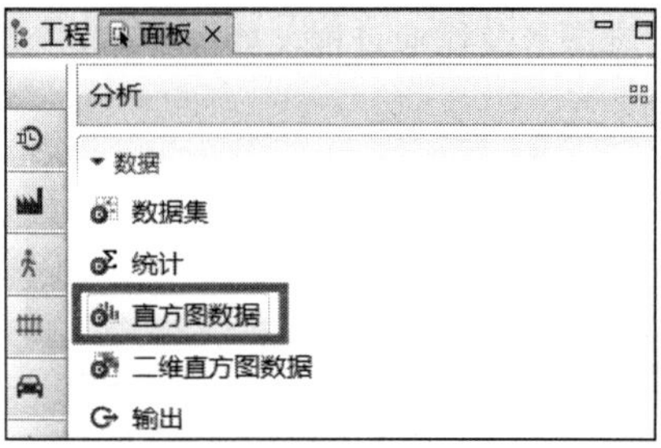

图 8-49 “直方图数据”位置

图 8-50 “直方图”位置

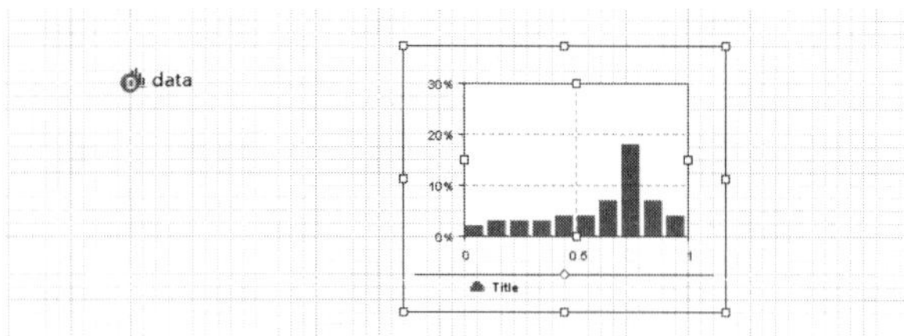

图 8-51 直方图数据与直方图

③ 点击“直方图”模块，在最右侧属性界面对“数据”功能进行设置，相关参数设置如图 8-53 所示。

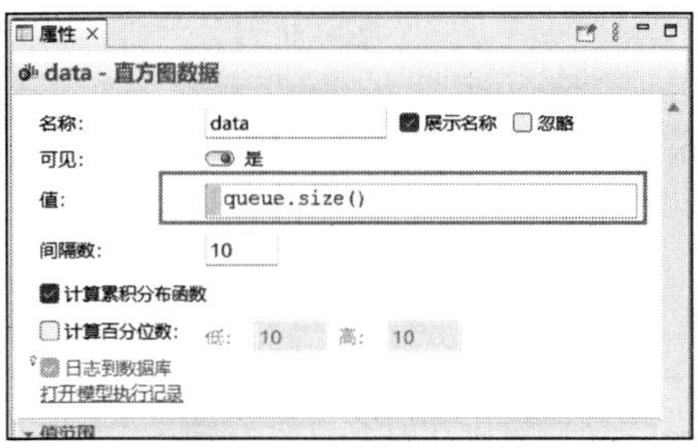

图 8-52 直方图数据的参数设置

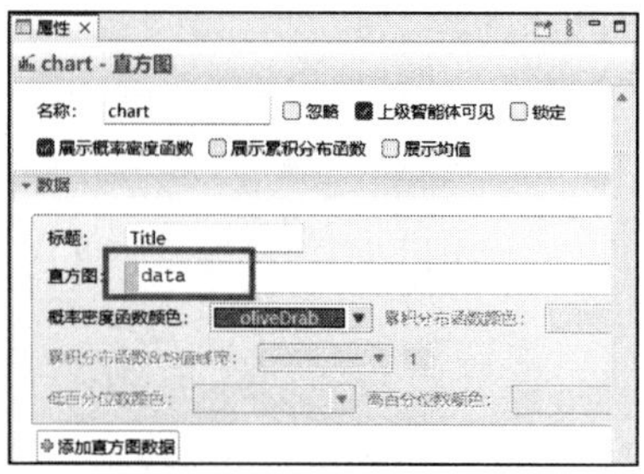

图 8-53 直方图的参数设置

④ 运行模型，可以看到直方图中直观显示了订单排队的数据，如图 8-54 所示。

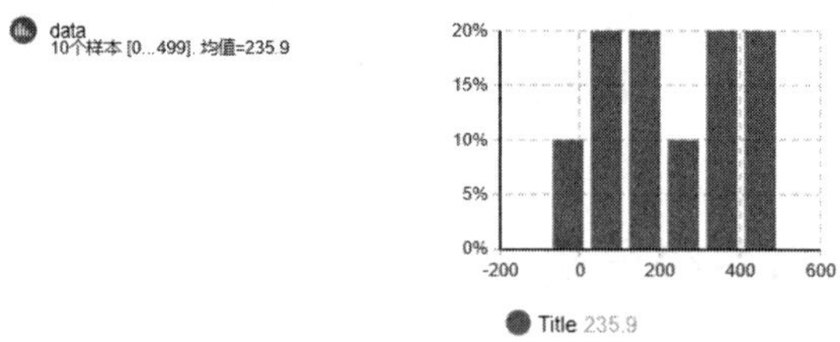

图 8-54 直方图的运行状态

8.5 实验与系统优化

(1) 设备节拍与产能平衡

问题分析：设备节拍不均衡可能导致物料堆积或产能浪费。

优化方法：

① 通过仿真分析，调整包装机、封装机、码垛机器人等设备的工作节奏，匹配前后工序，提高流通效率。

② 采用动态负载分配策略，根据订单量和生产需求，自动调整包装设备工作模式，减少等待时间。

（2）包装方案优化

问题分析：现有包装方案可能导致空间浪费或物料损耗。

优化方法：

① 通过 3D 仿真分析包装摆放方式，选择最优装箱方式，减少材料消耗，提高运输效率。

② 采用自动调整包装参数的算法，适应不同产品规格，提高柔性化生产能力。

（3）物流调度与搬运路径优化

问题分析：包装后搬运路径冗长或调度不合理，影响整体效率。

优化方法：

① 采用智能 AGV 调度系统，优化搬运路径，减少等待时间和空载率。

② 通过仿真测试不同路径规划算法（如 A*算法、Dijkstra 算法），选择最优运输方案，提高包装成品的流转速度。

（4）能耗优化

问题分析：包装设备长期运行可能造成能源浪费。

优化方法：

① 智能能耗管理系统：结合传感器监测设备能耗，调整开机时间，降低无效运行。

② 优化包装设备功率模式：在低负载情况下降低功耗，在高负载情况下保持高效运作，避免能源浪费。

思考与练习

① 在 AnyLogic 中，如何优化包装生产线的布局，使其适应不同订单需求？

② 结合数据分析：如何调整包装设备的工作节拍，提高整体生产效率？

③ 设想一种更智能的包装系统，可以自动适应市场需求波动，并设计其核心功能。

④ 如果包装设备发生故障，系统应如何调整以保证生产不中断？

第 9 章

智能分拣中心建模与仿真

本书电子资源

智能分拣中心作为现代物流体系的核心节点，通过集成自动化分拣设备与智能调度算法，实现了高精度、高货物量的分拣作业。其复杂性体现在订单动态波动、路径实时优化、多设备协同等场景，急需通过建模与仿真技术验证流程效率并制定优化策略。AnyLogic 凭借多方法融合建模能力，成为解析智能分拣中心复杂系统的首选工具，支持从流程设计到动态策略验证的全生命周期管理。

本章将系统阐述 AnyLogic 在智能分拣中心的建模实践，涵盖需求分析、多技术融合建模及动态策略验证。通过引入操作人员可视化工作状态，智能转盘进行动态分拣，展现智能分拣中心在 AnyLogic 的助力下，应对高货物订单、智能化调度等场景的技术优势，为物流企业实现智能化升级提供方法论支持。

9.1 案例描述

本案例模型描绘了一个智能分拣中心，在这个智能分拣中心中，其分拣货物的输送带呈大环形结构。货物逐一有序地进入输送带，抵达分拣岔口时，系统会自动对相应操作员的工作状态展开智能判定。一旦判定操作员能够正常开展操作，转盘便会精准地将货物输送至该操作员手中；若操作员正处于忙碌状态，无法执行操作任务，输送带就会把货物传送到下一个操作员对应的岔口，并依照同样的判定逻辑继续进行；当货物在传送整整一圈后，依旧没能找到可接手操作的操作员，便会向下传送进入循环输送带。经过循环传送之后，货物又会重新排入工作排队队列，持续寻觅适配的操作员。当工作人员完成货物加工工序后，加工好的货物会通过输送带融入整体输送带，进而被传送出分拣中心，不再参与后续的循环流程。

该模型不仅可以通过 3D 模拟的方式展示智能分拣中心中待加工货物通过输送带将货物运送到操作员手中，还可以智能判断当下运转状况，决定将货物传送至合适的操作员手中。同时还通过对操作员身边的状态灯进行绿色可使用及红色不可使用的显示，以及对未加工货物进行蓝色标识显示、对已加工货物进行红色标识显示，更加可视化地告知管理规划人员当前的工作状态，更加便于对智能操作车间的管理。

9.2　建立基础模型

9.2.1　物料库物理模型建模步骤

① 按照“文件”→“新建”→“模型”的操作步骤，新建名为“智能分拣中心”的模型。相关参数设置如图 9-1 所示，其余参数暂不发生变化。

图 9-1　智能分拣中心新建文件图

② 按照“面板”→“流程建模库”→“空间标记”→“点节点”的操作步骤，找到“点节点”元素，单击该元素并长按鼠标左键，将其拖至右侧空白区域，如图 9-2 所示。

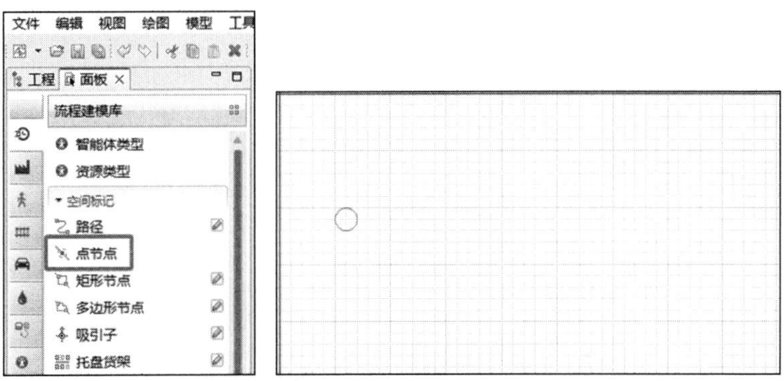

图 9-2　点节点元素设置界面

③ 按照“面板”→“物料搬运库”→“空间标记”→“输送带”的操作步骤，找到“输送带”元素，双击“输送带”元素，到合适位置单击鼠标并向左移动进行绘制，到合适位置后双击鼠标左键取消绘制，如图 9-3 所示。

④ 按照“面板”→“流程建模库”→“空间标记”→“移台”的操作步骤，找到“移台”元素，单击该元素并长按鼠标左键，将其拖至右侧步骤③中已绘制的“输送带”右侧，使其与步骤③中的“输送带”相连接，如图 9-4 所示。

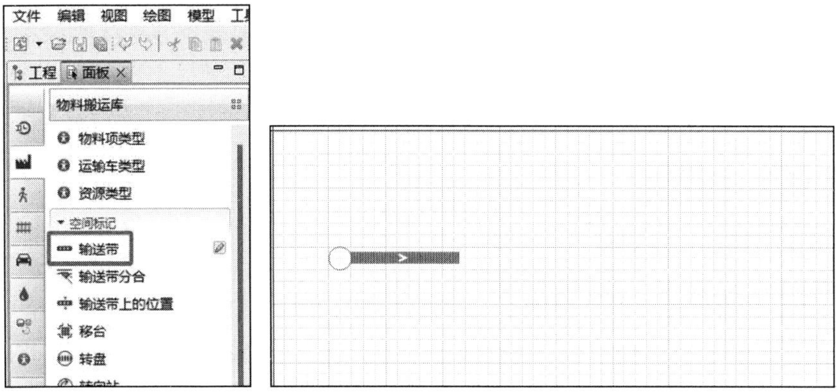

图 9-3 输送带元素设置界面

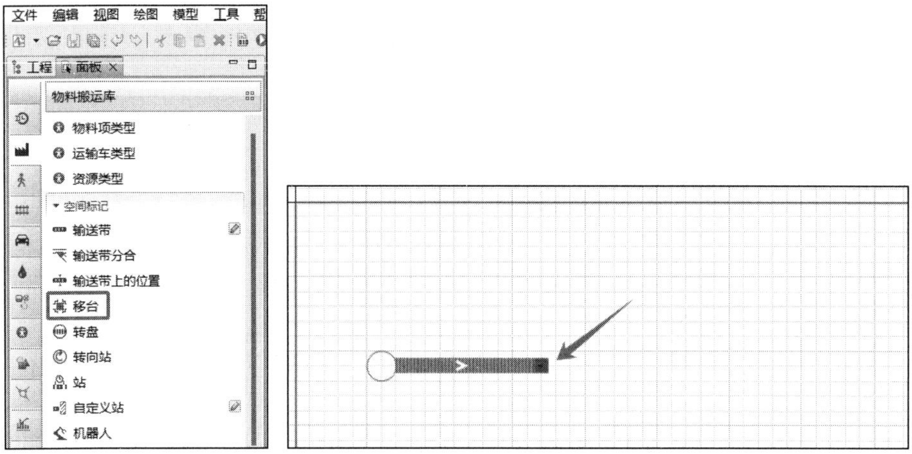

图 9-4 移台元素设置界面

⑤ 按照步骤③的操作流程，在步骤④所建立的“移台”元素右侧，再次建立一条“输送带”元素，如图 9-5 所示。

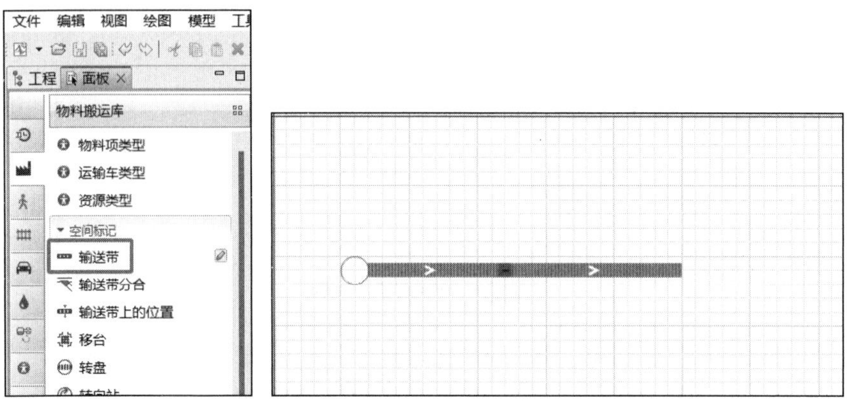

图 9-5 移台后方输送带元素设置界面

⑥ 按照“面板”→“物料搬运库”→“空间标记”→“转盘”的操作步骤，找到“转盘”元素，单击该元素并长按鼠标左键，向右将其拖至步骤⑤中“输送带”的最右方，并将“输送带”与该“转盘”连接，即“输送带”与“转盘”的连接点呈现绿色，如图 9-6 所示。

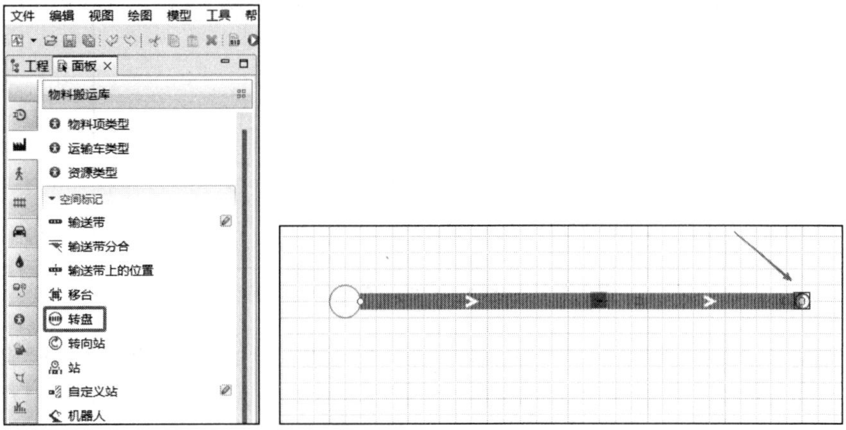

图 9-6　转盘元素设置界面

⑦ 按照步骤③的操作流程，在步骤⑥所建立的“转盘”元素右侧以及上侧，分别建立一条“输送带”元素，如图 9-7 所示。

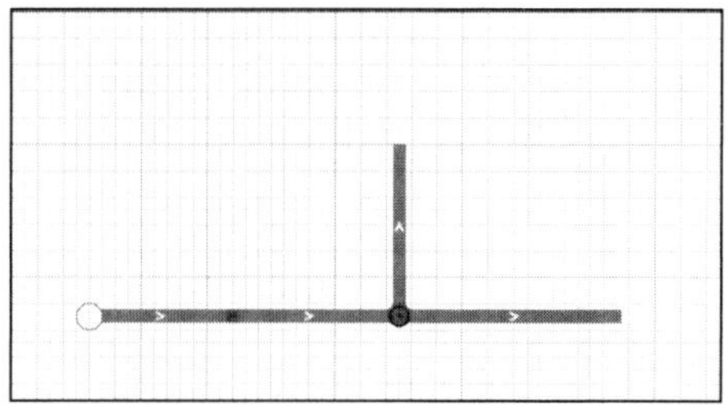

图 9-7　转盘右侧及上侧元素设置界面

⑧ 单击在步骤⑦所建立的转盘上侧的“输送带”元素，在右侧属性“名称”处将名称改为“sideconveyor1”；在“可逆”处将其勾选；在“行动”→“后缘离开时”处输入代码：

```
if (!runsForward)
    self.changeDirection();
```

意为：要将输送带转回站点方向，即让新的物品能够到达输送带。

其余参数暂不发生改变，如图 9-8 所示。

图 9-8　转盘上侧输送带参数设置界面

⑨ 按照步骤⑤～步骤⑦的操作方式，在步骤⑦的右侧继续建立两个“转盘”以及对应的“输送带”元素，如图 9-9 所示。

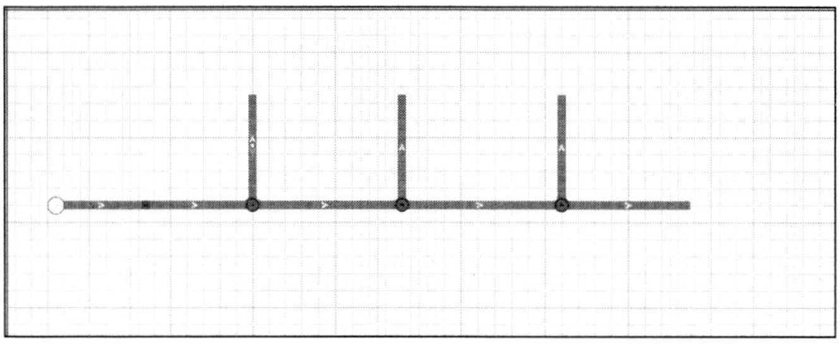

图 9-9　转盘侧边输送带完善功能设置界面

⑩ 分别对步骤⑨所建立的两个“输送带”元素参数进行设置：分别将这两个“输送带”的名称改为“sideconveyor2”以及“sideconveyor3”，其余参数设置同步骤⑧。相关参数设置如图 9-10 所示，其余参数暂不发生变化。

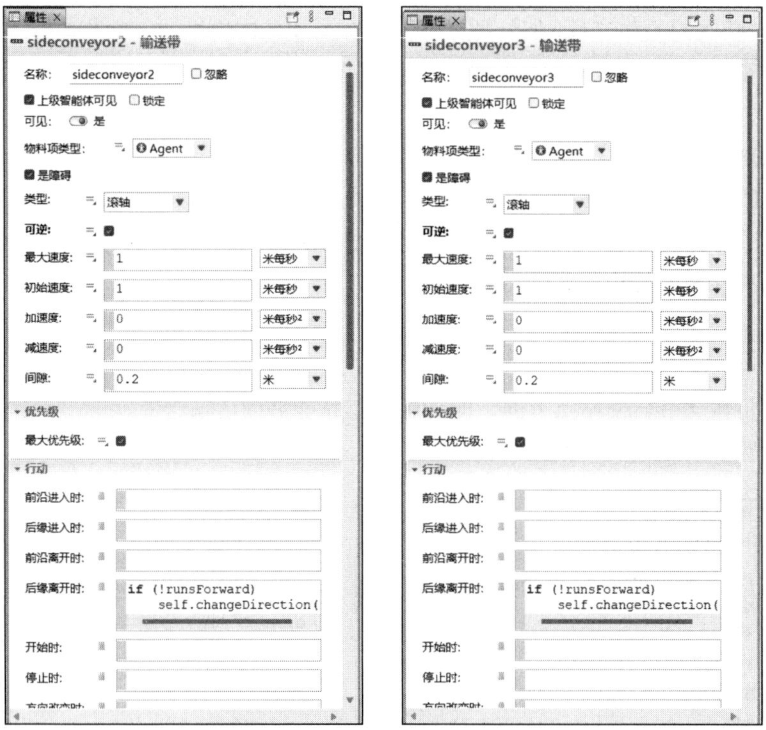

图 9-10　转盘侧边输送带参数设置界面

⑪ 按照步骤④的操作方法，将“移台”元素添加到步骤⑨中“输送带”的最右方，并将“输送带”与该“移台”元素相连接，即“输送带”与“移台”的连接点呈现绿色；并按照步骤⑤的操作流程，在所建立的“移台”元素右侧，再次建立一条“输送带”元素，如图 9-11 所示。

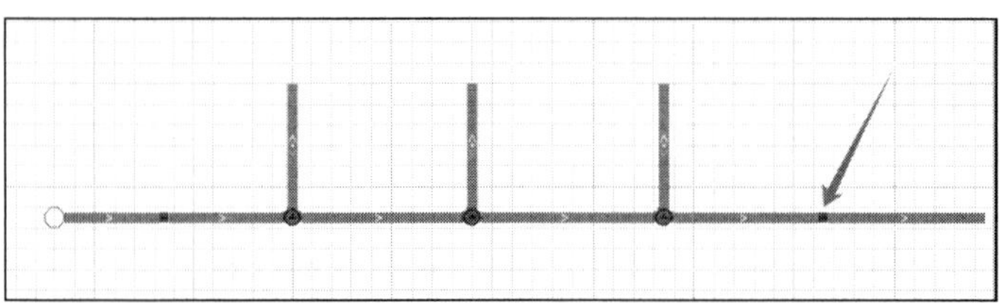

图 9-11　输送带侧边移台元素设置界面

⑫ 从步骤⑪所建立的“移台”元素处开始，按照步骤③绘制“输送带”的方法，在该“移台”元素下方开始绘制一个环形输送带，并连接至步骤④所建立的“移台”元素处，如图 9-12 所示。

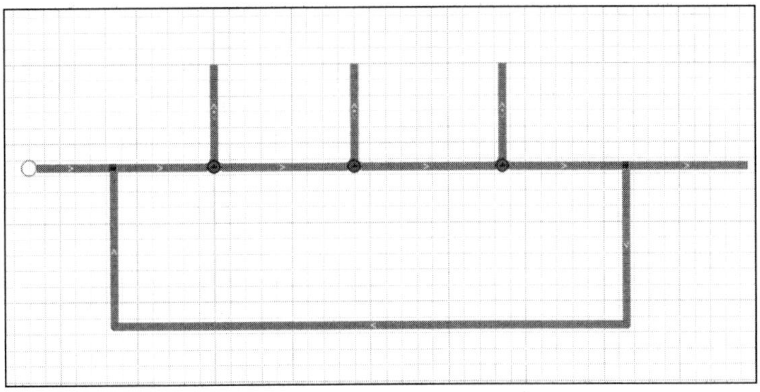

图 9-12　环形输送带完善元素设置界面

⑬ 按照“面板”→“三维物体”→“办公室”→“桌子 2”的操作步骤，找到“桌子 2”元素，单击该元素并长按鼠标左键，向右将其拖至步骤⑧中名为“sideconveyor1”的输送带的上方，调整至合适大小，并将“输送带”与该“桌子 2”元素相连接，如图 9-13 所示。

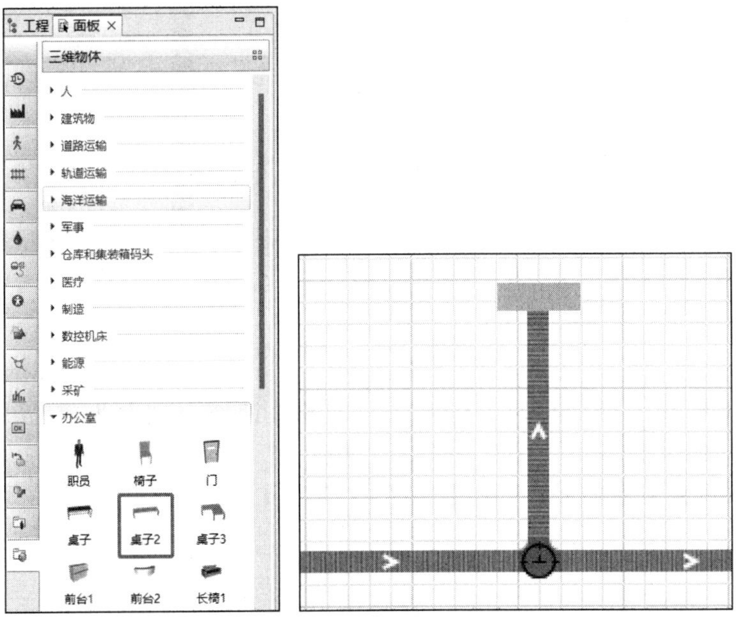

图 9-13　桌子元素设置界面

⑭ 按照“面板”→“流程建模库”→“空间标记”→“矩形节点”的操作步骤，找到“矩形节点”元素，单击该元素并长按鼠标左键，向右将其拖至步骤⑬中所建立的“桌子 2”上方，调整至合适大小，如图 9-14 所示。

⑮ 按照“面板”→“流程建模库”→“空间标记”→“吸引子”的操作步骤，找到“吸引子”元素，单击该元素并长按鼠标左键，向右将其拖至步骤⑭建立的“矩形节点”元素中，如图 9-15 所示。

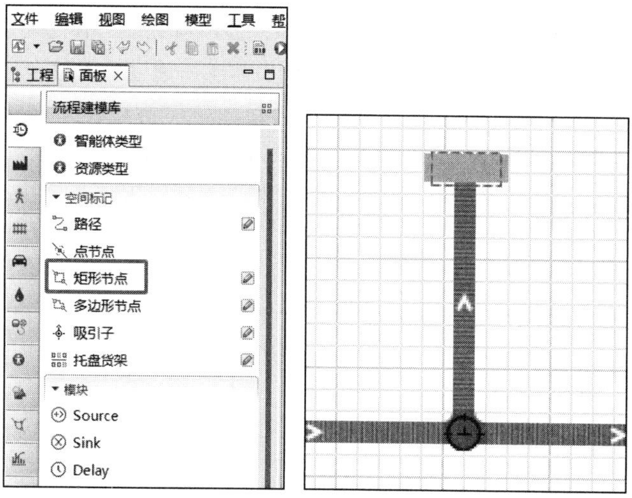

图 9-14 矩形节点元素设置界面

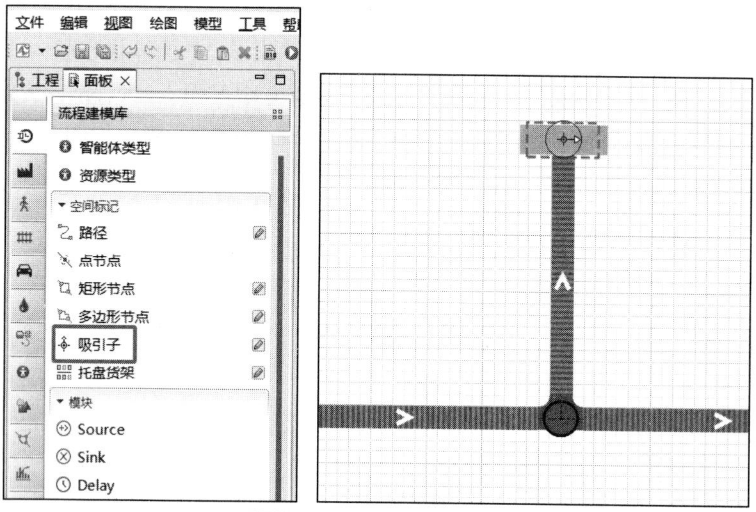

图 9-15 吸引子元素设置界面

⑯ 按照步骤⑬～步骤⑮的操作方法，在其余两个分别名为“sideconveyor2”与“sideconveyor3”的输送带上方建立“桌子 2”“吸引子”以及“矩形节点”元素。在此处当作操作台元素，如图 9-16 所示。

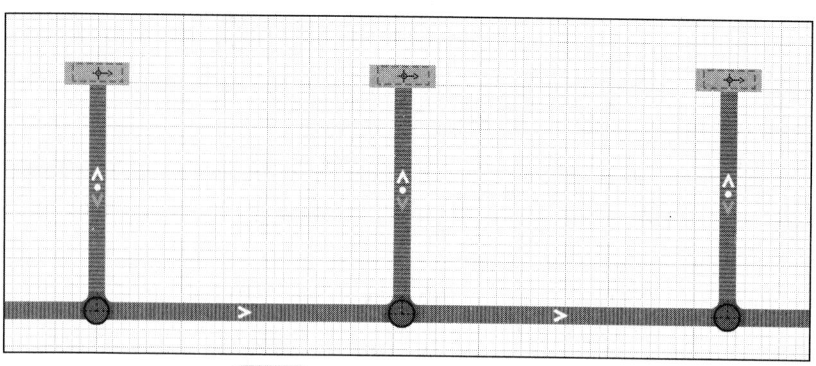

图 9-16 输送带侧边完善元素设置界面

⑰ 按照“面板”→“三维物体”→“人”→“人”的操作步骤，找到“人”元素，单击该元素并长按鼠标左键，向右将其拖至步骤⑯中建立的各操作台上方，调整至合适大小，在此处当作操作人员，如图 9-17 所示。

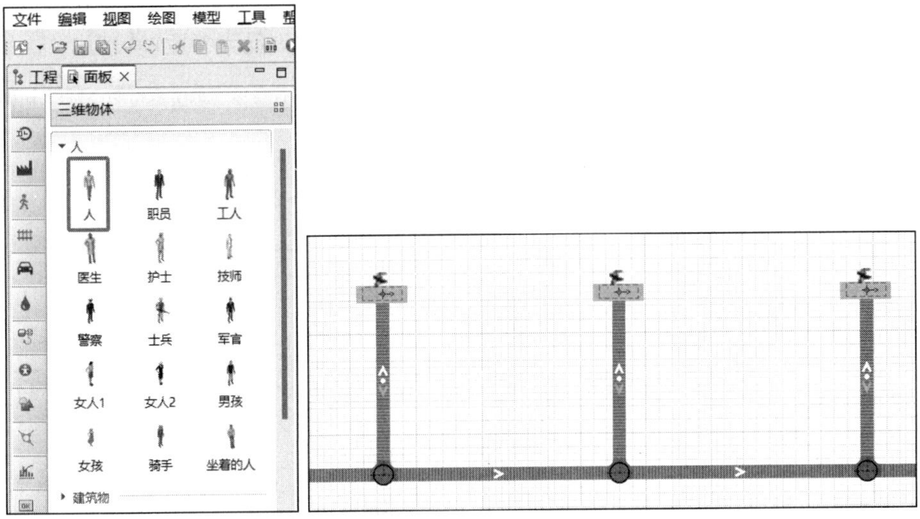

图 9-17　人元素设置界面

⑱ 按照“面板”→“演示”→“椭圆”的操作步骤，找到“椭圆”元素，单击该元素并长按鼠标左键，向右将其拖至步骤⑰中建立的各操作台左侧，并按照上下方向建立两个并列的“椭圆”，调整至合适大小，在此处当作操作员工作状态提醒功能，如图 9-18 所示。

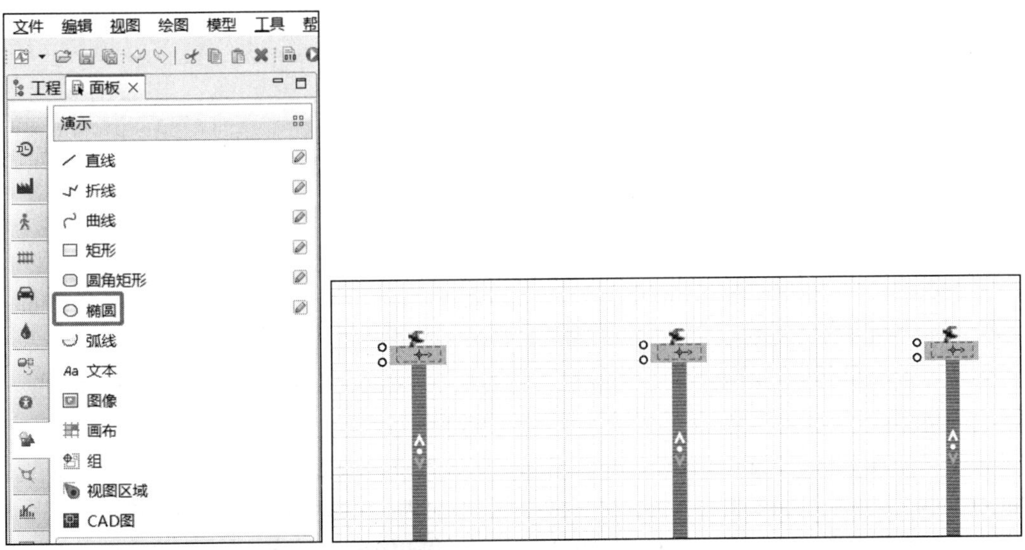

图 9-18　椭圆指示灯元素设置界面

⑲ 对步骤⑱所建立的“椭圆”元素进行参数设置：

单击第一排第一个“椭圆”元素，在右侧属性界面里，“填充颜色”处点击右侧等号，在编辑框中输入“sideStations.get(0).occupied ? red : gray”（意为：若该操作员被占用，则显示为红色），如图 9-19 所示；

在第一排第二个“椭圆”与第三个“椭圆”的“填充颜色”参数设置处，在编辑框中分别输入“sideStations.get(1).occupied ? red : gray”，“sideStations.get(2).occupied ? red : gray”，其余参数不发生变化。

⑳ 按照步骤⑲对“椭圆”元素相关参数的设置方法，对第二排的三个“椭圆”元素进行相同功能的参数设置，即分别对第一个、第二个、第三个“椭圆”元素参数设置为：

“sideStations.get(0).occupied ? gray : green”（意为：若该操作员未被占用，则显示为绿色）
“sideStations.get(1).occupied ? gray : green”
“sideStations.get(2).occupied ? gray : green”

其余参数不发生变化，如图 9-20 所示。

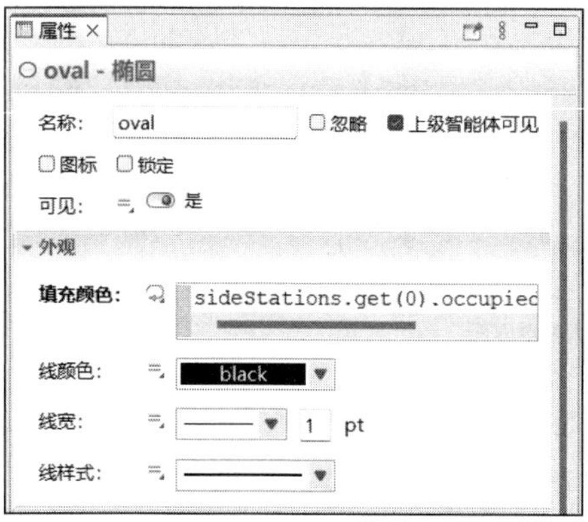

图 9-19 椭圆指示灯参数设置界面

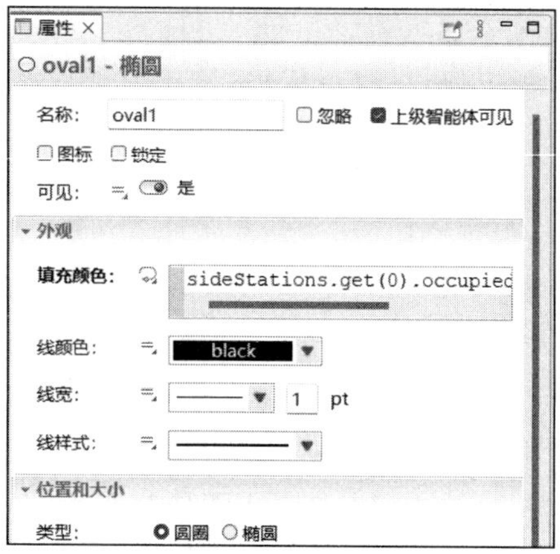

图 9-20 椭圆指示灯参数设置界面

9.2.2 物料库逻辑模型建模步骤

(1) 步骤一

按照“面板”→“流程建模库”→“模块”→“Source”的操作步骤，找到“Source”模块，鼠标左键长按“Source”模块并向右拖至物理模型下方；

按照“面板”→“物料搬运库”→“模块”→“ConveyorEnter”的操作步骤，找到“ConveyorEnter”模块，并长按将其拖至“source”模块右侧，直到两个模块自动连接；

在该面板内找到“Convey”模块，并长按将其拖至“ConveyorEnter”模块右侧，直到两个模块自动连接；

按照“面板”→“物料搬运库”→“流程建模库”→“SelectOutput”的操作步骤，选择“SelectOutput”模块，并长按将其拖“Convey”模块右侧，直到两个模块自动连接；

双击该模块下方绿色圆点，引出一条路径，并返回来连接至前方“Convey”模块的左侧圆点；

按照“面板”→“物料搬运库”→“模块”→“Convey”的操作步骤，找到“Convey”模块，并长按将其拖至“SelectOutput”模块右侧，直到两个模块自动连接；

按照“面板”→“流程建模库”→“模块”→“MoveTo”的操作步骤，找到“MoveTo”模块，并长按将其拖至“Convey1”模块右侧，直到两个模块自动连接；

按照“面板”→“物料搬运库”→“流程建模库”→“Delay”的操作步骤，找到“Delay”

模块，并长按将其拖至“Move To”模块右侧，直到两个模块自动连接；

按照“面板”→“物料搬运库”→“模块”→“Convey”的操作步骤，找到“Convey”模块，并长按将其拖至“Delay”模块右侧，直到两个模块自动连接；

按照“面板”→“物料搬运库”→“流程建模库”→“Sink”的操作步骤，找到“Sink”模块，并长按将其拖至“Convey2”模块右侧，直到两个模块自动连接。

逻辑模型建模功能设置界面如图 9-21 所示。

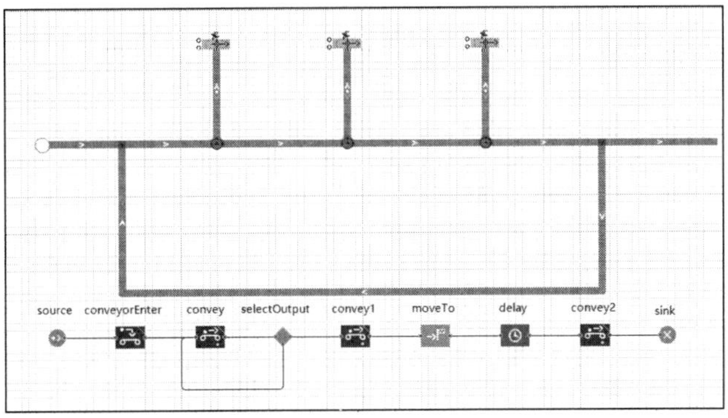

图 9-21　逻辑模型建模功能设置界面

（2）步骤二

点击“Source”模块，在最右侧属性界面对“Source”模块进行设置：

将“到达速率”处改为 10（每秒）；

在“到达位置”处选择“网络/GIS 节点”，并在出现“节点”模块处点击右侧绿色箭头位置，选择在 9.2.1 节步骤②建立的第一个“点节点”，出现名为“node”的节点，并将速率改为 10 米每秒；

在智能体处，点击“创建自定义类型”，命名为“Item”，并选择“我正在从头创建智能体类型”，点击“完成”。

在出现的“Item”智能体页面中，按照“面板”→“演示”→“矩形”的操作步骤，将矩形拖到右侧空白界面，点击该矩形，在右侧属性界面进行参数设置：

在“外观→填充颜色”处点击下拉菜单，选择第三排第一个颜色块；

“线颜色”处下拉菜单选择无色；

在“位置和大小”处“X”位置处填写-3.4，“宽度”位置处填写 6.8，“Y”位置处填写-3.6，“高度”位置处填写 7，“Z”位置处填写 0，“Z-”位置处填写 5，则该智能体参数创建完成。

回到“Source”模块，继续在最右侧属性界面对“Source”模块进行设置：在“高级”→“添加智能体到”处，选择“自定义群”，在出现的“群”下拉菜单中选择已经建好的智能体“items”，取消勾选“强推”，在“无法离开的智能体”下拉菜单中选择“在这个模块中等待”。

相关参数设置如图 9-22 所示，其余参数暂不发生变化。

（3）步骤三

点击“conveyorEnter”模块，在最右侧属性界面对“conveyorEnter”模块进行设置：点击“输送带”右侧绿色箭头位置，选择在 9.2.1 节步骤③建立的输送带。相关参数设置如图 9-23 所示，其余参数暂不发生变化。

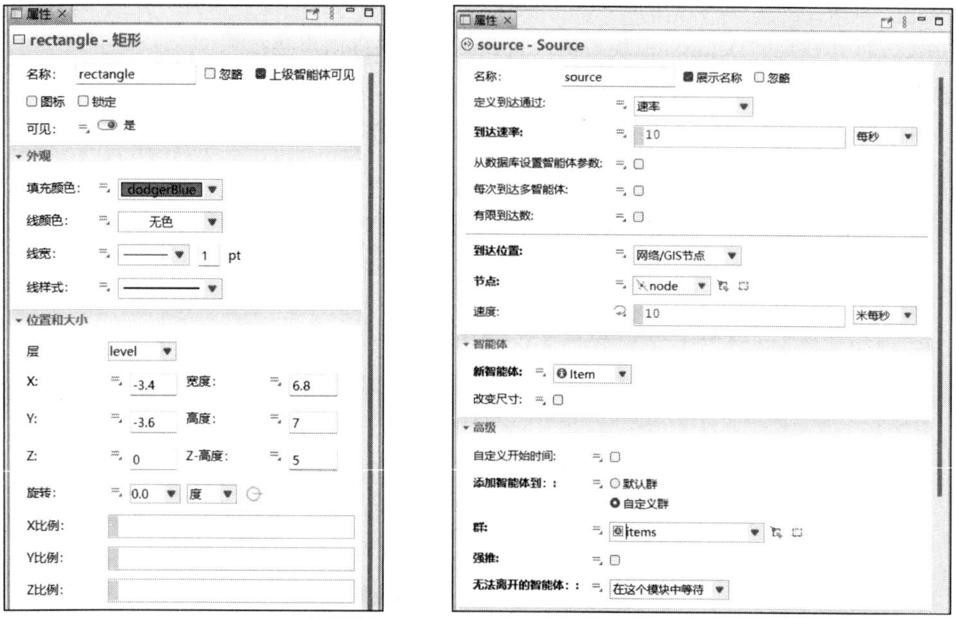

图 9-22　矩形及 Source 参数设置界面

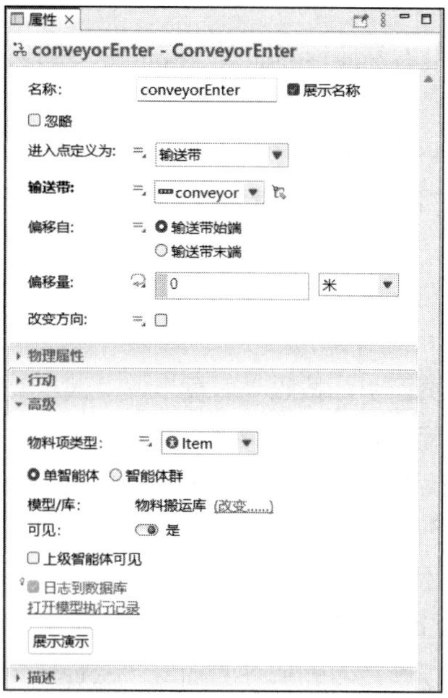

图 9-23　conveyorEnter 参数设置界面

(4) 步骤四

点击“convey”模块，在最右侧属性界面对“convey”模块进行设置：

在“输送自”下拉菜单选择“当前位置”；

在“目标输送带”点击右侧等号位置进行参数设置，在编辑框中输入“agent.targetStation.magistralConveyor”（意为访问“agent”的“targetStation”中的“magistralConveyor”相关信息）。

相关参数设置如图 9-24 所示，其余参数暂不发生变化。

(5) 步骤五

点击“selectOutput”模块，在最右侧属性界面对“selectOutput”模块进行设置：

在“选择真输出”处勾选“如果条件为真”，并在“条件”处编辑框中输入“!agent.targetStation.occupied”(意为：该智能体所指向的目标站点没有被占用)；

在“行动→离开（假）时”，找到“离开（假）时”，在右方编辑框中输入“agent.reevaluateStation();”(意为：如果该站点已被占用，则选择下一个站点作为目的地)。

相关参数设置如图 9-25 所示，其余参数暂不发生变化。

图 9-24　convey 参数设置界面

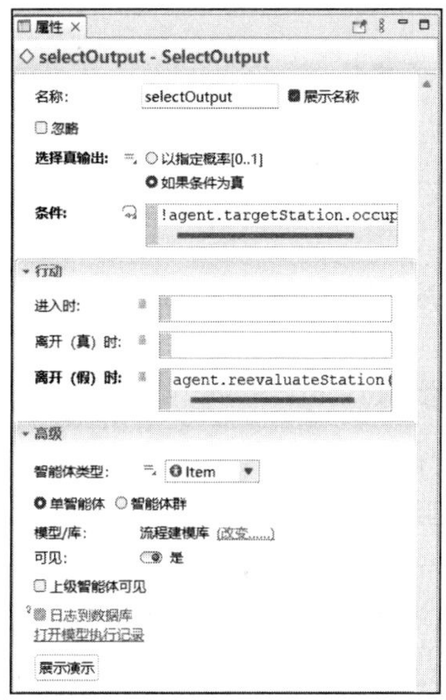

图 9-25　selectOutput 参数设置界面

(6) 步骤六

点击“convey1”模块，在最右侧属性界面对“convey1”模块进行设置：

在“输送自”下拉菜单选择“当前位置”；

在“目标输送带”点击右侧等号位置进行参数设置，在编辑框中输入“agent.targetStation.stationConveyor”(意为：访问“agent”的“targetStation”中的“stationConveyor”相关信息)；

按照“行动”→“进入时”，找到“进入时”，在右方编辑框中输入“agent.targetStation.occupied=true;”(意为：该智能体的目标站点已被占用)。

相关参数设置如图 9-26 所示，其余参数暂不发生变化。

(7) 步骤七

点击“moveTo”模块，在最右侧属性界面对“moveTo”模块进行设置：

在“智能体”处勾选“放置（跳）到”；

在“节点”处点击右侧等号位置，在编辑框中输入“agent.targetStation.stationNode”(意为：访问“agent”的“targetStation”中的“stationNode”相关信息)。

图 9-26 convey1 参数设置界面

相关参数设置如图 9-27 所示，其余参数暂不发生变化。

（8）步骤八

点击“process”模块，在最右侧属性界面对“process”模块进行设置：

在“延迟时间”处输入 7（秒）；

勾选下方的“最大容量”；

按照“行动”→“在出口时”，找到“在出口时”，在右方编辑框中输入：

```
agent.rectangle.setFillColor(red);
agent.targetStation.stationConveyor.changeDirection();
```

相关参数设置如图 9-28 所示，其余参数暂不发生变化。

图 9-27 moveTo 参数设置界面

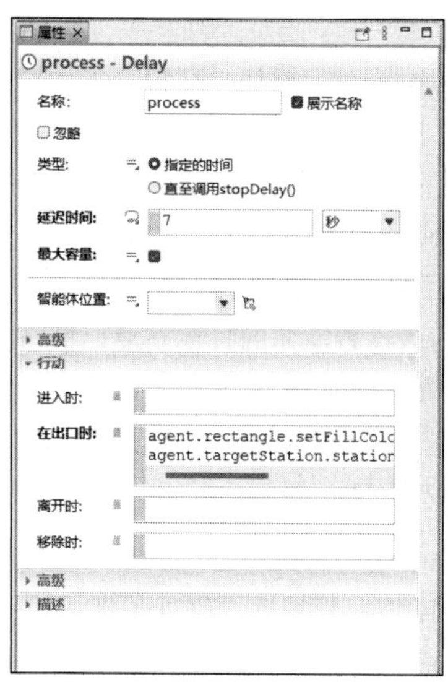

图 9-28 process 参数设置界面

(9)步骤九

点击“convey2”模块，在最右侧属性界面对“convey2”模块进行设置：

在“输送自”下拉菜单选择“输送带”；

在“源输送带”处，点击右侧绿色箭头位置进行参数设置，在编辑框中输入“agent.targetStation.stationConveyor”（意为：访问“agent”的“targetStation”中的“stationConveyor”相关信息）；

在“源偏移自”处选择“输送带末端”；

在“输送到”下拉菜单选择“输送带”；

在“目标输送带”处，点击右侧绿色箭头位置，选择我们在 9.2.1 节步骤⑪建立的最右侧的“输送带”功能；

在“目标偏移自”处选择“输送带末端”；

按照“行动”→“进入时”，找到“进入时”，在右方编辑框中输入“agent.targetStation.occupied = false;”（意为：智能体的目标站点未被占用）。

相关参数设置如图 9-29 所示，其余参数暂不发生变化。

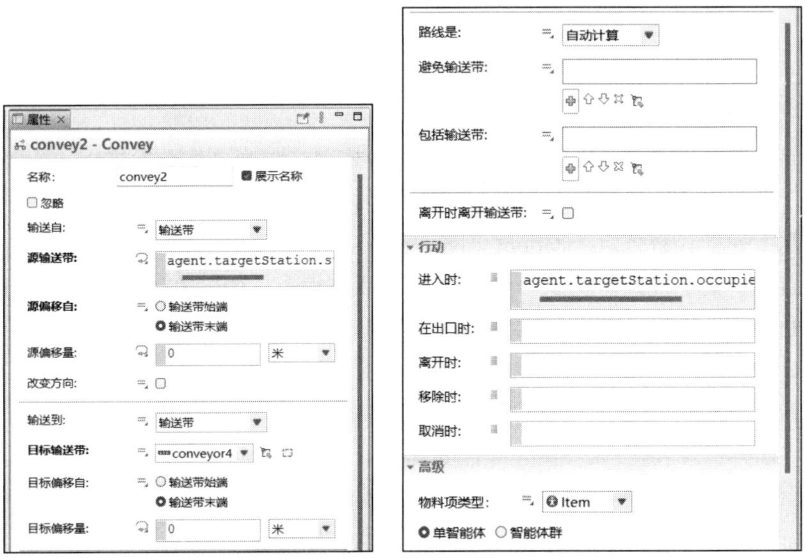

图 9-29 convey2 参数设置界面

(10)步骤十

点击“sink”模块，在最右侧属性界面对“sink”模块进行设置，其余参数暂不发生改变。

(11)步骤十一

按照“面板”→“智能体”→“集合”的操作步骤，找到“集合”模块，单击该模块并长按鼠标左键，向右将其拖至右侧空白地方。单击该功能模块，在右侧属性界面进行参数设置：

在“名称”处将其命名为：magistralConveyors；

在“元素类”处下拉菜单选择“其他”，并在右方编辑框中输入“ConveyorPath”；

在“初始内容”框架中点击下方绿色箭头位置，选择步骤五、步骤八、步骤九所建立的 3

条水平输送带。

参数设置如图 9-30 所示，图中箭头所指即为所选输送带位置。

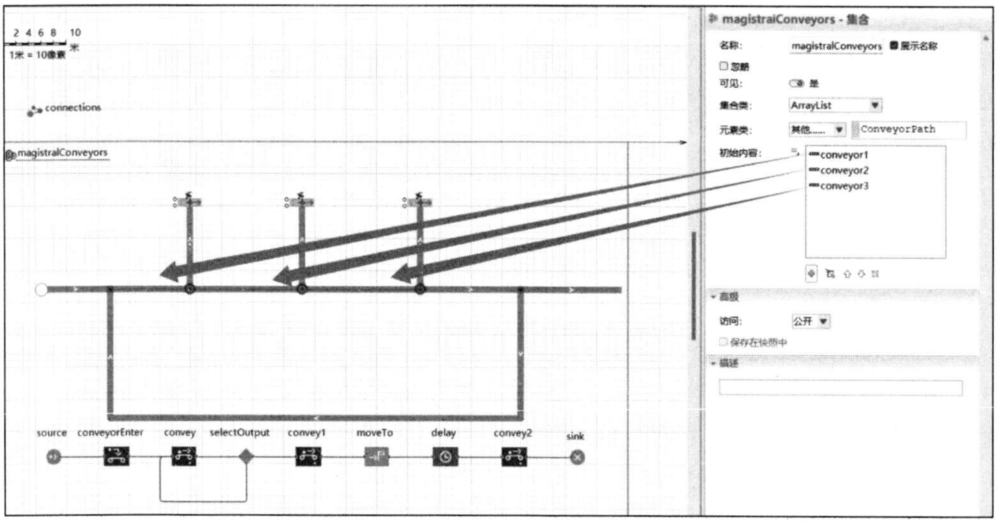

图 9-30 magistralConveyors 集合参数设置界面

（12）步骤十二

按照“面板”→“智能体”→“集合”的操作步骤，找到“集合”模块，单击该模块并长按鼠标左键，向右将其拖至右侧空白地方。单击该功能模块，在右侧属性界面进行参数设置：

在“名称”处将其命名为：stationConveyors；

在“元素类”处下拉菜单选择“其他”，并在后方编辑框中输入“ConveyorPath”；

在“初始内容”框架中点击下方绿色箭头位置，选择步骤五、步骤七、步骤十所建立的 3 条名为“sideconveyor”竖直输送带。

参数设置如图 9-31 所示，图中箭头所指即为所选输送带位置。

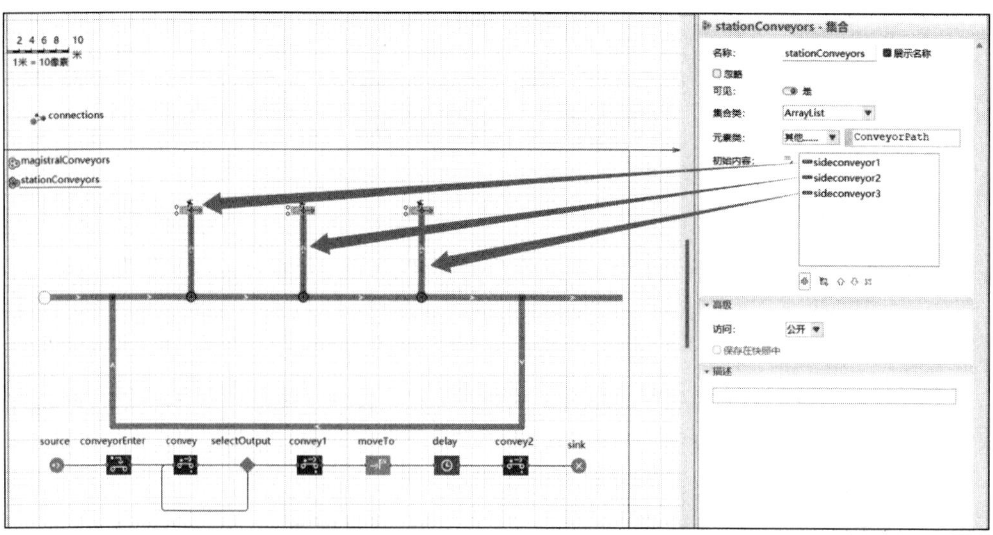

图 9-31 stationConveyors 集合参数设置界面

（13）步骤十三

按照“面板”→“智能体”→“集合”的操作步骤，找到“集合”模块，单击该模块并长按鼠标左键，向右将其拖至右侧空白地方。单击该功能模块，在右侧属性界面进行参数设置：

在“名称”处将默认名称“collection”改为：stationNodes；

在“元素类”处下拉菜单选择“其他”，并在右方编辑框中输入“RectangularNode”；

在“初始内容”框架中点击下方绿色箭头位置，选择 9.2.1 节中步骤⑤、⑭、⑯所建立的三个“矩形节点”。

参数设置如图 9-32 所示，图中箭头所指即为所选矩形节点位置。

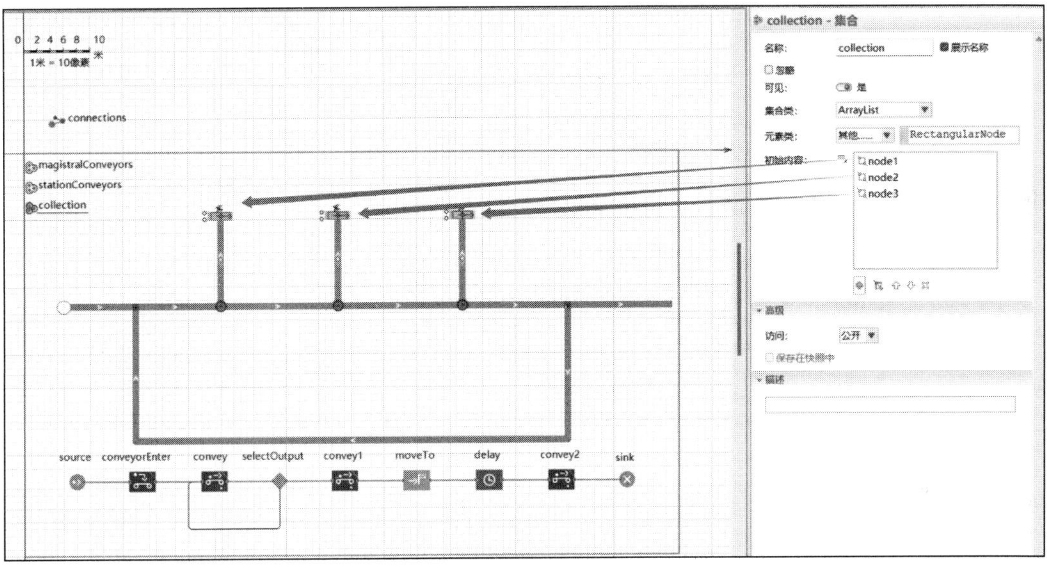

图 9-32　stationNodes 集合参数设置界面

（14）步骤十四

按照“面板”→“智能体”→“智能体”的操作步骤，找到“智能体”模块，单击该模块并长按鼠标左键，向右将其拖至右侧空白地方，点击“群智能体”→“我想使用现有智能体类型”→点击现有“Item”，点击“完成”。

按照“面板”→“流程建模库”→“智能体类型”，找到“智能体类型”模块，单击该模块并长按鼠标左键，向右将其拖至右侧空白地方，在弹出的界面中将名称改为“SideStations”，以及“我在从头创建智能体类型”，点击“完成”。

① 双击“Item”智能体，在该智能体中进行参数编辑。

② 按照“面板”→“智能体”→“变量”的操作步骤，找到“变量”模块，单击该模块并长按鼠标左键，向右将其拖至右侧空白地方。单击该模块，并在右侧属性区域进行属性参数编辑：在“名称”处将名称改为“targetStation”，在“类型”处下拉菜单选择“SideStations”，“初始值”右方编辑框中输入“main.sideStations.get(0)”，如图 9-33 所示。

③ 按照“面板”→“智能体”→“函数”的操作步骤，找到“函数”模块，单击该模块并长按鼠标左键，向右将其拖至右侧空白地方。单击该模块，并在右侧属性区域进行属性参数编辑：在“名称”处将名称改为“reevaluateStation”，在“函数体”下方参数编辑框中输入：

```
if (targetStation.getIndex() == main.sideStations.size()-1)
    targetStation = main.sideStations.get(0);
else
    targetStation = main.sideStations.get(targetStation.getIndex() + 1);
```

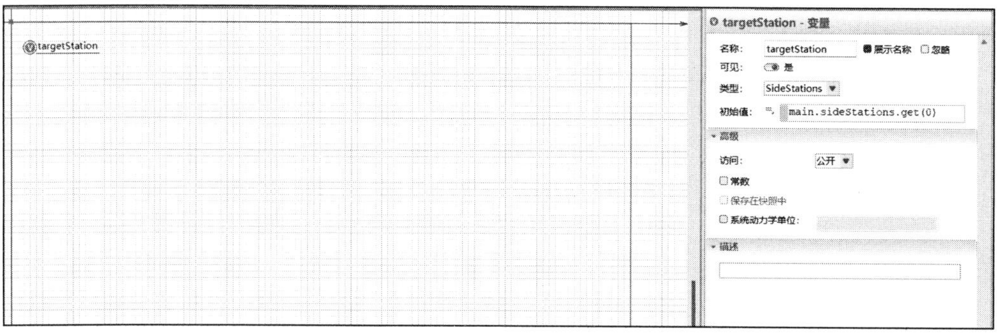

图 9-33　targetStation 变量参数设置界面

意为：当当前目标站点的索引是所有侧边站点列表中的最后一个时，会将目标站点重置为列表中的第一个站点；否则，会将目标站点设置为当前站点索引加 1 对应的站点。

reevaluateStation 函数参数设置界面如图 9-34 所示。

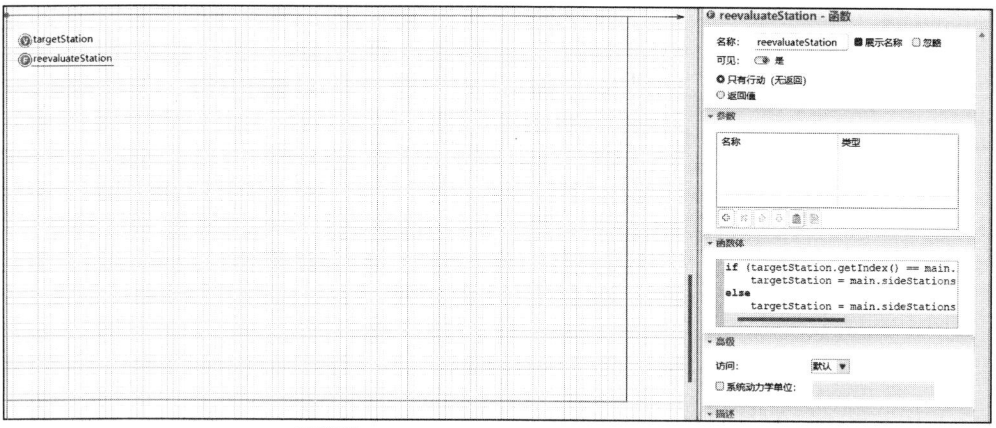

图 9-34　reevaluateStation 函数参数设置界面

④ 双击“SideStations”智能体，在该智能体中进行参数编辑。按照“面板”→“智能体”→“参数”的操作步骤，找到“参数”模块，单击该模块并长按鼠标左键，向右将其拖至右侧空白地方。单击该模块，并在右侧属性区域进行属性参数编辑：在“名称”处将名称改为“magistralConveyor”，在“类型”处下拉菜单选择“其他”，右方参数编辑框中输入“ConveyorPath”。在下方“值编辑器”→“标签”中，在“标签”后编辑框内填写“Nearest main conveyor”。其余参数不变，如图 9-35 所示。

⑤ 按照“面板”→“智能体”→“参数”的操作步骤，找到“参数”模块，单击该模块并长按鼠标左键，向右将其拖至右侧空白地方。单击该模块，并在右侧属性区域进行属性参数编辑：在“名称”处将名称改为“stationConveyor”，在“类型”处下拉菜单选择“其他”，右方参数编辑框中输入“ConveyorPath”。在下方“值编辑器”→“标签”中，在“标签”后编辑框内填写“Station conveyor”。其余参数不变，如图 9-36 所示。

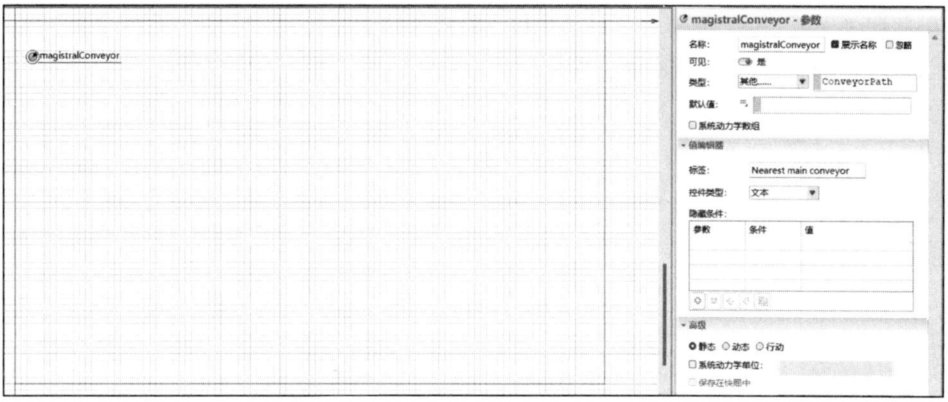

图 9-35　magistralConveyor 参数设置界面

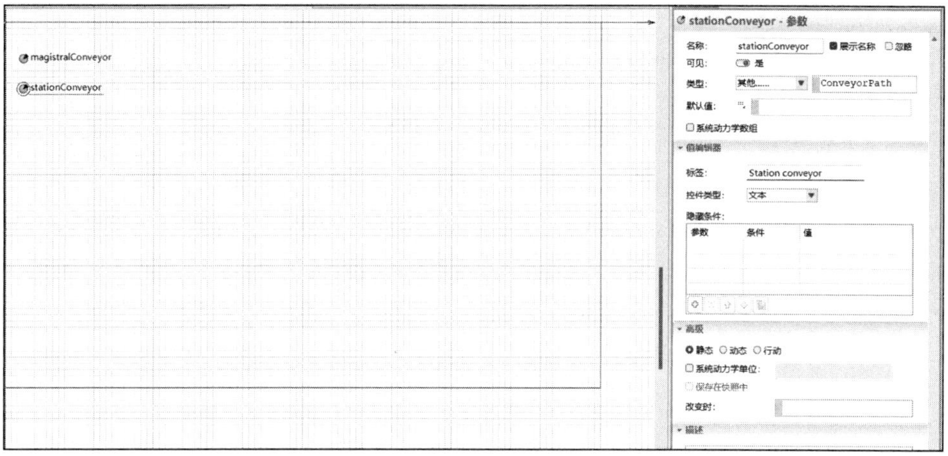

图 9-36　stationConveyor 参数设置界面

⑥ 按照“面板”→“智能体”→“参数”的操作步骤，找到“参数”模块，单击该模块并长按鼠标左键，向右将其拖至右侧空白地方。单击该模块，并在右侧属性区域进行属性参数编辑：在“名称”处将名称改为“stationNode”，在“类型”处下拉菜单选择“其他”，右方参数编辑框中输入“RectangularNode”。在下方“值编辑器”→“标签”中，在“标签”后编辑框内填写“Station node”。其余参数不变，如图 9-37 所示。

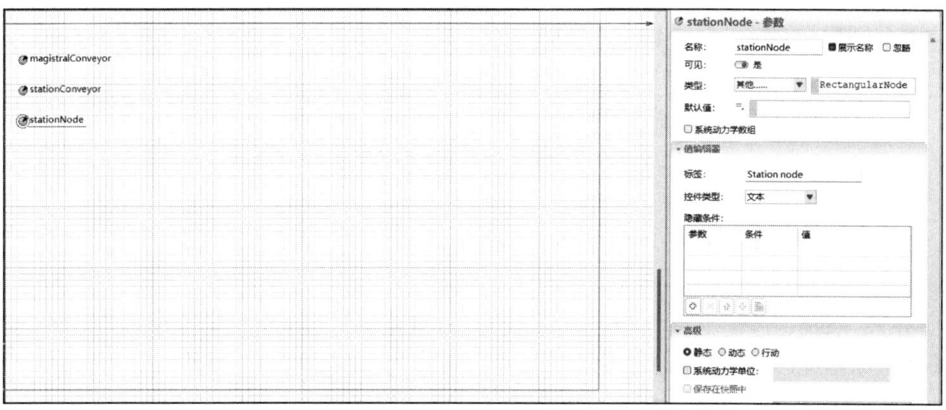

图 9-37　stationNode 参数设置界面

⑦ 按照“面板”→“智能体”→“变量”的操作步骤，找到“变量”模块，单击该模块并长按鼠标左键，向右将其拖至右侧空白地方。单击该模块，并在右侧属性区域进行属性参数编辑：在“名称”处将名称改为“variable”，在“类型”处下拉菜单选择“boolean”，下方参数编辑框中输入“false”。其余参数不变，如图 9-38 所示。

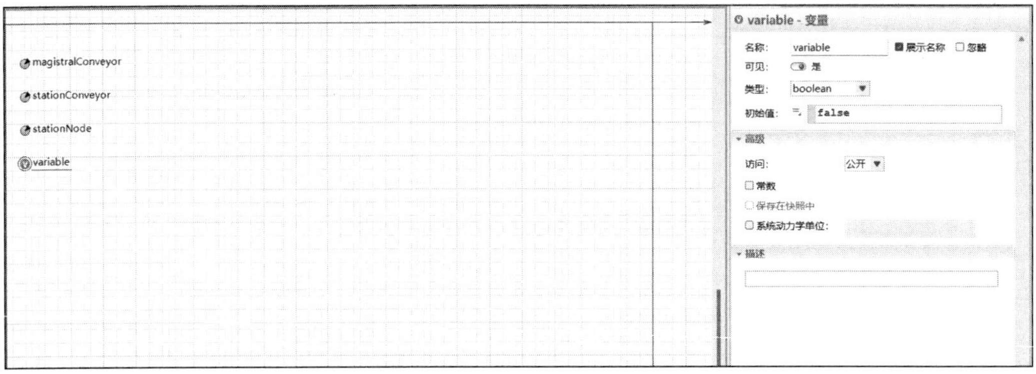

图 9-38 variable 变量参数设置界面

⑧ 单击“sideStations”模块，并在右侧属性区域进行属性参数编辑：在“初始智能体数”处将数量改为 3；在“Nearest main conveyor”右侧编辑框中输入“magistralConveyors.get(index)”；在“station Conveyor”右侧编辑框中输入“stationConveyors.get(index)”；在“station Node”右侧编辑框中输入“stationNodes.get(index)”。其余参数不变，如图 9-39 所示。

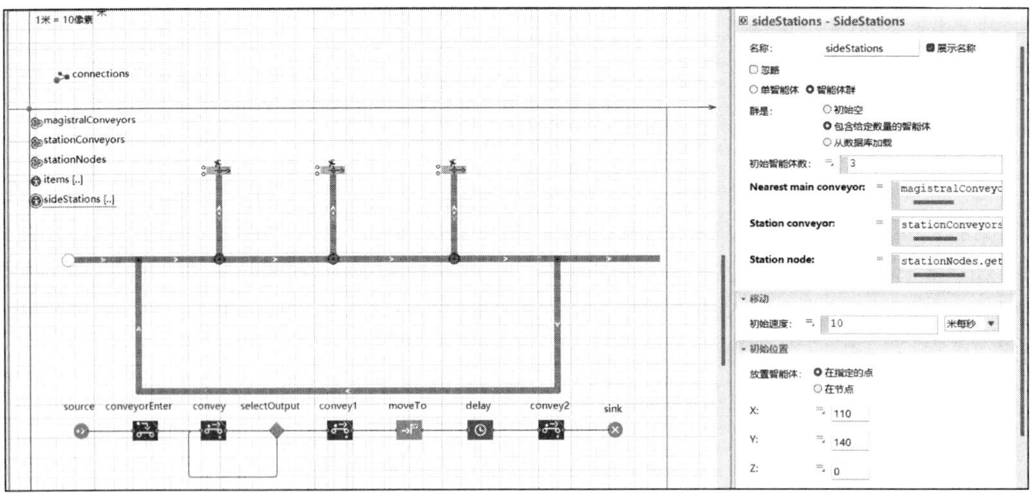

图 9-39 sideStations 智能体参数设置界面

9.3 三维动态仿真

① 按照“面板”→“演示”→“三维”→“三维窗口”的操作步骤，找到“三维窗口”模块，长按鼠标左键，将其拖至右侧空白区域内。可点击“三维窗口”模块右下角调整至合适大小，如图 9-40 所示，其余参数暂不发生变化。

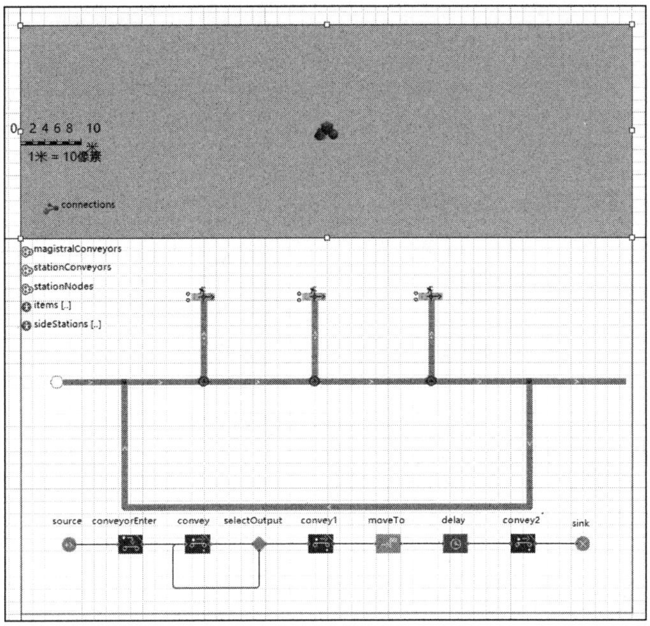

图 9-40　三维仿真模块设置界面

② 在“工程”→“物料库”处，右击该模型，在下拉菜单中点击“运行”，即可观看该模型的仿真界面，如图 9-41 所示。

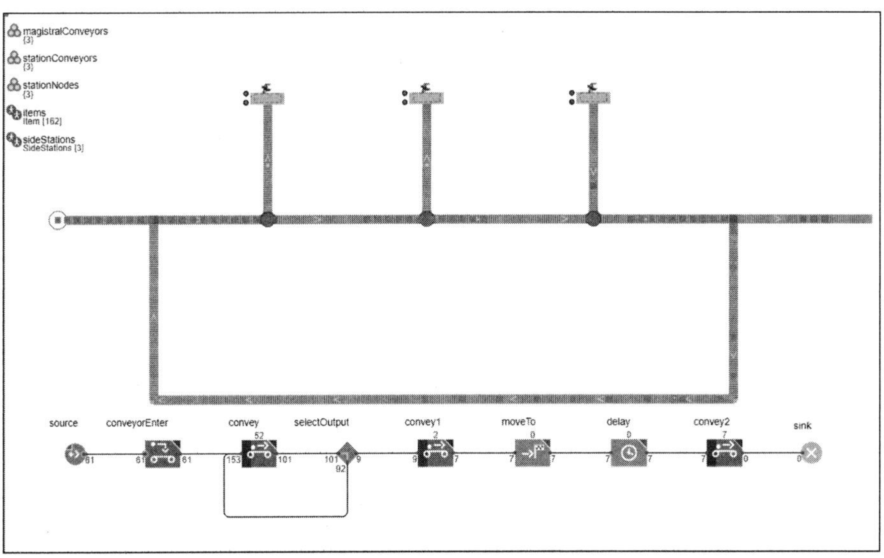

图 9-41　智能分拣中心模型仿真界面

③ 可按住鼠标左键拖动界面，直到出现 3D 界面，即可研究在 3D 界面物料库中，待加工货物是如何搬运的，输送带是如何将货物运送到不同操作人员手中的，以及在遇到空闲操作人员以及忙碌工作人员时智能分拣输送带是如何运转的，还可以通过工作人员旁边的椭圆形指示器来更加明显地区分工作人员的工作状态。在 3D 界面中，可通过鼠标中键滚轮放大或缩小界面，也可按住鼠标左键拖动界面进行不同位置的详细研究。

智能分拣中心三维仿真界面如图 9-42 所示。

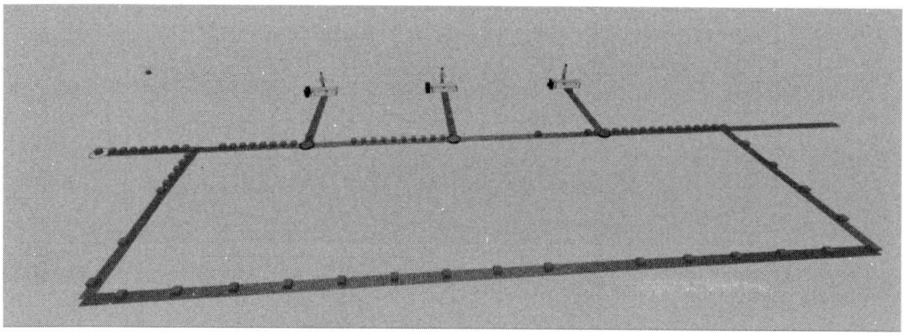

图 9-42　智能分拣中心三维仿真界面

9.4　数据可视化与系统分析

① 按照“面板”→“分析”→“数据”→“直方图数据”的操作步骤，找到“直方图数据”功能，长按鼠标左键，将其拖至右侧空白区域内。可点击“直方图数据”，在右侧弹出的属性界面进行参数修改：在“值”处右侧的编辑框中填写“convey2.size()”。相关设置如图 9-43 所示，其余参数暂不发生变化。

图 9-43　直方图数据处以及参数调整图

② 按照“面板”→“分析”→“图表”→“直方图”的操作步骤，找到“直方图”功能，长按鼠标左键，将其拖至右侧空白区域内。可点击“直方图”，在右侧弹出的属性界面进行参数修改：在“数据”→“直方图”处右侧的编辑框中填写“date”（即为步骤①所设置的直方图数据的名称）。相关设置如图 9-44 所示，其余参数暂不发生变化。

③ 按照 9.3 节中步骤②以及步骤③的操作方法运行该仿真模型，可以在界面中通过我们所设立的“直方图”清楚地看到所选定的名为“convey2”的输送带的占用效率的频率分布直方图，以及该处输送带的占用数量的均值，如图 9-45 所示。

图 9-44　直方图处以及参数调整图

④ 还可以在本节步骤①所设立的“直方图数据”模块中，对具体的输送带进行细致更改，例如可以对在 9.2.1 节中所设置的各种输送带进行参数设置：可以选择对名为“convey.size()”或“convey1.size()”的输送带进行观察，按照 9.4 节步骤①的操作方法，将原来的值设置为想要观察的输送带代码，从而更好地对不同的输送带进行占比的研究。如图 9-46 所示分别为对不同的输送带进行参数设置后的直方图“convey.size()”以及“convey1.size()”。

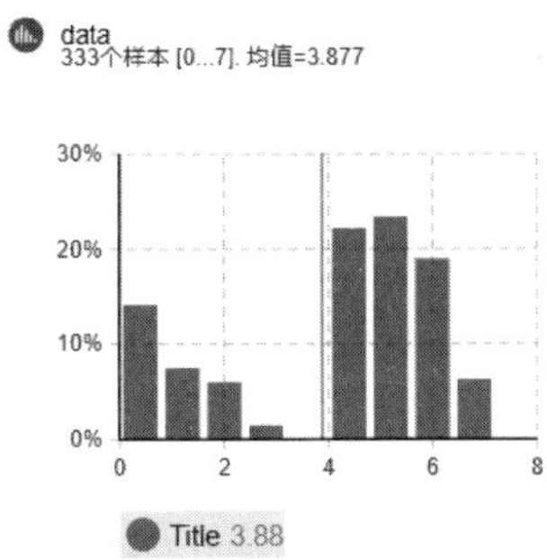

图 9-45　直方图数据可视化界面

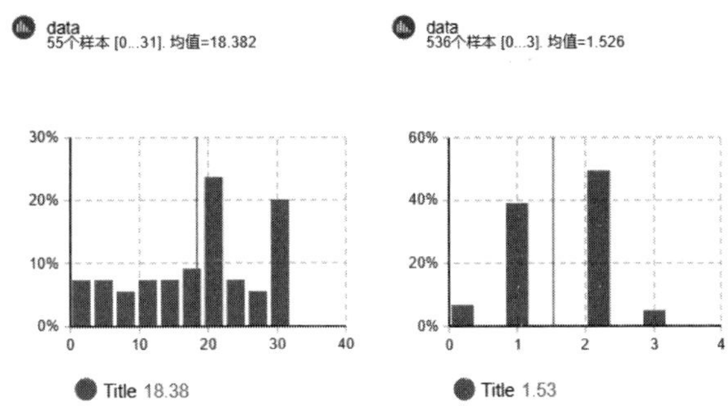

图 9-46　不同输送带直方图可视化图

9.5　实验与系统优化

（1）实验设计与数据收集

在智能分拣中心，输送带和货物的高效协同是实现快速准确分拣的关键。本次实验旨在找出系统中可能存在的瓶颈和问题，进而提升分拣效率、降低错误率并减少运营成本。

实验涵盖了多个可控变量和响应变量。

① 可控变量方面，输送带的速度直接影响货物的输送效率。速度过快可能导致货物分拣失误，过慢则会降低整体吞吐量。分拣口的分配规则至关重要，合理的分配能使各个分拣口的工作量均衡，避免部分分拣口拥堵而部分闲置。货物的投放间隔也会对系统产生影响，投放过密

可能造成货物碰撞和堆积，过疏则会浪费设备资源。另外，分拣机器人的数量和工作模式也是可控因素，合适的数量和高效的工作模式能显著提升分拣速度。

② 响应变量主要包括货物分拣时间、分拣错误率、设备利用率和能源消耗。货物分拣时间是衡量系统效率的核心指标，它反映了从货物进入分拣中心到被准确分拣到相应位置的总时长。分拣错误率体现了系统的准确性，错误率过高会增加后续的人工处理成本和时间。设备利用率反映了输送带、分拣机器人等设备的使用效率，合理的设备利用率能降低运营成本。能源消耗则与运营成本直接相关，降低能源消耗有助于提高经济效益。

为全面评估系统性能，我们可以设置多个实验场景。在不同输送带速度场景中，固定其他条件，分别测试低速、中速、高速下系统的运行情况。不同分拣口分配规则场景下，采用基于货物目的地、货物重量等不同规则进行实验。不同货物投放间隔场景则模拟不同的货物流量情况。不同分拣机器人数量和工作模式场景，测试不同配置下的分拣效果。

（2）数据分析与系统优化

① 收集到数据后，我们将运用多种分析方法来挖掘数据背后的信息。通过统计分析可以计算各项响应变量的均值、中位数、标准差等，让我们对系统的基本运行状况有一个初步的认识，及时发现数据中的异常值和潜在趋势。相关性分析可以找出对系统性能影响较大的因素。例如，如果发现输送带速度与分拣错误率呈正相关，就需要谨慎调整输送带速度。通过分析设备利用率和货物处理时间，找出系统中的瓶颈环节，如某个分拣口的工作量过大导致拥堵，或者某段输送带的传输能力不足。

② 基于数据分析结果，我们将采取一系列系统优化措施。在设备配置优化方面，根据实验结果调整输送带的速度和分拣机器人的数量，使其达到最佳的配合状态。同时，选择合适的货物投放间隔，以充分利用设备资源。分拣口分配优化上，采用更科学的分配规则，如根据实时的货物流量和各个分拣口的工作负荷动态分配货物。加快机器人的分拣速度，提高分拣效率。

③ 实施优化措施后，我们会再次进行实验来评估优化效果。对比优化前后的各项响应变量，若效果不理想，则重新分析问题，调整优化策略。此外，定期对系统运行数据进行监控和分析，及时发现新的问题和改进空间，确保智能分拣中心始终保持高效、准确的运行状态。

思考与练习

① 能否通过增加输送带的数量来改变待加工物体的被加工速率呢？如果增加输送带数量，那么新的结构布局又该怎样会更加合适？

② 当保持当前货物到达速率不变时，需要多少操作人员数量以及增加多少输送带才不会让货物的未加工率超过 50%？

③ 在对智能分拣中心进行布局时可以看到，在对名为“sideconveyor”的输送带进行设计时，该输送带的参数为可逆输送带。如果将该输送带设置为两条相反方向的输送带，是否可以提高操作人员的工作效率？

④ 当分拣口的“sideconveyor”输送带长度足够时，能否在该输送带两侧继续增加分拣工作人员？如果可以操作，那么新的仿真模型应该如何布局？

⑤ 当平面布局面积不够时，能否将横向布局的输送带改为纵向布局？若可以，纵向布局的输送带仿真模型应该如何设置？

第 10 章

基于竞争的供应链建模与仿真

本书电子资源

供应链系统中的竞争机制与消费者行为交互研究是优化产业协同效能的理论基础。本章基于系统动力学与多智能体建模的混合仿真框架，构建竞争性供应链系统的动态演化模型，重点解析市场需求传导与产品偏好形成的耦合机制。模型通过抽象化生产主体与分销节点的层级关系，刻画消费者群体从需求产生到购买决策的行为转化过程，并量化分析市场竞争环境下供需动态平衡的内在规律，为复杂供应链系统的行为建模提供方法论支持。

10.1 案例描述

本章案例描述了一个简单的基于竞争的供应链模型。该供应链系统由一个系统动力学部分和一个智能体部分构成。两个工厂生产两款相似的产品 A、B，分别由两个零售商售卖，消费者根据自身需求选择产品，并分为想要某产品和买了某产品两种状态，观察此情境下消费者的偏好。

10.2 建立基础模型

① 新建一个模型。打开 AnyLogic 软件，选择“文件”→“新建”→“模型”，在新建模型窗口中，输入模型名为“竞争供应链”，选择存储位置，选择模型时间单位为“天”。

② 设置 A 商品供应环节。按照“面板”→“系统动力学”→“存量”的操作步骤，找到“存量”，如图 10-1 所示，长按鼠标左键并将其拖至 main 操作界面内，将其命名为 factoryA；以同样的操作设置另一个存量，命名为 retailerA，如图 10-2 所示。

按照“面板”→“系统动力学”→“流量”的操作步骤，找到“流量”，如图 10-3 所示，长按鼠标左键并将其拖至操作界面内，连接起 factoryA 和 retailerA，另拖动一个流量至 factoryA

左侧，表示存货到工厂，如图 10-4 所示。

图 10-1 存量位置

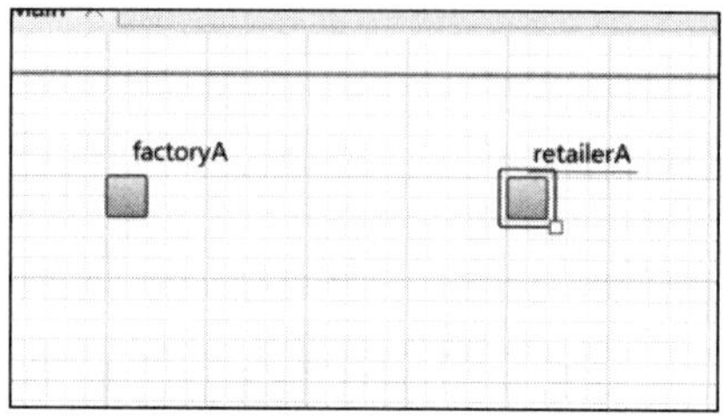

图 10-2 新建存量

图 10-3 流量位置

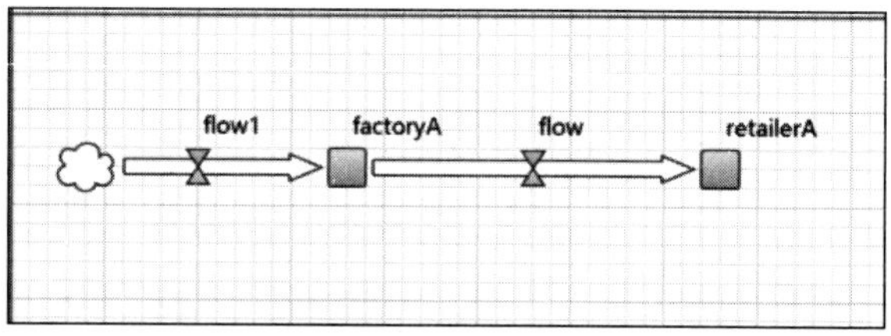

图 10-4 新建流量

③ 设置 B 商品供应环节。与步骤②操作类似，设置 2 个存量和 2 个流量，并将它们连接起来，存量分别命名为 factoryB、retailerB，如图 10-5 所示。

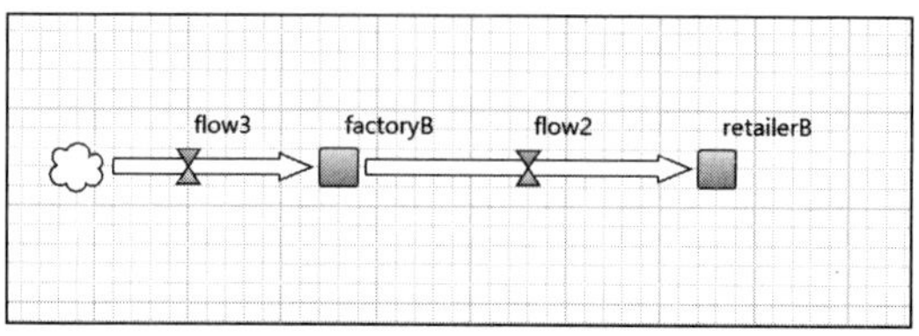

图 10-5 B 商品供应环节

④ 设置其他影响部分。设置预测值，按照“面板”→“智能体”→“参数”的操作步骤，找到“参数”，长按鼠标左键并将其拖至操作界面内，将其命名为“PredictedValueA”；右侧属性界面的“类型”设置为“int”，“默认值”设置为“1”，如图 10-6、图 10-7 所示。以同样的操作新建 1 个“PredictedValueB”参数。

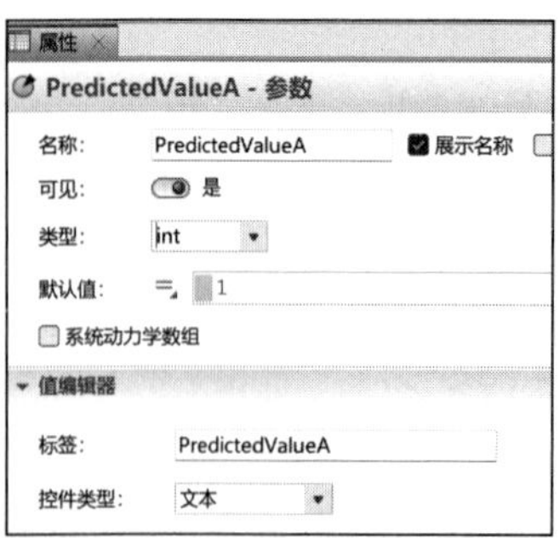

图 10-6 新建 PredictedValueA 参数（一）

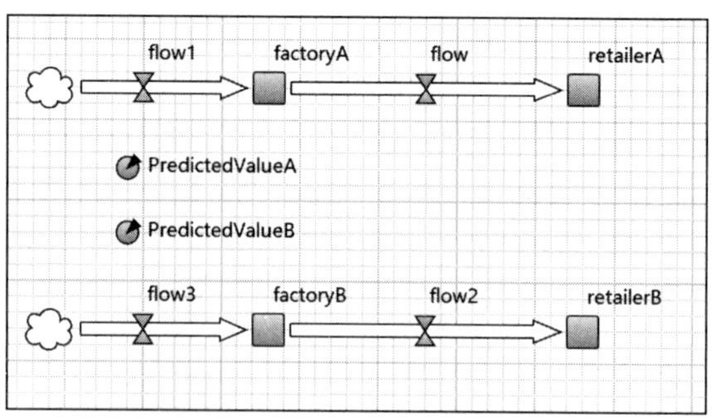

图 10-7 新建 PredictedValueA 参数（二）

设置消费者变量，按照“面板”→“智能体”→“变量”的操作步骤，找到“变量”，长按鼠标左键并将其拖至操作界面内，将其命名为“NWantA”，表示想要 A 产品的消费者数量。以同样的操作新建 2 个参数，分别命名为“NWantB”和“NWantAny”表示想要 B 产品的消费者数量和两个产品都想要的消费者数量，如图 10-8 所示。

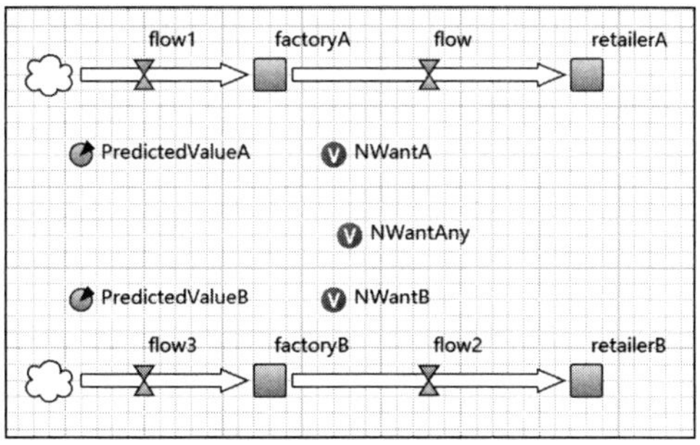

图 10-8 新建三个变量

连接各部分。点击 flow1，在右侧属性界面的“flow1”后填写“PredictedValueA*(NWantA+NWantAny)”，点击公式左侧的红色图标，如图 10-9 所示，点击各选项，系统将自动按照公式连接元素，如图 10-10、图 10-11 所示。

图 10-9 填写 flow1 公式

图 10-10 创建链接（一）

按照上述操作填写 flow3 的公式，并将其与“PredictedValueB”“NWantB”“NWantAny”连接起来，如图 10-12 所示。

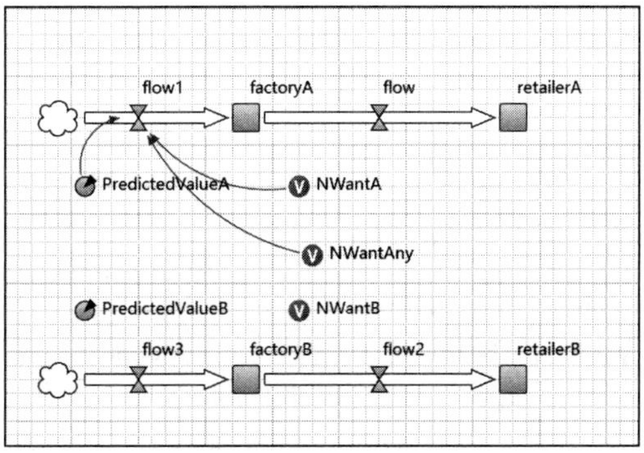

图 10-11 链接完成

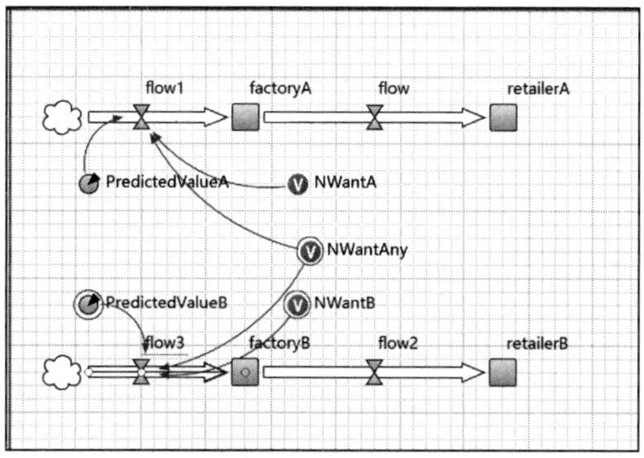

图 10-12 创建 flow3 链接

设置交付时间参数并将其与其他部分连接。按照“面板”→“智能体”→“参数”的操作步骤，找到“参数”，长按鼠标左键并将其拖至操作界面内，将其命名为“DeliveryTimeA”，以同样的操作新建参数“DeliveryTimeB”，如图 10-13 所示。

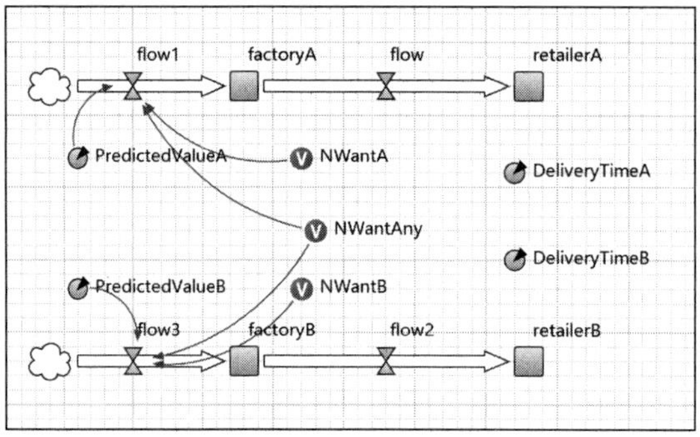

图 10-13　新建两个参数

点击“flow”，在右侧属性界面的“flow”后填写“factoryA/DeliveryTimeA”，点击公式左侧的红色图标，点击各选项，系统将自动按照公式连接元素，如图 10-14、图 10-15 所示。

图 10-14　填写 flow 公式

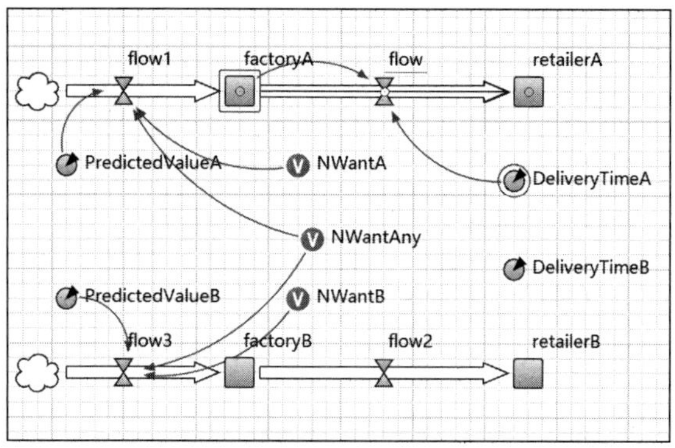

图 10-15　创建链接（二）

点击“flow2”，在右侧属性界面的“flow2”后填写“factoryB/DeliveryTimeB”，点击公式左侧的红色图标，点击各选项，系统将自动按照公式连接元素，如图 10-16、图 10-17 所示。

图 10-16　填写 flow2 公式

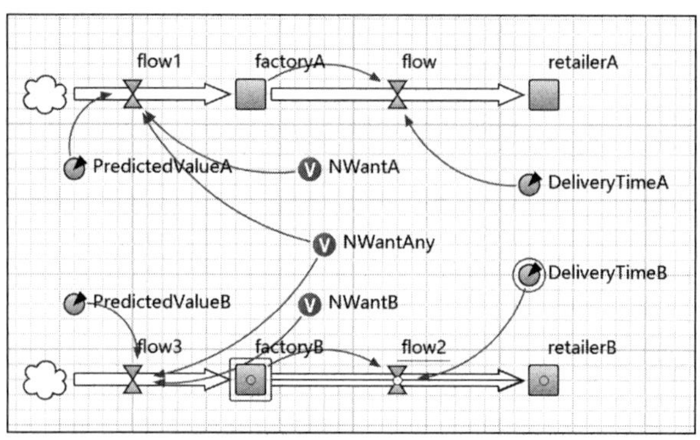

图 10-17　创建链接（三）

⑤ 创建消费者智能体，画状态图。按照“面板”→“智能体”→“智能体”的操作步骤，找到“智能体”，长按鼠标左键并将其拖至操作界面内，选择智能体群，如图 10-18 所示，点击“下一步”，新类型名处输入“Consumer”，如图 10-19 所示。

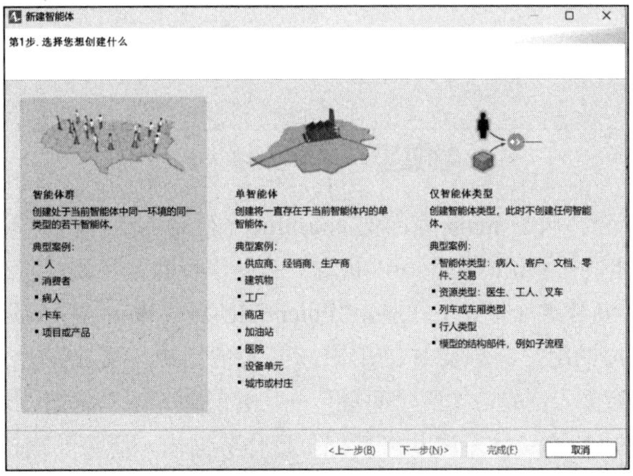

图 10-18　新建智能体群

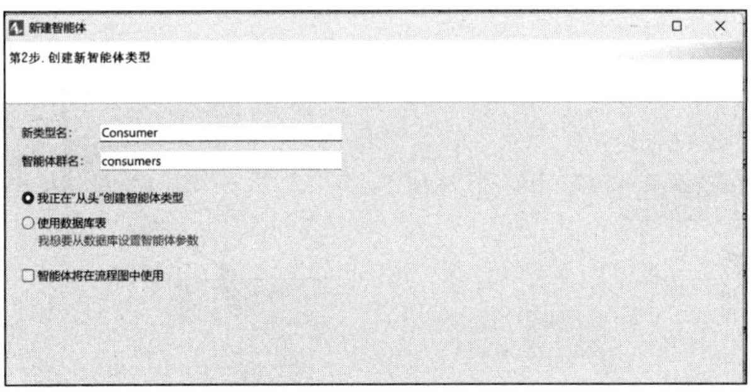

图 10-19　设置智能体名称

点击“下一步”，选择动画为“无”，如图 10-20 所示；点击“下一步”，群大小页面中令群具有 1000 个智能体，如图 10-21 所示；点击“完成”，创建智能体完成。

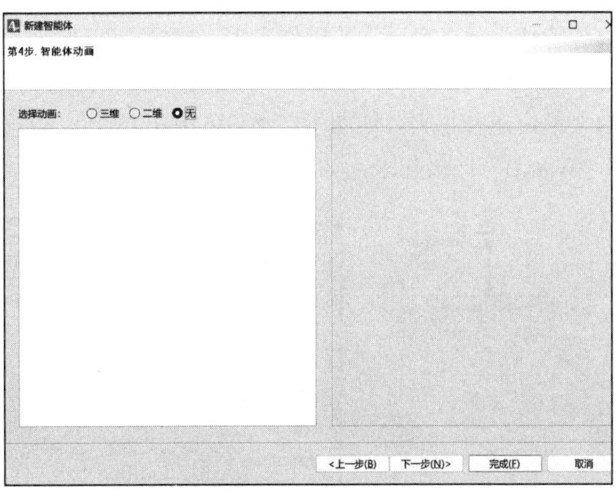

图 10-20　选择智能体动画

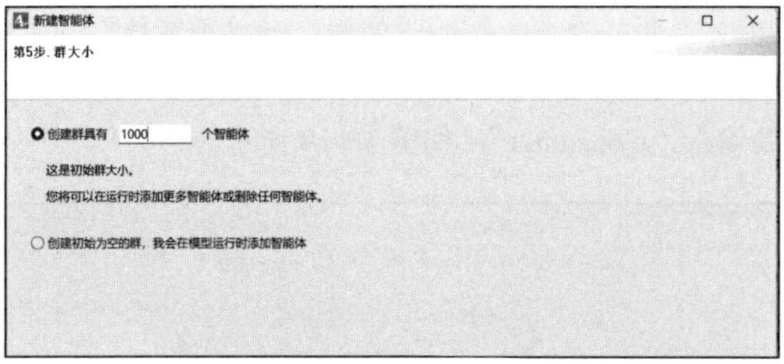

图 10-21　设置智能体群大小

⑥ 刻画状态图部分。双击 main 界面的 consumers 智能体图标，进入智能体操作界面。按照“面板”→“智能体”→“状态图”→“状态”的操作步骤，找到“状态”，长按鼠标左键并将其拖至操作界面内，新建 5 个状态，分别为“PotentialUser”“WantA”“WantB”“BuyA”“BuyB”，表示潜在用户、想要 A 的用户、想要 B 的用户、买 A 的用户、买 B 的用户，如图 10-22 所示。

使用变迁连接各部分。首先，按照“面板”→“智能体”→“状态图进入点”的操作步骤，找到“状态图进入点”，长按鼠标左键并将其拖至操作界面内，箭头端连接“PotentialUser”，如图 10-23 所示。

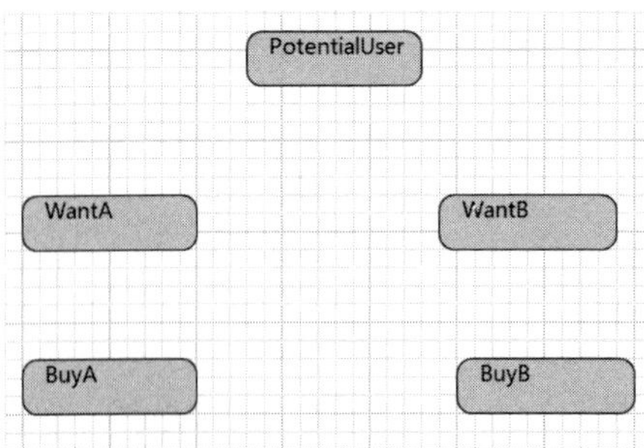

图 10-22　新建五个状态

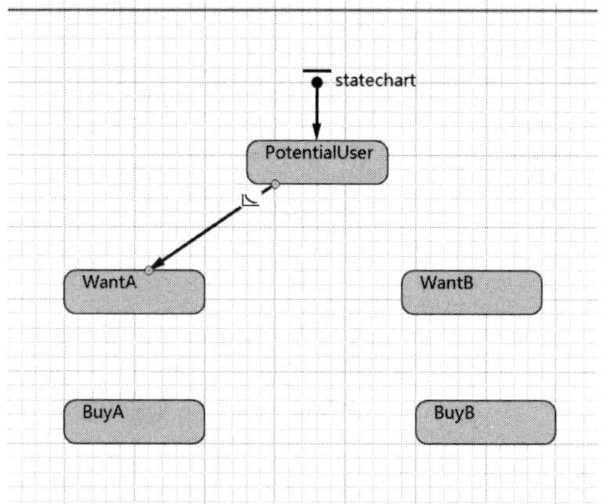

图 10-23　新建状态图进入点

按照“面板”→“智能体”→“变迁”的操作步骤，找到“变迁”，长按鼠标左键并将其拖至操作界面内，连接起“PotentialUser”和“WantA”，在右侧属性界面的“触发通过”选择“速率”，速率内填写 0.011，单位选择每天，如图 10-24、图 10-25 所示。以同样的设置，使用变迁将“PotentialUser”和“WantB”连接起来，如图 10-26 所示。

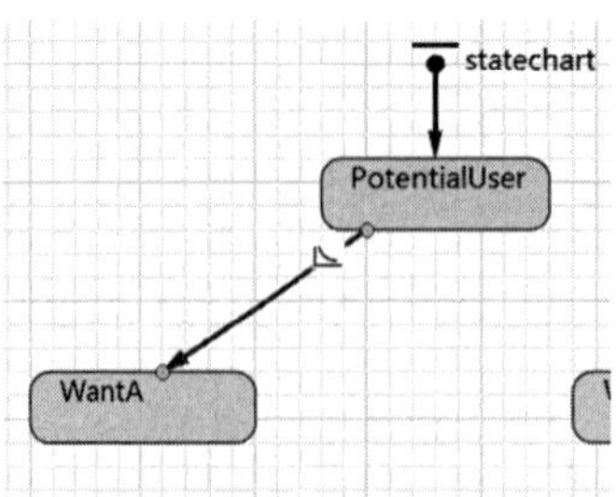

图 10-24　新建变迁

图 10-25　设置 transition 变迁

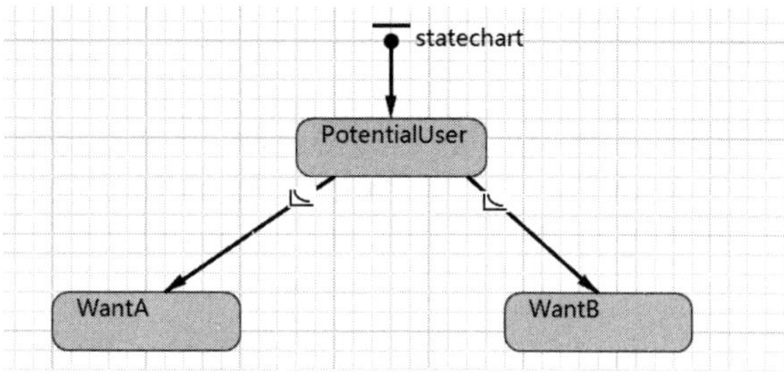

图 10-26　新建并设置 transition1 变迁

按照“面板”→“智能体”→“变迁”的操作步骤，找到“变迁”，长按鼠标左键并将其拖至操作界面内，连接起“WantA”和“BuyA”。在右侧属性界面的“触发通过”选择“条件”，“条件”内填写“main.retailerA>=1;”，表示零售商 A 的库存大于或等于 1 时才会触发该变迁；“行动”内填写“main.retailerA--;”，表示零售商 A 的库存减 1，如图 10-27 所示。以同样的设置，使用变迁将“WantB”和“BuyB”连接起来，填写的内容均将 A 改为 B，如图 10-28、图 10-29 所示。

图 10-27　设置 transition2 变迁

图 10-28　设置 transition3 变迁

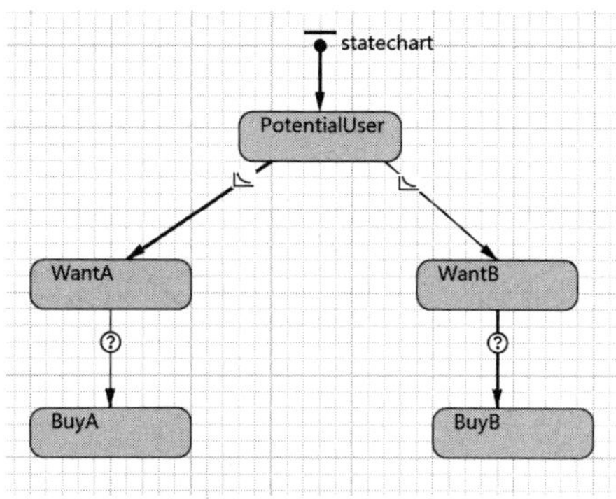

图 10-29　状态图整体界面（一）

按照“面板”→“智能体”→“变迁”的操作步骤，找到“变迁”，长按鼠标左键并将其拖至操作界面内，使之在“BuyA”中，为内变迁，表示消费者买 A 商品后传递消息；在右侧属性界面“行动”内填写“send("buy A",RANDOM);”，如图 10-30 所示。以同样的设置，使用内部变迁放入“BuyB”中，填写的内容均将 A 改为 B，如图 10-31、图 10-32 所示。

在上述内部变迁的影响下，加入一条变迁，连接“PotentialUser”和“WantA”，表示消费者消息传递的影响，在属性的“触发通过”选择“消息”，消息类型选择“String”，“触发变迁”选择“特定消息时”，消息后填写“buy A”，如图 10-33 所示。同样设置新建变迁连接，如图 10-34、

图 10-35 所示。

图 10-30 设置 transition4 变迁

图 10-31 设置 transition5 变迁

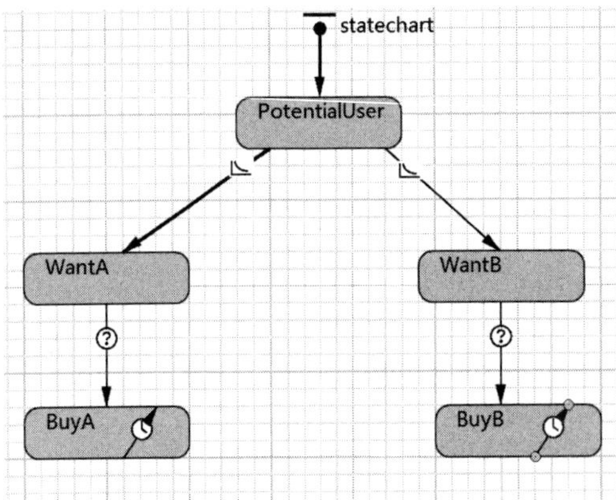

图 10-32 状态图整体界面（二）

图 10-33 设置 transition6 变迁

图 10-34 设置 transition7 变迁

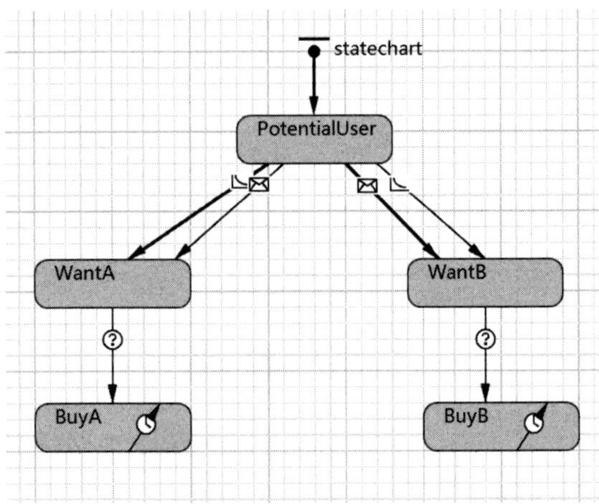

图 10-35 状态图整体界面（三）

按照“面板”→“智能体”→“变迁”的操作步骤，找到“变迁”，长按鼠标左键并将其拖至操作界面内，连接“WantA”和“BuyA”，箭头朝向“WantA”，表示消费者买 A 商品后再次想买 A；在右侧属性界面“到时”的单位选择“天”，“行动”内填写“uniform(17,23);”，表示 17～23 天时再次想买 A 产品，如图 10-36、图 10-37 所示。以同样的设置连接“WantB”和“BuyB”，如图 10-38 所示。

图 10-36　设置 transition8 变迁

图 10-37　设置 transition9 变迁

⑦ 设置动画。按照“面板”→“演示”→“椭圆”的操作步骤，找到“椭圆”，长按鼠标左键并将其拖至操作界面内，将其放入黑色实线与蓝色实线的交叉处，并调整为合适大小，如图 10-39 所示。

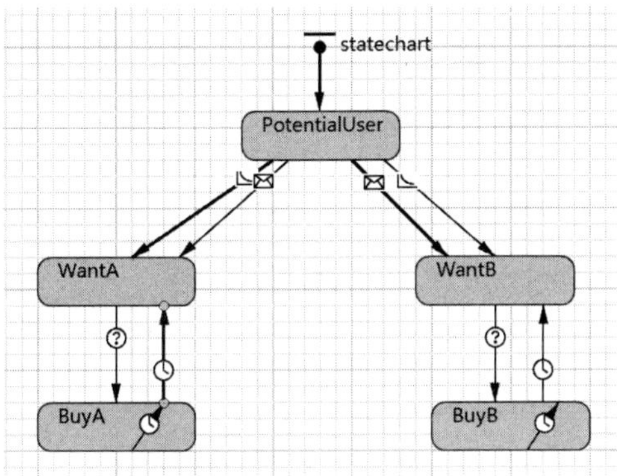

图 10-38　状态图整体界面（四）

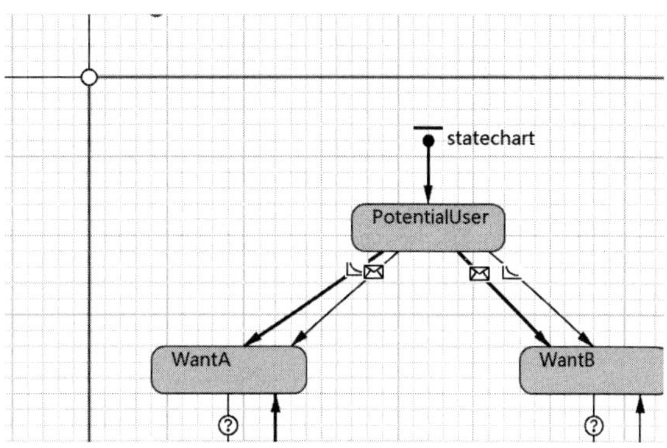

图 10-39　设置椭圆动画

单击状态“WantA”，在“进入行动”后填写“oval.setFillColor(pink);main.NWantA++;”，在“离开行动”后填写“main.NWantA--;”，表示进入状态时圆圈变为粉色，想要 A 的消费者数量加 1，离开时想要 A 的消费者数量减 1，如图 10-40 所示。

单击状态“WantB”，在“进入行动”后填写“oval.setFillColor(lightblue);main.NWantB++;”，在“离开行动”后填写“main.NWantB--;”，表示进入状态时圆圈变为粉色，想要 B 的消费者数量加 1，离开时想要 B 的消费者数量减 1，如图 10-41 所示。

图 10-40　设置 WantA 状态

图 10-41　设置 WantB 状态

单击状态“BuyA”，在“进入行动”后填写“oval.setFillColor(red);”，表示进入状态时圆圈变为红色，如图 10-42 所示。单击状态“BuyB”，在“进入行动”后填写“oval.setFillColor(blue);”，表示进入状态时圆圈变为蓝色，如图 10-43 所示。

图 10-42 设置 BuyA 状态

图 10-43 设置 BuyB 状态

回到 main 界面，按照“面板”→“演示”→“矩形”的操作步骤，找到“矩形”，长按鼠标左键并将其拖至操作界面内，放置于系统动力学模型的右方，并将 consumers 智能体的圆圈拖动到该矩形的左上角，如图 10-44 所示。

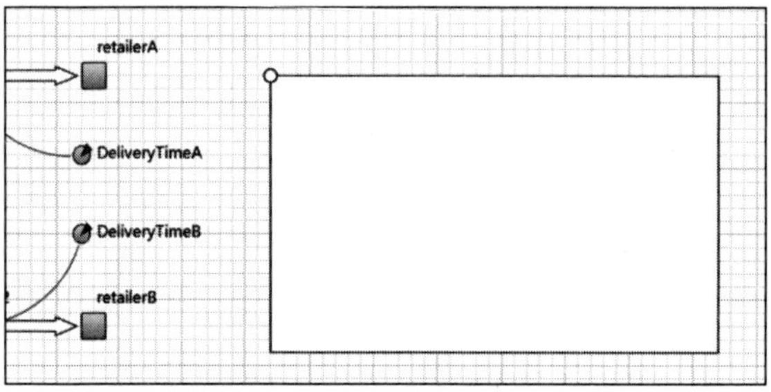

图 10-44 设置矩形动画

单击矩形，在右侧属性界面的“位置和大小”，修改其尺寸。单击 main 操作界面空白处，在右侧属性的空间和网络部分，将大小设置为与矩形相同，并将布局类型选为随机，如图 10-45 所示。

图 10-45 设置动画布局

10.3 动态仿真

点击“运行”，观察模型运行情况，可见各存量数据不停变化，圆圈颜色随之变化，如图 10-46 所示。

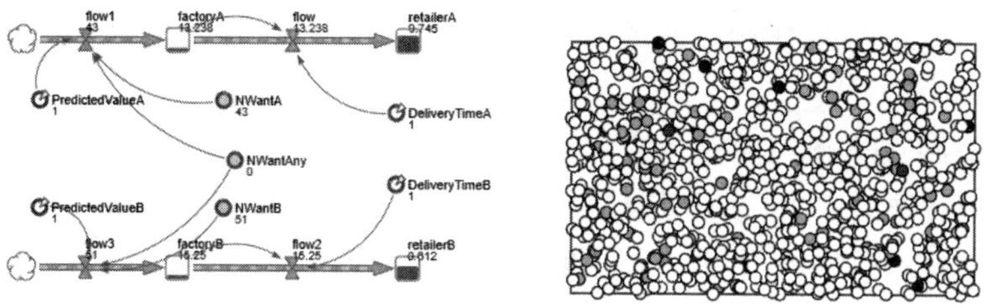

图 10-46　运行模型

10.4　数据可视化与系统分析

本节演示分析用户数量的具体操作。在 main 操作界面点击 consumers 智能体，在右侧属性界面的统计处，点击左下角加号按钮，增加统计内容。本模型此处统计 2 个产品的用户数量：在第一条统计处，名称为“A 用户”，条件为“item.inState(Consumer.BuyA)”；第二条统计处，名称为“B 用户”，条件为“item.inState(Consumer.BuyB)”，如图 10-47 所示。

按照“面板”→“分析”→“时间堆叠图”的操作步骤，找到“时间堆叠图”，长按鼠标左键并将其拖至操作界面内，在右侧属性的数据界面添加两条数据，分别为：“A 用户”，值为“consumers.A 用户()”；“B 用户”，值为“consumers.B 用户()”，如图 10-48 所示。

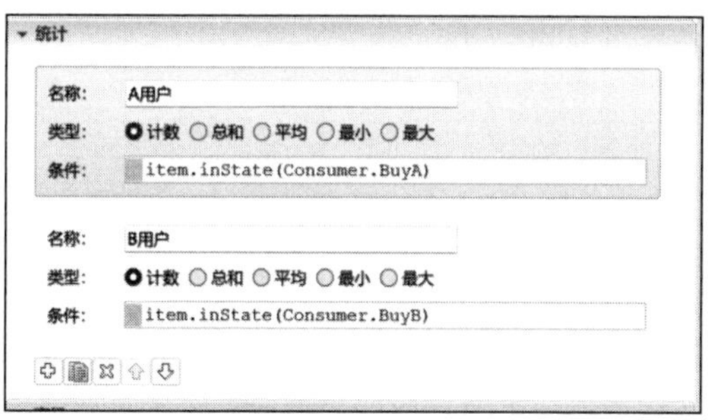

图 10-47　统计数据

图 10-48　设置时间堆叠图数据

再次运行，在运行界面可以看到用户数量已经直观地体现在时间堆叠图中，如图 10-49 所示。

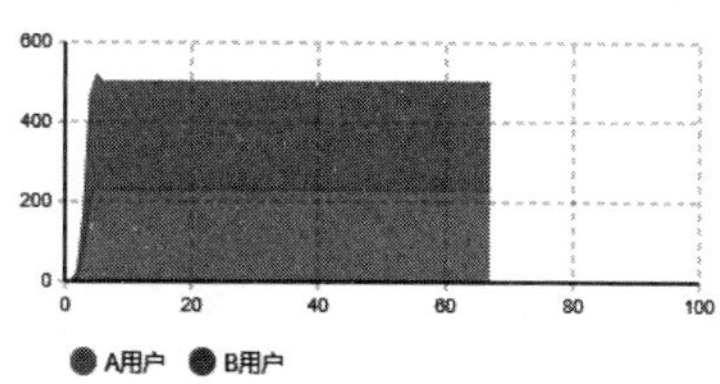

图 10-49　时间堆叠图运行状态

10.5　实验与系统优化

（1）实验设计与数据收集

在基于竞争的供应链系统中，优化目标在于提升供需动态平衡效率、降低运营成本并增强市场响应能力。实验设计需围绕可控变量与响应变量展开，通过多场景模拟识别系统瓶颈，具体步骤如下：

① 确定可控变量与响应变量。

本实验中可控变量包括工厂生产速率、零售商库存策略、运输时间和消费者偏好干预策略。工厂生产速率直接影响产品供应量，需平衡产能利用率与库存成本。零售商库存策略影响缺货风险与资金占用，如安全库存水平、补货周期。运输时间表示从工厂到零售商的交付时间，过长可能导致需求响应滞后。消费者偏好干预策略用于动态调整产品竞争力，如促销活动或广告投放。

响应变量包括订单满足率、库存周转率、客户满意度和总运营成本。订单满足率反映供应链对市场需求的响应能力。库存周转率用于衡量库存管理效率。客户满意度对产品可得性进行评估。总运营成本包括生产、仓储、运输及促销成本。

② 设置实验场景。系统性能的全面测试，可通过搭建多元实验场景的方式来完成。例如，固定库存策略与运输时间，测试高速生产与低速生产对订单满足率的影响，并模拟极端天气或物流拥堵场景时，交付延迟对客户满意度的影响。也可着眼于竞争干预视角，设置 A、B 产品的差异化促销策略，分析消费者偏好迁移对市场份额的影响。

③ 数据收集。本实验数据主要包括生产数据、分销数据、市场数据和成本数据。生产数据包括工厂生产周期、产能利用率、原材料消耗量。分销数据体现在零售商库存水平、补货频率、运输批次及时性。市场数据为消费者需求波动、购买决策时间、产品偏好比例。成本数据体现在各环节运营成本、促销活动投入与收益。

（2）数据分析与系统优化

① 数据分析方法。数据收集完毕，即可采用多种分析策略挖掘数据价值。可以使用描述性统计计算订单满足率的均值与标准差，识别供应链稳定性以及分析库存周转率分布。并进行相关性分析，探究生产速率与库存积压的关联性，或运输时间与客户满意度的负相关程度。若某零售商长期缺货，需采用瓶颈诊断法分析其补货策略或上游供应能力。

② 系统优化措施。以数据分析结果为基础，可进行多项系统优化措施。生产方面可以运用动态生产调度，基于实时需求预测调整生产计划，引入柔性制造模式以减少库存积压。并建设智能补货系统，采用强化学习算法，根据历史销售数据与市场趋势自动生成补货建议。

③ 验证与持续改进。实施优化措施后，再次实验评估效果，对比优化前后订单满足率提升幅度、库存成本下降比例等关键指标。建立供应链数字孪生模型，实时模拟突发事件（如需求激增、供应链中断）的影响并生成应对方案。定期更新消费者偏好数据，动态调整预测模型参数，确保供应链长期适应市场变化。

思考与练习

① 简述系统动力学包含的主要元素功能用法及创建方式。

② 简述时间折线图的功能用法。外观有哪些不同的显示？如何优化显示？

③ 在本章模型基础上，试将送达时间通过滑块改为可变化值，再次观察对 A、B 产品用户量的影响。

第 11 章

基于 GIS 的供应链建模与仿真

本书电子资源

空间物流网络的精细化建模是提升供应链运输效率的核心挑战。本章聚焦多层级供应链系统的地理空间约束问题，基于地理信息系统（GIS）构建包含配送中心、零售终端与运输单元的三维仿真环境。通过集成路径优化算法与智能体协同决策机制，模拟订单处理、车辆调度及路径规划的完整物流链条，同时强调运输设备返程管理的空间资源优化逻辑。本案例为供应链网络的空间资源配置与动态调度研究建立可扩展的仿真范式。

11.1 案例描述

本案例描述了一个简单的供应链模型。该供应链系统由三个配送中心和五个零售商节点构成。当零售商提交产品配送订单时，仓库将启动订单处理流程，并派遣货运车辆执行产品运输任务，完成配送后车辆需返回其初始基地位置。模型中所有智能体均基于地理信息系统(GIS)地图进行空间定位，货运车辆的移动路径严格遵循地图中的实际道路网络。

11.2 建立基础模型

（1）新建一个模型

打开 AnyLogic 软件。选择“文件”→“新建”→“模型”。在新建模型窗口中，输入模型名为“GIS 供应链”。选择存储位置。选择模型时间单位为“小时”。

（2）选择一个城市

按照“面板”→“空间标记”→“GIS”→“GIS 地图”的操作步骤，找到“GIS 地图”，如图 11-1 所示；长按鼠标左键，将其拖至右侧空白处，点击“GIS 地图”右下角调整至合适大小。双击地图进入地图编辑模式，平移地图需要在移动地图时按住鼠标左键，放大或缩小需要分别向上或向下滚动鼠标滚轮。通过上述操作选择一个城市。退出地图编辑模式需要单击地图外部的灰色区域。

（3）创建仓库智能体类型

创建新智能体：按照“面板”→“智能体”，找到“智能体”，长按鼠标左键将其拖入操作界面中，如图 11-2 所示。选择“单智能体”，点击“下一步”，将智能体命名为 Distributor，在“下一步”中选择“二维”中的“仓库”动画，如图 11-3～图 11-5 所示。

图 11-1 GIS 地图位置

图 11-2 智能体位置

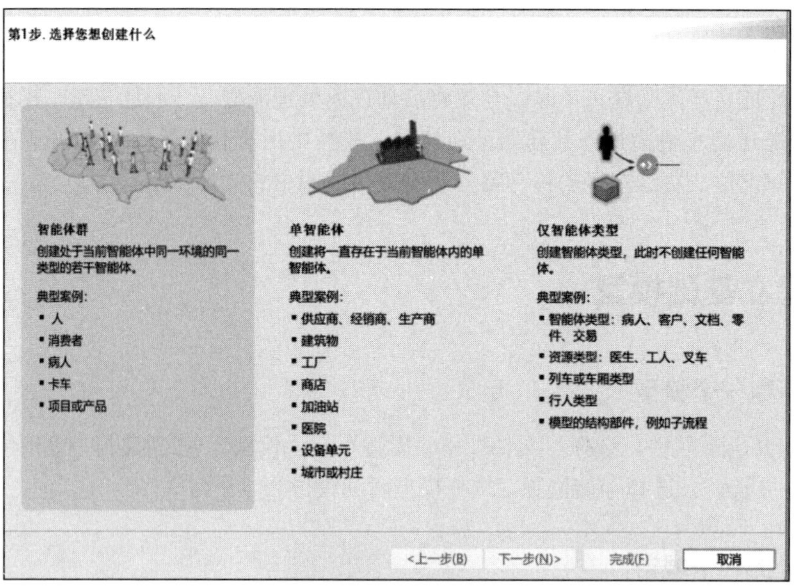

图 11-3 新建智能体群

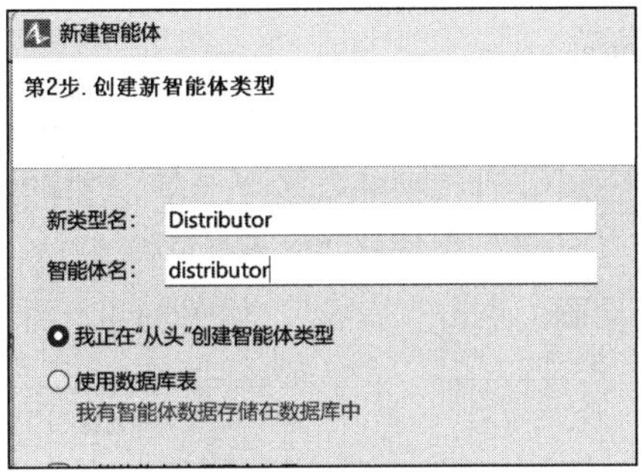

图 11-4　设置智能体名称

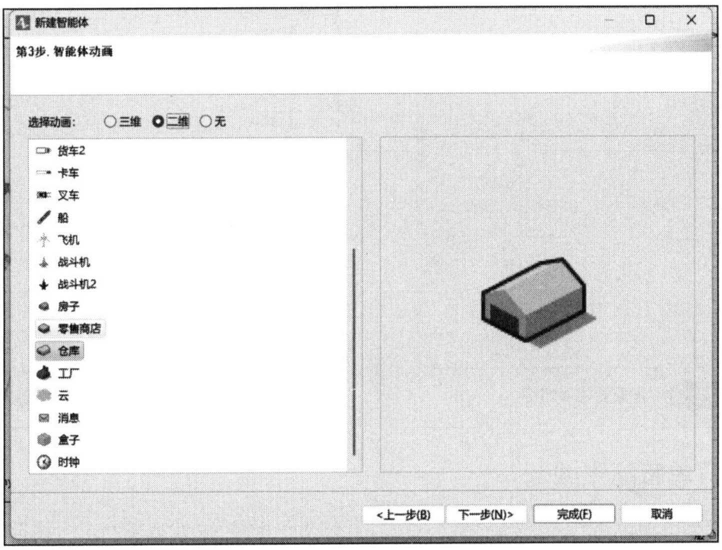

图 11-5　设置 Distributor 智能体动画

（4）创建零售商智能体类型

创建新智能体：同创建仓库智能体类似，按照“面板”→“智能体”，找到“智能体”，长按鼠标左键将其拖入操作界面中。本模型需要多个零售商，选择“智能体群”，点击“下一步”，将智能体命名为 Retailer，在“下一步”中选择“二维”中的“零售商店”动画，点击“完成”，如图 11-6、图 11-7 所示。

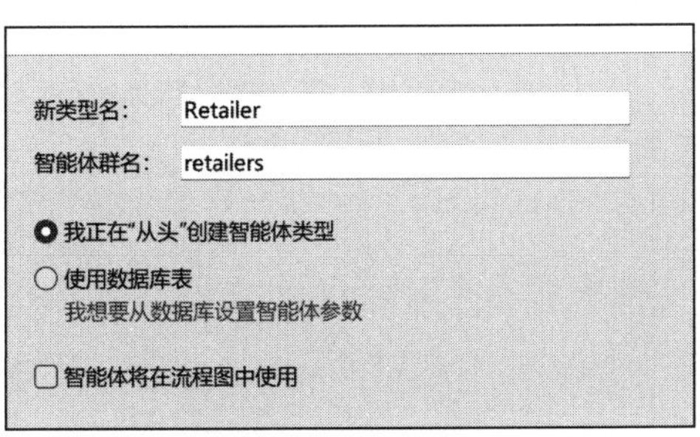

图 11-6　设置智能体名称

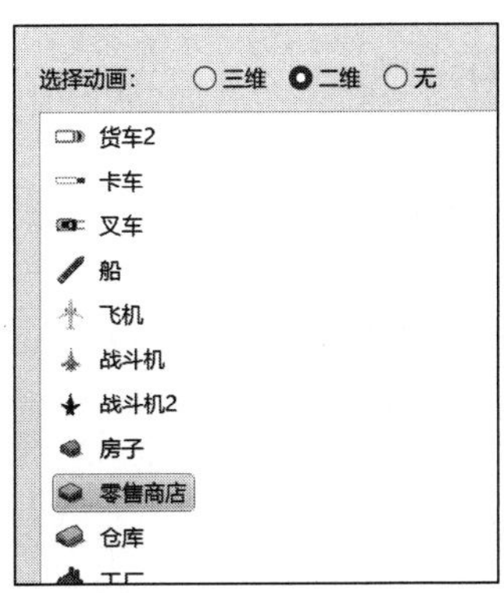

图 11-7　选择 Retailer 智能体动画

（5）创建卡车智能体类型

创建新智能体：同创建零售商智能体类似，按照“面板”→“智能体”，找到“智能体”，长按鼠标左键将其拖入操作界面中。本模型需要多个卡车，选择“智能体群”，点击“下一步”，将智能体命名为 Truck，在“下一步”中选择“二维”中车辆动画，选择三个中的任意一个都可以，本模型选择“货车 2”动画，点击“完成”，如图 11-8、图 11-9 所示。

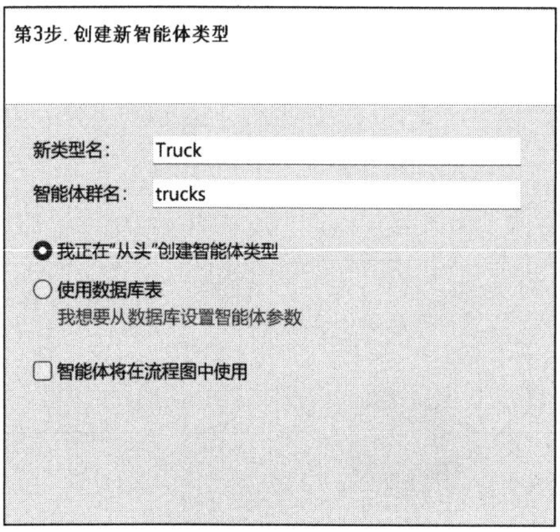

图 11-8　设置智能体名称

图 11-9　选择 Truck 智能体动画

（6）创建订单智能体类型

创建新智能体：同创建卡车智能体类似，按照“面板”→“智能体”，找到“智能体”，长按鼠标左键将其拖入操作界面中。本模型不需要动画实体，故选择“仅智能体类型”，在“下一步”中选择“无”动画，点击“完成”，如图 11-10、图 11-11 所示。

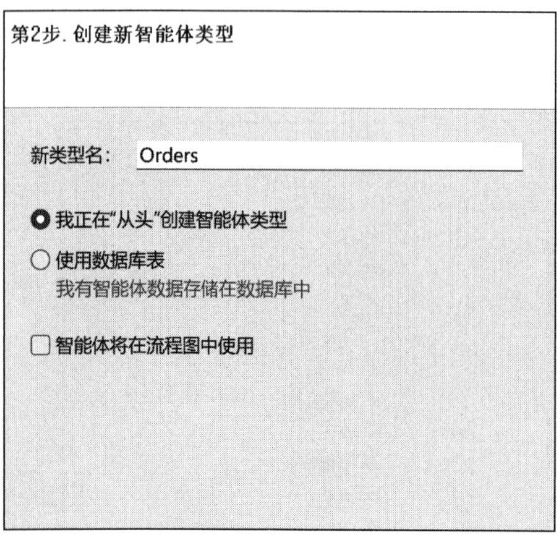

图 11-10　设置智能体名称

图 11-11　选择 Orders 智能体动画

（7）设置订单智能体类型

设置参数，按照“面板”→“智能体”→“参数”，找到“参数”，长按鼠标左键将其拖入操作界面中。本模型的订单全部来自零售商，故将参数命名为 retailer，并将其类型设置为 Retailer，如图 11-12、图 11-13 所示。

图 11-12　参数位置

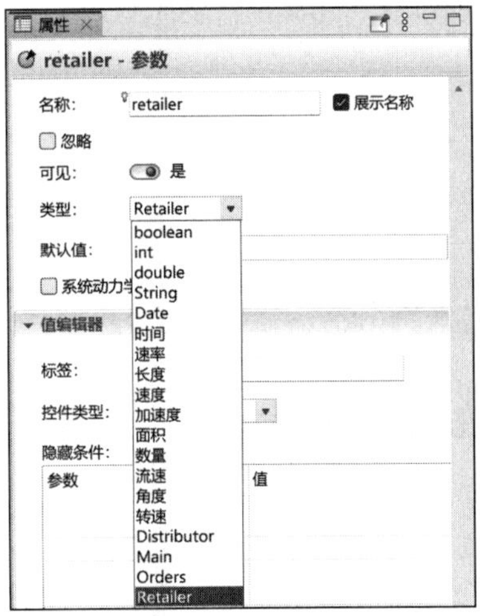

图 11-13　设置 retailer 参数

（8）设置零售商智能体类型，使零售商相隔固定时间产生订单

在 main 界面点击“retailers”智能体群图标，在属性中的“群是”选择“初始空”，如图 11-14、图 11-15 所示。

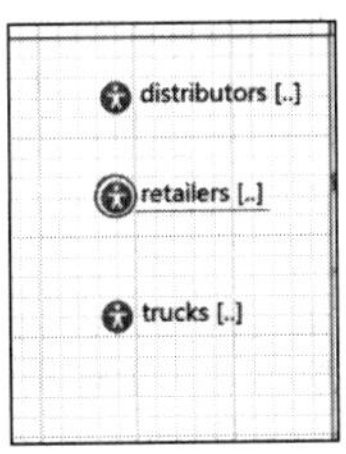

图 11-14　retailers 智能体群

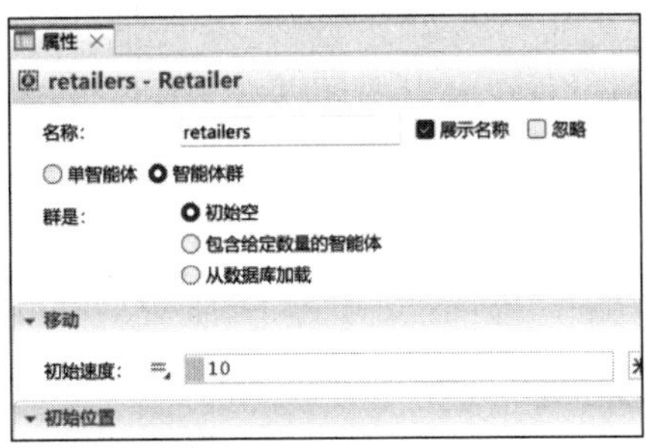

图 11-15　设置 retailers 智能体群

双击智能体群图标，进入零售商智能体面板，按照“面板”→“智能体”→“函数”，找到“函数”，长按鼠标左键将其拖入操作界面中，命名为“generateOrder”，并在函数体中写入：

```
Orders order= new Orders();
order.retailer=this;
Distributor distributor=main.distributors.random();
send(order,distributor);
```

表示创建订单、指定零售商并随机选取一个仓库供货，随后将订单发送给仓库。

按照“面板”→“智能体”→“事件”，找到“事件”，长按鼠标左键将其拖入操作界面中。单击“event”，在右侧的属性界面，选择“触发类型”为“速率”，速率为每小时 2 次，并在“行动”中写入“generateOrder();”，表示时间每小时执行两次产生订单的函数。具体操作如图 11-16、

图 11-17 所示。

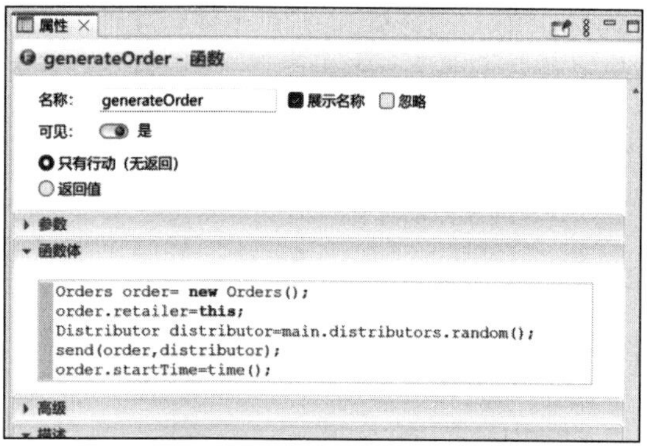

图 11-16 设置 generateOrder 函数

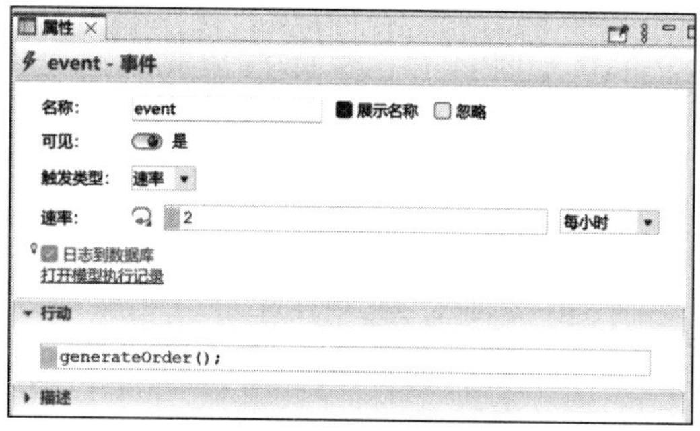

图 11-17 设置 event 事件

（9）设置仓库智能体类型，将仓库和车辆智能体组合到一起

按照“面板”→“智能体”→“参数”，找到“参数”，长按鼠标左键将其拖入操作界面中，命名为“numOftruck”；单击该参数，在属性界面，将“类型”设置为 int，如图 11-18 所示。

按照“面板”→“智能体”→“集合”，找到“集合”，长按鼠标左键将其拖入操作界面中，命名为“TruckFleet”；单击该集合，在属性界面的“元素类”中选择 Truck，表示给集合的元素全是“Truck”类，如图 11-19 所示。

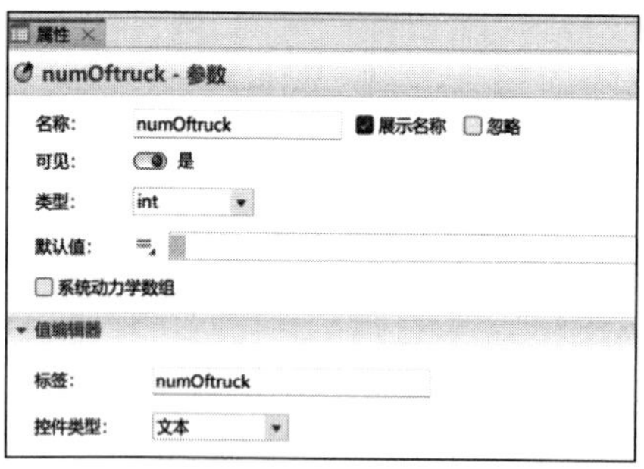

图 11-18 设置 numOftruck 参数

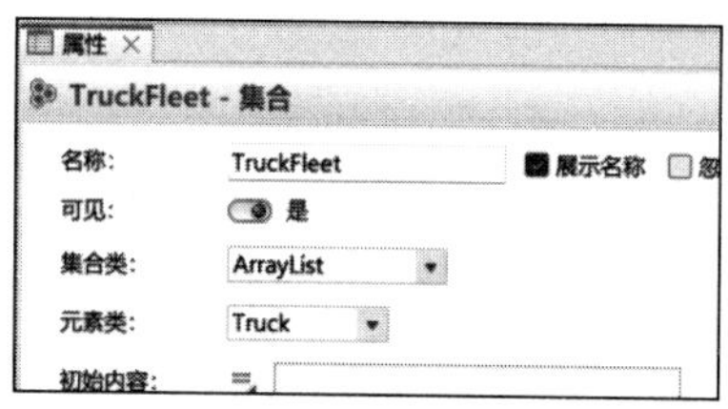

图 11-19 设置 TruckFleet 集合

（10）设置车辆智能体类型，设置状态图，完善车辆行为

按照“面板”→“智能体”→“参数”，找到“参数”，长按鼠标左键将其拖入操作界面中，命名为“owner”，并在属性页面中的“类型”中选择 Distributor，如图 11-20 所示。

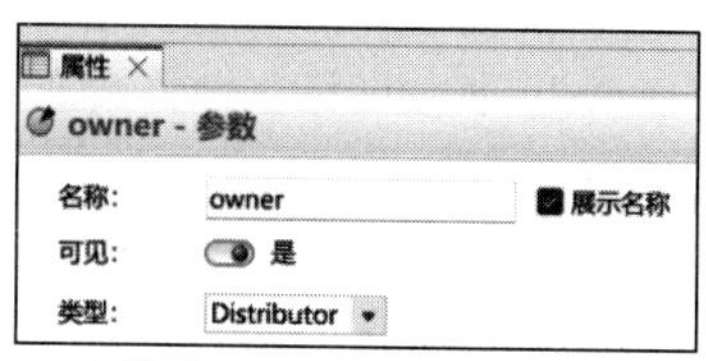

图 11-20 设置 owner 参数

判断车辆是否繁忙，按照“面板”→“智能体”→“变量”，找到“变量”，长按鼠标左键将其拖入操作界面中，命名为“busy”，需在其属性的“类型”中选择 boolean，如图 11-21 所示。

记录订单，按照“面板”→“智能体”→“变量”，找到“变量”，长按鼠标左键将其拖入操作界面中，命名为“order”，需在其属性的“类型”中选择“Orders”，如图 11-22 所示。

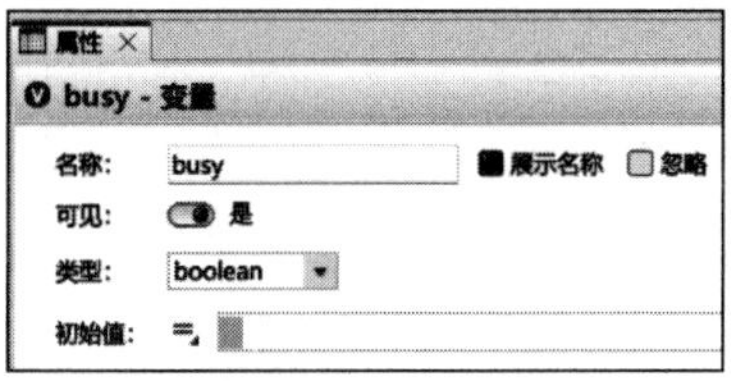

图 11-21 设置 busy 变量

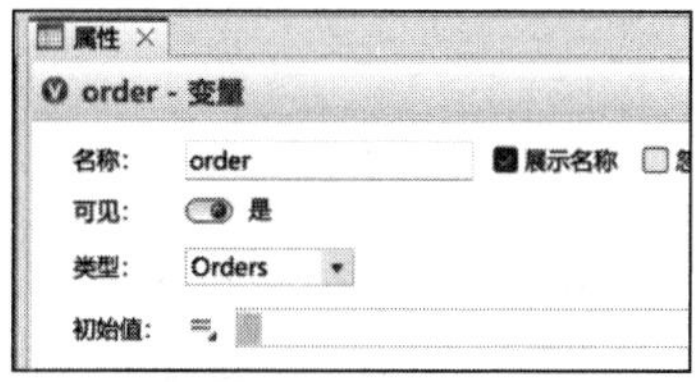

图 11-22 设置 order 变量

搭建车辆流程状态图，其逻辑为收到消息后，从仓库迁移到订单所在的零售商，到达指定位置后卸货，完成后返回仓库。按照“面板”→“智能体”→“状态图进入点”，找到“状态图进入点”，长按鼠标左键将其拖入操作界面中，再找到“状态”，长按鼠标左键将其拖入操作界面中，将其与状态图进入点连接为一个整体，并命名为“atDistributor”如图 11-23、图 11-24 所示。

如上一步操作，依次创建“MoveToRetailer”“Unload”“Back”状态，并使用“面板”→“智能体”中的“变迁”将各状态连接起来，如图 11-25 所示。

图 11-23 状态图进入点位置

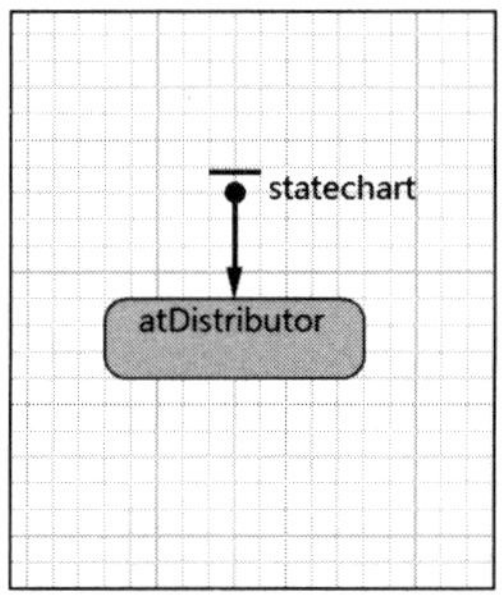

图 11-24 新建状态

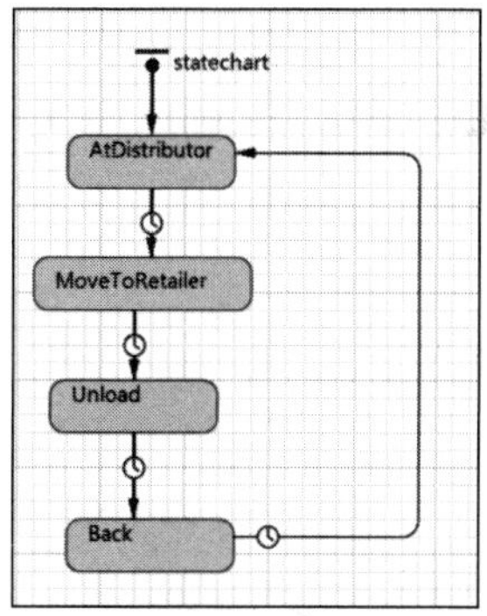

图 11-25 整体状态图

此时状态图的框架已经完成，具体流程仍需设置。点击“AtDistributor”，在属性界面的“进入行动”中填写“busy=false;”，“离开行动”中填写“busy=true;”，用以判断仓库中车辆是否繁忙，如图 11-26 所示。设置“transition”的“消息类型”为“Orders”，并在“行动”中填写“order=msg;”，表示将消息传给 order，如图 11-27 所示。

图 11-26 设置 AtDistributor 状态

图 11-27 设置 transition 状态

点击“MoveToRetailer”，在属性界面的“进入行动”中填写“moveTo(order.retailer);”，表示车辆移动至零售商，如图 11-28 所示。设置“transition1”的“触发通过”为“智能体到达”，表示智能体到达时进入下一步，如图 11-29 所示。

点击“Back”，在属性界面的“进入行动”中填写“moveTo(owner);”，表示车辆移动回仓库，如图 11-30 所示。设置“transition3”的“触发通过”为“智能体到达”，表示智能体到达时进入下一步，如图 11-31 所示。

图 11-28　设置 MoveToRetailer 状态

图 11-29　设置 transition1 状态

设置车辆对订单的处理。进入仓库操作界面，拖入一个“函数”组件，并命名为“FindTruck”，选中“返回值”，并将类型设置为“Truck”。函数体中写入：

```
for(int i=0;i<TruckFleet.size();i++){
    Truck truck=TruckFleet.get(i);
    if(!truck.busy){return truck;}
    }
return null;
```

意为判断每辆车是否繁忙，繁忙时无操作，不繁忙时返回车辆。此函数的目的为寻找空闲车辆，具体操作如图 11-32 所示。

图 11-30　设置 Back 状态

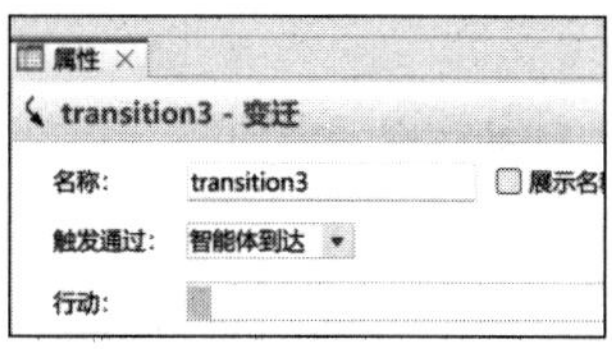

图 11-31　设置 transition3 状态

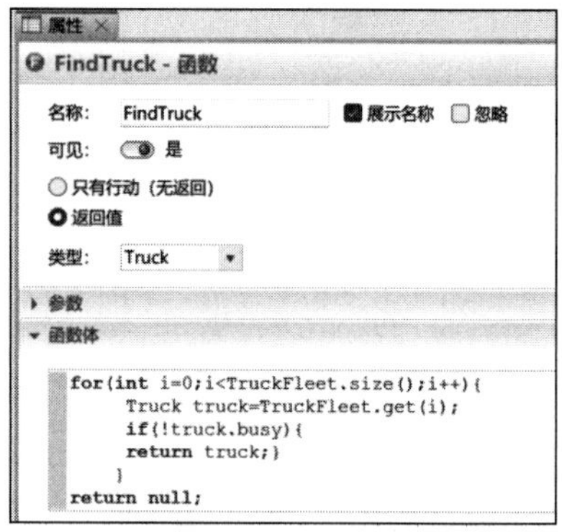

图 11-32　设置 FindTruck 函数

设置仓库智能体链接。点击 connections，如图 11-33 所示，在其属性界面的“通讯”中的“接收消息时”内填写函数（图 11-34）：

```
Truck truck=FindTruck();
if(truck!=null){
    send(msg,truck);
}
```

表示接收到消息后判断是否寻找到车辆，若找到，则进入车辆智能体界面运行状态图流程。

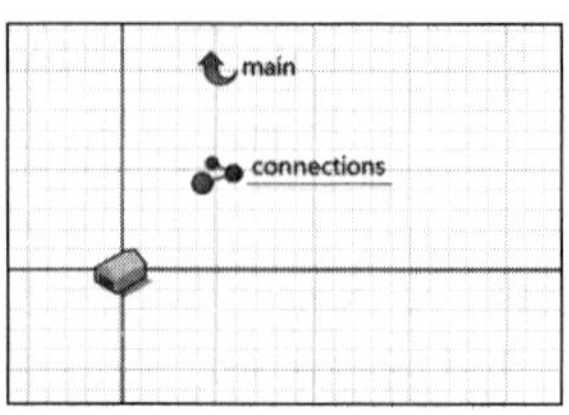

图 11-33　connections 位置

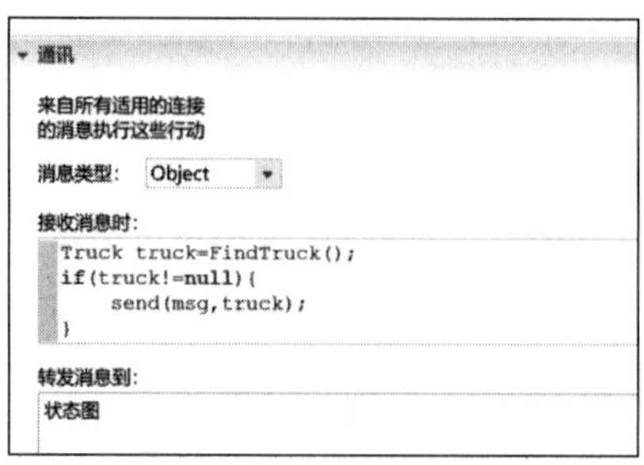

图 11-34　connections 内函数

（11）设置仓库与零售商位置

图 11-35　GIS 点位置

按照“面板”→“空间标记”，找到“GIS 点”，如图 11-35 所示，长按鼠标左键将其拖入 GIS 地图中，拖动 8 个放置在不同城市，表示仓库与零售商。可选择任意城市。

按照“面板”→“智能体”→“集合”，找到“集合”，长按鼠标左键将其拖入操作界面中，命名为“collectionDistributor”；以同样的操作创建另一个集合，命名为“collectionRetailer”。单击“collectionDistributor”集合，在右侧属性面板的“元素类”选择其他，填写“GISPoint”，利用元素选择器选择 3 个 GIS 点放入集合中，表示 3 个仓库，如图 11-36 所示。以同样的操作在“collectionRetailer”集合中放入 5 个 GIS 点，表示 5 个零售商，如图 11-37 所示。

图 11-36　设置 collectionDistributor 集合

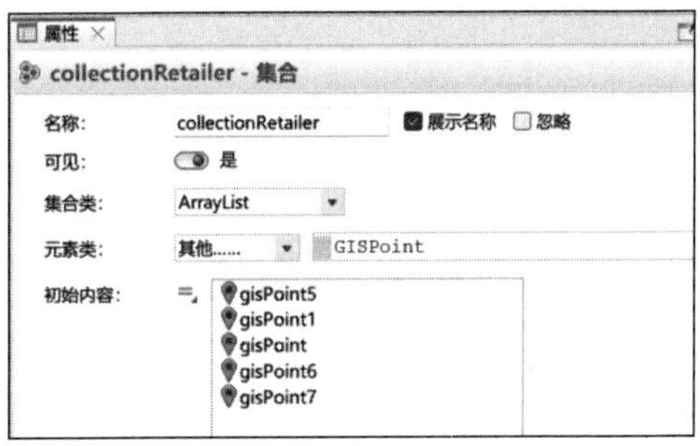

图 11-37　设置 collectionRetailer 集合

按照“面板”→“智能体”→“函数”，找到“函数”，长按鼠标左键将其拖入 main 操作界面中，命名为“initial”，函数体内填写（图 11-38）：

```
for(int i=0;i<collectionRetailer.size();i++){
    Retailer retailer=add_retailers();
    retailer.setLocation(collectionRetailer.get(i));
}
for(int i=0;i<collectionDistributor.size();i++){
    Distributor distributor=add_distributors();
    distributor.setLocation(collectionDistributor.get(i));
    distributor.numOftruck=uniform_discr(5,7);
    for(int j=0;j<distributor.numOftruck;j++){
    Truck truck=add_trucks(distributor);
    truck.setLocation(collectionDistributor.get(i));
    distributor.TruckFleet.add(truck);
    }
}
```

表示按照仓库和零售商的数量添加个体到智能体中，并将其放置在对应的 GIS 节点上。仓库中设置了车队，按照订单数量产生车辆以运送货物。最后单击 main 操作界面的空白处，在“启动时”内输入“initial();”，如图 11-39 所示，本模型完成。

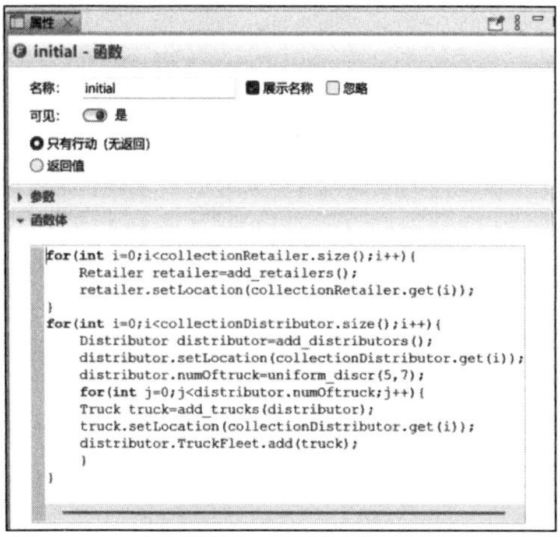

图 11-38 设置 initial 函数

图 11-39 设置 main 智能体

11.3 动态仿真

点击“运行”，观察模型运行情况，可见车辆在仓库与零售商之间运货。

11.4 数据可视化与系统分析

本节以分析订单处理时间为例，演示数据可视化及分析的操作。下面演示分析订单处理时间的具体操作。

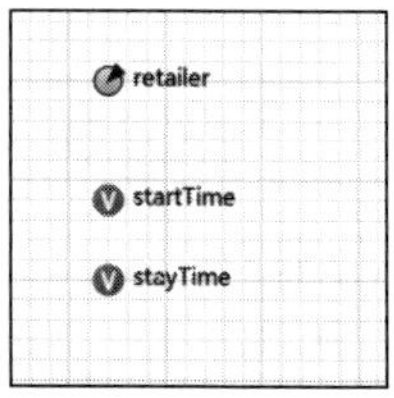

图 11-40 新建两个变量

① 按照“面板”→“智能体”→“变量”，找到“变量”，长按鼠标左键将其拖入 Orders 操作界面中，命名为“startTime”；以同样的操作新建另一个变量，命名为“stayTime”，如图 11-40 所示。

② 按照“面板”→“智能体”，找到“直方图数据”和“直方图”，分别长按鼠标左键将其拖入 main 操作界面中，将直方图数据命名为“订单处理时间”，如图 11-41、图 11-42 所示。

图 11-41 位置

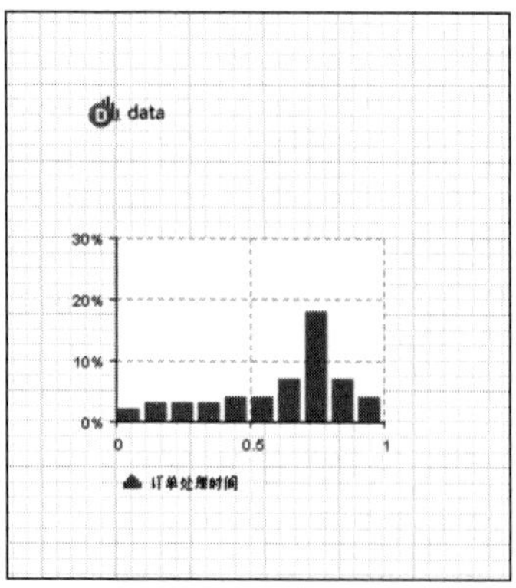

图 11-42 直方图和直方图数据

③ 双击 main 操作界面的 trucks 智能体群，进入 Truck 操作界面，点击“Unload”和“Back”之间的变迁，在右侧属性界面的行动中填写函数：

```
order.stayTime=time()-order.startTime;
main.data.add(order.stayTime);
```

用以收集订单处理时间的数据，如图 11-43 所示。

④ 运行模型，可以看到直方图中直观显示了订单处理时间数据，如图 11-44 所示。

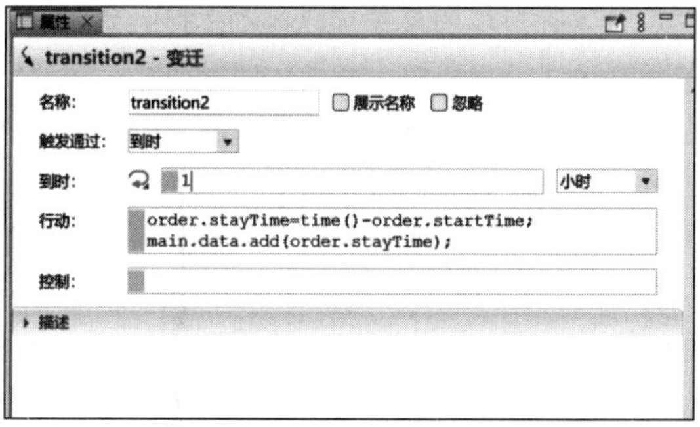

图 11-43　设置 transition2 变迁

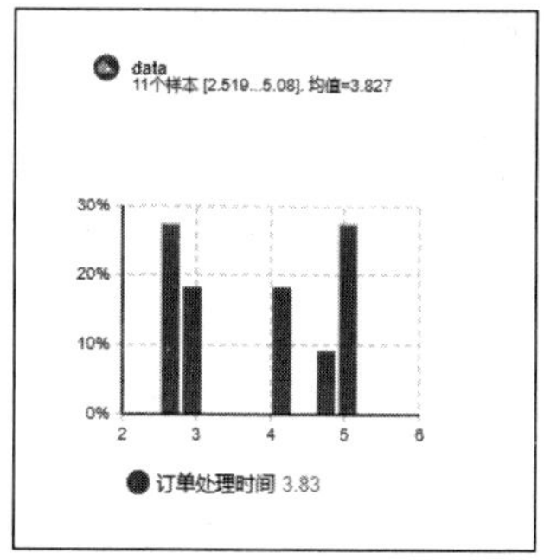

图 11-44　直方图运行状态

11.5　实验与系统优化

（1）实验设计与数据收集

在基于 GIS 的供应链系统中，优化目标在于提升物流运输效率、降低运营成本并增强动态调度能力。实验设计需围绕地理空间约束与智能体协同决策展开，通过多场景模拟识别系统瓶颈，具体步骤如下：

① 确定可控变量与响应变量。可控变量包括车辆数量与配置、路径规划算法、仓库地理位置和返程管理策略。其中，车辆数量直接影响订单处理能力，过多可能导致资源闲置，过少则引发订单积压；路径规划算法用于考虑交通拥堵时实时动态路径优化；仓库地理位置表示配送中心的空间分布影响运输距离与时间成本；返程管理策略为车辆完成配送后是否优化返程路径，如顺路接单或空驶返回。响应变量包括订单处理时间、车辆利用率、运输成本和客户满意度。其中，订单处理时间表示从订单生成到完成配送的总时长；车辆利用率为卡车行驶时间与空闲时间的比例；运输成本通过燃料消耗、车辆折旧与路径长度综合计算；客户满意度通过订单准时交付率评估。

② 设置实验场景。为全面评估系统性能，我们可以设置多个实验场景。例如，仓库布局优化场景，即调整配送中心的地理位置，分析其对平均运输距离的影响。并对车辆数量敏感性进行测试，模拟高峰期订单激增场景，观察不同车辆数量下的订单积压率与处理时间。对比空驶返程与返程时利用空闲车辆承接其他订单的运输成本差异。

③ 数据收集。本实验数据包括运输数据、订单数据、资源数据和空间数据。其中，运输数据包括车辆行驶里程、路径长度、行驶时间、返程空驶率；订单数据为订单生成时间、处理延迟、完成时间、配送成功率；资源数据包括车辆利用率、仓库负载率、燃料消耗量；空间数据为 GIS 地图中的道路网络复杂度、交通拥堵热点区域。

（2）数据分析与系统优化

① 数据分析方法。数据收集完成后，可采用多种分析方法对数据进行深度挖掘。通过描述性统计计算订单处理时间的均值与方差，识别异常延迟；分析车辆利用率分布，定位空闲率过高的车辆。通过热力图展示订单密集区域与运输路径的匹配度，优化仓库选址，进行空间相关性分析。对比不同算法的平均运输时间与成本，选择最优路径规划策略。若某配送中心长期超负荷，需使用瓶颈诊断评估其地理位置或车辆配置是否合理。

② 系统优化措施。依据数据分析结论，可开展针对性的系统优化行动。利用动态路径规划集成实时交通数据，采用强化学习算法动态调整路径，避开拥堵路段。进行智能车辆调度，根据订单优先级与车辆位置，优化任务分配规则，如就近派车或负载均衡。基于空间聚类分析重构仓库布局，在订单密集区域增设临时配送节点，缩短运输距离。利用返程资源，开发返程接单系统，利用空闲车辆承接逆向物流任务，降低空驶率。弹性车辆配置：根据历史数据预测订单高峰，动态调整车辆数量。

③ 验证与持续改进。优化措施落实后对优化效果进行验证，对比优化前后订单处理时间下降幅度、运输成本节省比例等核心指标。构建 GIS 供应链数字孪生模型，实时模拟极端天气或交通中断的影响，并生成应急方案。持续迭代，定期更新 GIS 地图数据，优化路径规划算法参数，确保系统长期高效运行。

思考与练习

① 变迁的触发类型有哪些？它们有什么区别？

② 智能体组件中，变量与参数的区别是什么？它们分别适用于什么情形？

③ 本章模型中，当前所有卡车都很忙，则传入的订单将丢失。该如何解决这一问题？

第三部分

技术融合篇

智能制造系统建模与仿真：
基于AnyLogic

第 12 章

AnyLogic 与 Python 联动：Pypeline 库

本书电子资源

Python 是一种简洁易读的高级编程语言，具备跨平台兼容性和广泛的应用领域。其语法清晰，代码可读性强，开发效率高，支持面向对象、函数式和过程式编程，广泛应用于数据分析、人工智能、自动化运维等领域。Python 与 AnyLogic 结合，可用于数据预处理、结果分析和优化算法（如遗传算法、强化学习），提升仿真建模的灵活性和计算效率。借助 NumPy、Pandas、TensorFlow 等库，Python 能够扩展 AnyLogic 的功能，实现更复杂的仿真控制与机器学习应用。此外，Python 可用于自动化仿真批处理，提高实验效率，优化决策流程，使 AnyLogic 在复杂系统建模、优化和智能化应用方面更加高效、适应性更强。

本章介绍了一种利用 Pypeline 库将 AnyLogic 与 Python 集成的方法，涵盖整合过程及其具体使用方式。

12.1 Python 语言

Python 是一种广泛使用的高级编程语言，由荷兰计算机科学家 Guido van Rossum 于 1989 年开发，并于 1991 年发布第一个公开版本。它的设计目标是强调代码的可读性和简洁性，采用接近自然语言的语法，使得开发者能够更高效地编写和理解代码。Python 的语法简洁直观，不需要大量的符号和复杂的结构，使得它成为初学者和经验丰富的程序员的理想选择。

Python 支持面向对象编程、函数式编程和过程化编程等多种编程范式。它是动态类型语言，意味着开发者无须在代码中明确声明变量的类型，程序会在运行时自动进行类型推断。此外，Python 还具备自动内存管理和垃圾回收机制，降低了开发者在内存管理上的负担。

Python 的生态系统非常丰富，拥有大量的第三方库和框架，涵盖了数据科学、机器学习、Web 开发、自动化脚本、游戏开发等多个领域。常见的库，如 NumPy、Pandas、TensorFlow、Flask、Django 等都为 Python 用户提供了强大的支持，使得开发者可以快速实现各种应用。

Python 不仅适用于快速原型开发，也能满足大规模系统的构建需求。

Python 具有跨平台特性，支持在 Windows、Linux、macOS 等操作系统上运行，且通过 Python 解释器和虚拟环境的支持，在不同平台上的开发和部署变得简单高效。得益于其简单易学的特性，Python 已成为数据科学、人工智能、Web 开发等领域的主流语言，并且在全球范围内有着广泛的应用和强大的社区支持。

AnyLogic 选择使用 Python 作为集成语言，是为了扩展其功能的灵活性与强大性，同时提供更加高效、便捷的编程体验。虽然 AnyLogic 本身采用 Java 作为核心语言，但 Python 的引入使得开发者可以借助其简洁易学的特性，快速实现复杂的逻辑和算法，尤其是那些 Java 无法高效完成的任务。Python 在数据处理、机器学习、统计分析等领域有着广泛的应用，通过集成 Python，AnyLogic 能够利用 Python 强大的数据分析库和机器学习工具，如 Pandas、NumPy、TensorFlow 等，为仿真模型提供更加精准的数据处理和智能优化。此举不仅提升了模型的预测能力，也加速了开发过程，帮助用户更快速地构建和验证复杂的仿真系统。

此外，Python 与许多外部系统和工具的兼容性，使得 AnyLogic 在跨平台数据交换、与外部系统集成等方面具有更大的灵活性。Python 与其他编程语言的良好协同工作能力，使得 AnyLogic 可以轻松实现与其他技术的融合，例如在仿真中引入强化学习算法、优化算法等。通过这种语言的融合，AnyLogic 的应用范围得以进一步扩展，从传统的仿真建模，到智能决策支持系统的构建，都得到了极大的增强。因此，AnyLogic 使用 Python，不仅是为了提高模型开发效率，更是为了帮助用户在复杂的决策问题中，应用更先进、更智能的技术，从而在仿真和分析中获得更深刻的洞察。

12.2 Pypeline 库简介

Pypeline 是由 AnyLogic 官方团队推出的一个功能插件，旨在实现运行中的 AnyLogic 模型和本地安装好的 Python 的连接。换句话说，就是实现 AnyLogic 调用 Python 的函数和代码。该插件于 2021 年推出，目前国内外的使用较少，但不可否认其应用前景很好。很多基于 Python 的人工智能算法、图像分析工具都可以通过这种方法得到很好的实现。

其主要的适用场景包括：

① 直接使用 Python 源代码，无须移植到 Java；

② 可以在 Python 中编写复杂的算法，在 Java 中直接调用，同时支持跨语言的对象和数据传递；

③ 能够使用任何 Python 专有库；

④ 使用仿真作为测试平台，测试经过训练的 AI 策略。

12.3 Pypeline 库下载与集成

（1）环境准备

首先，计算机中要有 AnyLogic 程序，其版本可以是 PLE、专业版、科研版；其次，计算机中要安装 Python，其版本最好为 3.0 以上。

（2）下载 Pypeline.jar 包

从官网上下载 Pypeline.jar 包压缩文件，并解压，如图 12-1 所示。

图 12-1　下载 Pypeline.jar 包

（3）AnyLogic 集成 Pypeline 库

① 打开 AnyLogic 软件，点击“面板”，找到左下角的“+”，选择“管理库”，如图 12-2 所示。

② 进入管理库页面，选择“添加”，找到之前下载的库文件 jar 包，进行添加，如图 12-3 所示。

③ 添加后，可以在管理库页面和面板栏中看到导入的 Pypeline 库件，如图 12-4、图 12-5 所示。

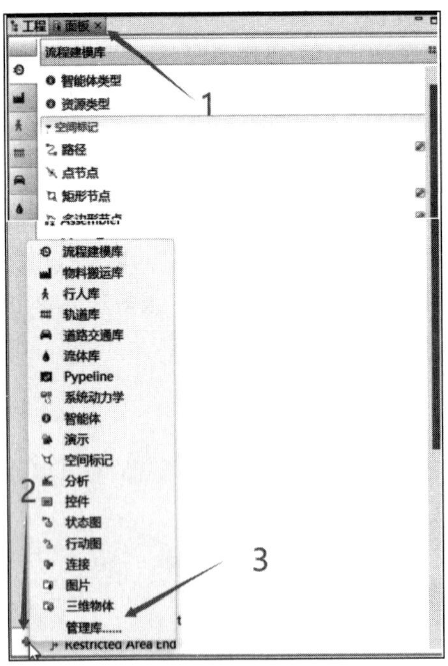

图 12-2　管理库

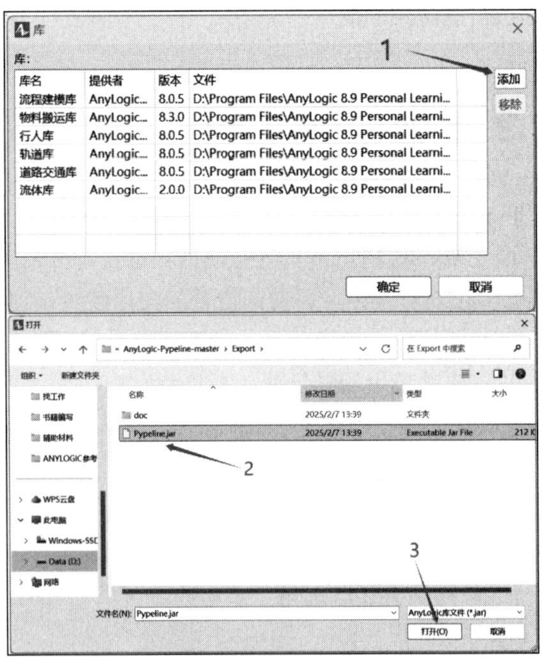

图 12-3　添加 Pypeline 库

④ 连接测试。安装后可以运行一个简单的模型，测试是否正确连接。创建一个新的 AnyLogic 模型，从 Pypeline 面板中拖入 PyCommunicator，保留其默认名称，然后运行模型。在运行的模型中，单击 Communicator 对象，检查窗口应显示 Python 的版本以及正在使用的 Python 可执行文件的路径，如图 12-6 所示。

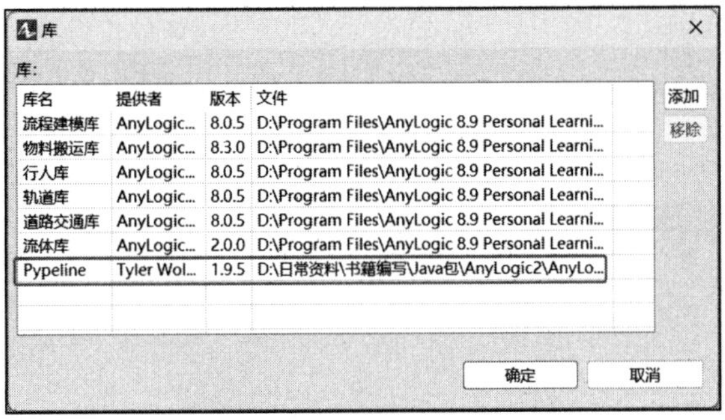

图 12-4　管理库中的 Pypeline 库件

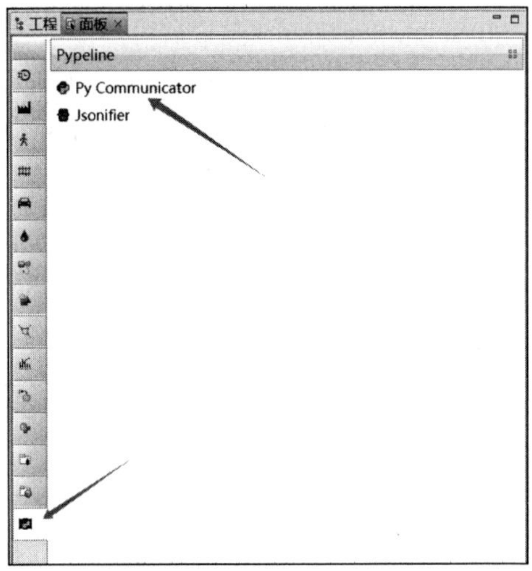

图 12-5　面板栏中的 Pypeline 库件

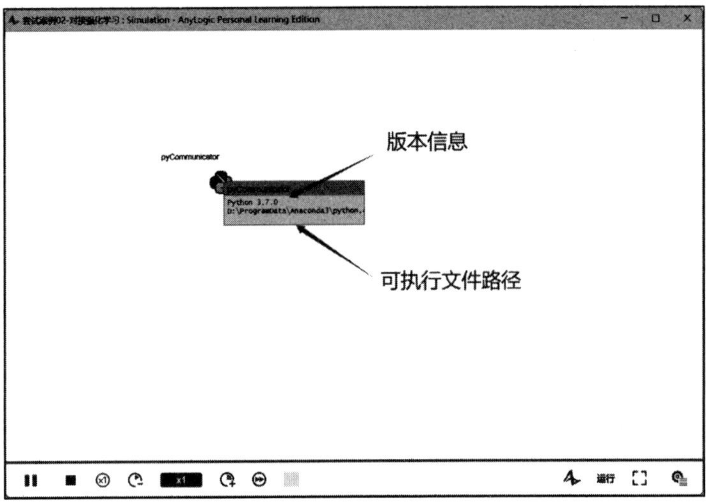

图 12-6　PyCommunicator 连接测试

⑤ PyCommunicator 属性介绍。与 AnyLogic 其他的组件一样，将 PyCommunicator 拖拽到编辑区后，选中后可以查看并修改其属性，如图 12-7 所示。

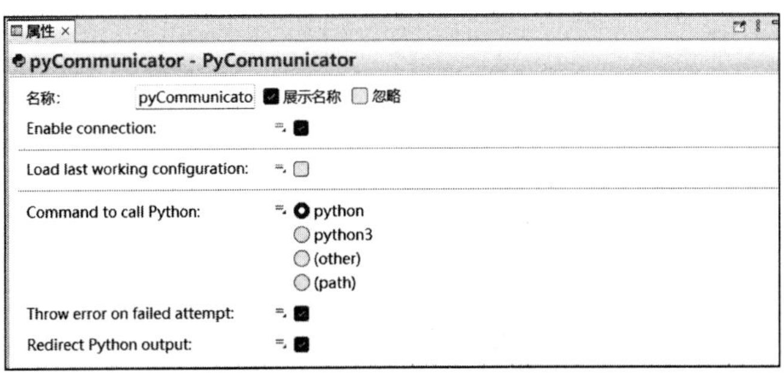

图 12-7　PyCommunicator 属性设置

其基本属性如下：

Enable connection：是否启用插件，选中后此插件开始发挥作用；

Load last working configuration：加载工作配置，勾选后下方选项就会隐藏；

Command to call Python：当我们的电脑存在多个 Python 版本时，可以通过选框决定用哪个 Python，如不选则用默认环境的 Python；

Throw error on failed attempt：抛出错误选项；

Redirect Python output：重新定向输出。

12.4 PyCommunicator 基本用法

(1) 传递数据

① 从控制面板中拖拽出一个 PyCommunicator 到编辑区，如图 12-8 所示。

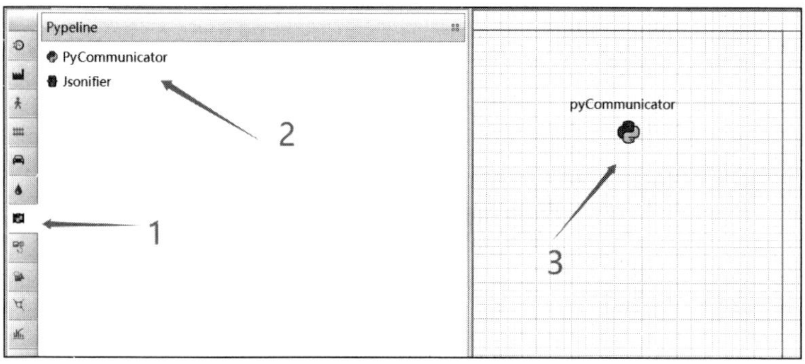

图 12-8 获取 PyCommunicator

② 从控制面板中拖拽出一个按钮到编辑区，设置标签为“设置 x 值”，如图 12-9 所示。

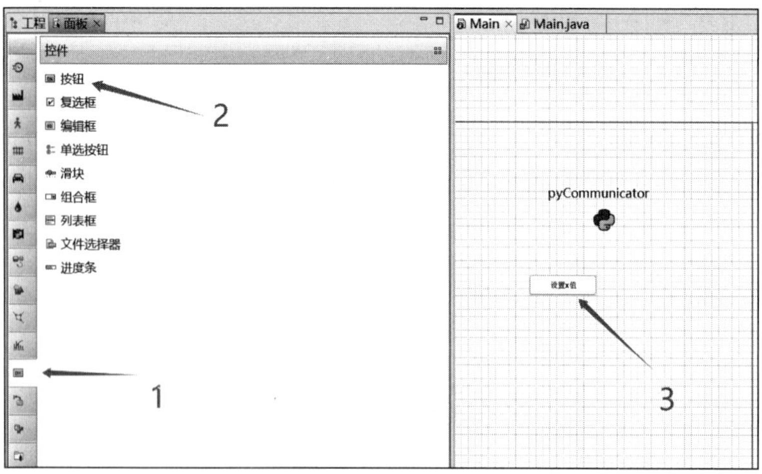

图 12-9 拖拽按钮（一）

在其属性中的“行动”栏中输入以下代码，如图 12-10 所示。

```
pyCommunicator.run("x = 6.66");
```

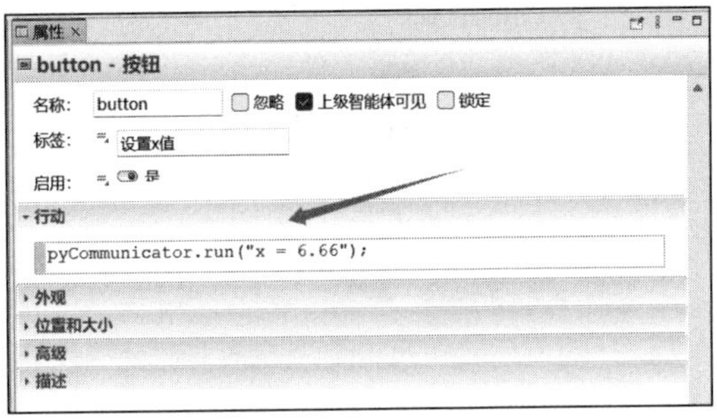

图 12-10　设置行动代码（一）

其中，run 函数用于向 Python 发送不期望响应的语句（如变量赋值或导入语句）。该代码的这段代码的作用是将字符串传递给 Python 进行处理，它定义了一个新的 Python 变量，它被设置为浮点数 6.66。

③ 从控制面板中拖拽出另一个按钮到编辑区，设置标签为“获取 x”，如图 12-11 所示。

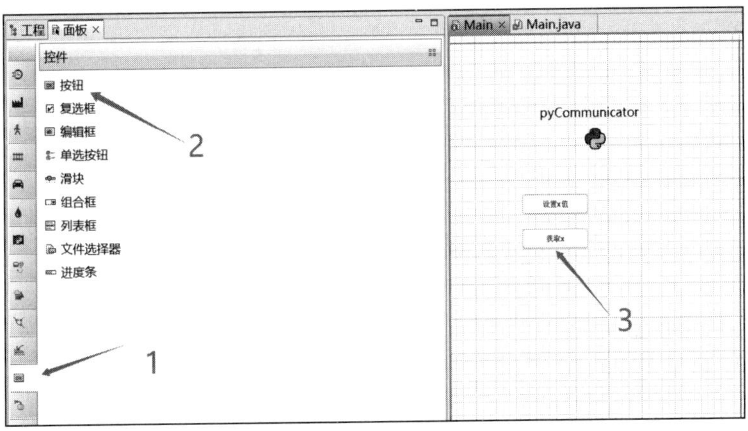

图 12-11　拖拽按钮（二）

在其属性中的“行动”栏中输入以下代码，如图 12-12 所示。

```
double xValue = pyCommunicator.runResults(double.class, "x");
traceln(xValue);
```

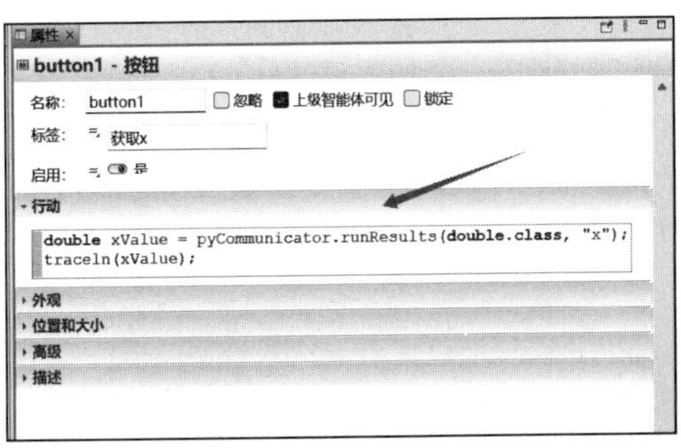

图 12-12　设置行动代码（二）

我们需要从 Python 中检索值时，使用 runResults 函数。该代码的作用是传递 double 类以将所需变量（“x”）转换为预期的 Java 的 double 类型变量。

④ 运行模型，首先单击“设置 x 值”按钮，然后按“获取 x”按钮，如图 12-13 所示。

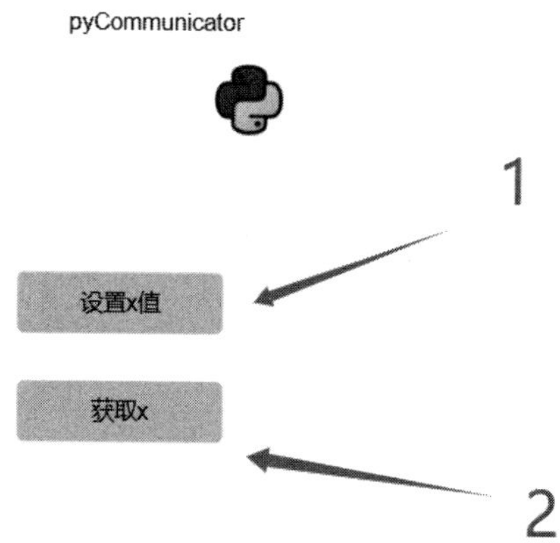

图 12-13 按顺序点击按钮

按照顺序点击按钮后，指定的数字打印到控制台，如图 12-14 所示。

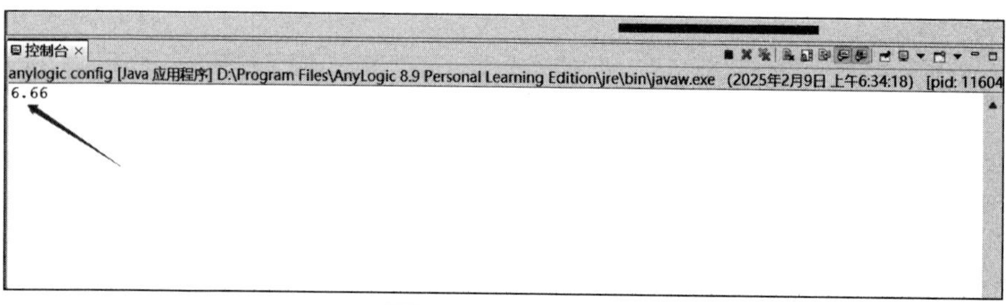

图 12-14 获取指定数字

（2）运行 Python 代码

① 运行字符串形式的 Python 代码，使用 run 函数，可以直接调用 Python 运行 String 类型的 Python 代码，如以下代码：

```
pyname.run(“xxx”)
```

其中，pyname 为智能体的名称；“xxx”为 Python 代码。

② 读取 Python 代码运行的结果，使用 runResults，可以直接读取 Python 代码运行结果，如以下代码：

```
pyname.runResults(String.class, "file.read()");
```

其中，“file.read()”是 Python 代码，表示读取文件。

③ 获取 Java 中的参数，赋值给 Python。使用函数 String.format 获取 Java 中的参数，赋值给 Python 代码，如以下代码：

```
run(
String.format("with open('%s', 'w') as f:", filename),
String.format(" f.write('''%s''')", json)
);
```

（3）调用.py 文件

① 使用 runFile 函数，如以下代码：

```
runFile(PythonCommandType.PYTHON, "say_hello.py");
```

② 使用 run("from tsp_solver import FacilityOrderSolver") 导入模块中的指定方法。若该方法需要传递参数，可以通过 run() 调用并传入参数，例如以下代码：

```
String.format( // pass in distance matrix and home index
"solver = FacilityOrderSolver(%s, %s)",
pyCom.toJson(buildDistanceMatrix()),
home_index
)
```

思考与练习

① 简述 AnyLogic 与 Python 联动的好处。
② 如何判断 AnyLogic 是否已经安装集成了 Pypeline 库？
③ 尝试编写一段 Python 代码，并利用 Pypeline 调用该.py 文件。

第13章

基于Socket通信实现AnyLogic与强化学习算法的集成

本书电子资源

Socket（套接字）是计算机网络通信的基础，提供进程间通信机制，支持 TCP 和 UDP 协议。它允许不同设备或同一设备上的程序进行数据传输，广泛用于网络编程。Socket 分为服务器端和客户端，服务器监听端口等待连接，客户端发起请求建立通信。通过 Socket 可以进行数据发送、接收和关闭连接。

强化学习（Reinforcement Learning，RL）是一种机器学习方法，旨在通过与环境交互来学习最优策略。智能体（Agent）通过执行动作（Action）影响环境（Environment），根据环境反馈的奖励（Reward）调整策略，以最大化长期回报。其广泛应用于机器人控制、自动驾驶、游戏 AI 等领域。强化学习采用试错探索与策略优化结合的方式，使智能体逐步学会最佳决策，提高自主学习和适应能力。

AnyLogic 与强化学习结合，可以实现仿真模型的智能化决策。强化学习能够通过与环境互动，优化决策策略，从而提升系统的动态决策能力，特别适用于复杂的生产、物流和交通系统。在 AnyLogic 中应用强化学习，可以使模型自适应环境变化，自动调整策略，提升运行效率。此外，强化学习能够有效解决多目标优化问题，平衡各方面的需求，提供全面的决策支持，优化资源分配和调度效果。

本章主要介绍 Socket 通信技术与强化学习算法，并通过一个具体案例展示如何通过 Socket 技术将强化学习算法与 AnyLogic 进行整合。

13.1 Socket 通信技术

Socket（套接字）是一种用于实现网络通信的编程接口（API），它提供了一种标准化的方式，使得不同操作系统和编程语言之间的应用程序能够相互通信。Socket 最初是在 BSD（Berkeley Software Distribution）操作系统中开发出来的，目的是实现在不同主机之间进行进程间通信。BSD 是由美国加州大学伯克利分校开发的一个 Unix 操作系统的分支，它对 Socket 的定义和实现成了事实上的标准。后来，由于互联网的发展，Socket 被广泛应用于网络编程中。

在早期的计算机网络中，通信使用的是不同的协议，这些协议之间缺乏标准化的接口，使得应用程序的编写和移植变得非常困难。为了解决这个问题，一些计算机科学家开始研究如何定义一种标准的通信接口，以便不同的计算机之间能够进行通信。Socket 就是在这个背景下诞生的，它提供了一种可移植、可扩展、易于使用的接口，使得应用程序能够在不同的操作系统和计算机之间进行通信。

Socket 通信主要是为了解决计算机网络中的进程间通信问题。在网络编程中，有两个进程需要进行通信才能完成特定的任务，这两个进程可能运行在不同的计算机上，也可能运行在同一台计算机上的不同进程中。Socket 提供了一种标准化的接口，使得这些进程能够在网络中进行数据交换和通信。具体来说，Socket 通信可以解决以下几个方面的问题：

① 进程间通信：在同一台计算机上，不同的进程之间需要进行通信，Socket 提供了一种标准化的接口，使得进程之间可以通过网络进行通信。

② 跨平台通信：不同的计算机、操作系统和编程语言之间需要进行通信，Socket 提供了一种可移植的接口，使得应用程序可以在不同的平台上运行并进行通信。

③ 网络通信安全性：网络通信中存在着信息泄露、数据篡改、拒绝服务攻击等安全问题，Socket 可以通过加密、身份认证、防火墙等方式提高通信的安全性。

④ 通信协议：Socket 提供了一种灵活的通信协议，可以根据需要选择不同的协议来满足特定的通信需求，如 TCP、UDP 等协议。

基于 TCP 协议的实现 Socket 通信的一般步骤如下：

① 创建 Socket。使用 socket()函数创建一个 Socket，指定通信协议、地址族和 Socket 类型等参数。创建 Socket 成功后，系统会为该 Socket 分配一个唯一的 Socket 描述符（Socket file descriptor）。

② 绑定 Socket。使用 bind()函数将 Socket 与本地地址和端口绑定，以便客户端可以连接到该 Socket。在绑定 Socket 时，需要指定通信协议、地址族和本地地址等参数。

③ 监听 Socket。使用 listen()函数将 Socket 设置为监听状态，以等待客户端的连接请求。在监听 Socket 时，需要指定最大连接数等参数。

④ 接受连接。使用 accept()函数接受客户端的连接请求，并创建一个新的 Socket 用于与客户端进行通信。在接受连接时，需要指定监听 Socket 和客户端地址等参数。

⑤ 发送和接收数据。使用 send()函数向对端发送数据，使用 recv()函数接收对端发送的数据。在发送和接收数据时，需要指定通信 Socket、发送/接收缓冲区和数据长度等参数。

⑥ 关闭 Socket。使用 close()函数关闭 Socket，释放系统资源。

基于 TCP 协议的 Socket 通信流程如图 13-1 所示。

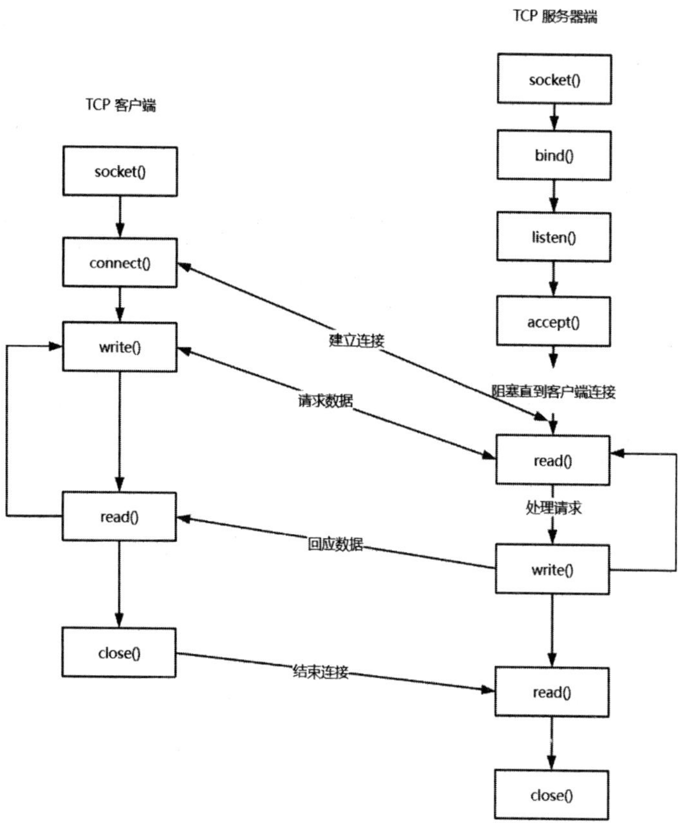

图 13-1　基于 TCP 协议的 Socket 通信流程

13.2　强化学习算法

强化学习 Q 算法是一种让机器通过与环境的交互来学习最优策略的方法。在强化学习中，智能体（Agent）通过尝试不同的动作并观察结果来学习如何在给定环境中做出决策。智能体的目标是最大化累积奖励，即在长期内获得尽可能多的奖励。

强化学习算法的核心组成部分包括状态（State）、动作（Action）、奖励（Reward）、智能体（Agent）和环境（Environment）。智能体代表了从环境中接收感知并执行操作的程序，环境代表了智能体所在的真实或虚拟环境，状态代表了智能体在环境中所处的状态，动作代表了智能体在给定状态下可以采取的动作，奖励代表了智能体采取行动的奖励（依赖于行动）、处于状态的奖励（依赖于状态）或在给定状态下采取行动的奖励（依赖于行动和状态）。其中，核心组成部分之间的相互作用如图 13-2 所示。

图 13-2　强化学习组成部分间的相互作用

强化学习算法可以分为几种类型，包括基于模型的方法和无模型的方法。基于模型的方法尝试学习环境的动态模型，而无模型的方法直接学习策略或价值函数。常见的强化学习算法有 Q 学习（Q-learning）、SARSA、深度 Q 网络（Deep Q-Networks，DQN）、策略梯度（Policy Gradients）和演员-评论家（Actor-Critic）方法等。

Q 学习是一种无模型的离策略算法，它通过更新一个动作值函数(Q 函数)来学习最优策略。

SARSA 也是一种无模型的算法，与 Q 学习类似，但它在更新 Q 值时使用了实际采取的动作，而不是最优动作。

深度 Q 网络（DQN）结合了强化学习和深度学习，使用深度神经网络来近似 Q 函数，从而处理高维状态空间的问题。

策略梯度方法直接对策略进行参数化，并通过梯度上升来优化策略。

演员-评论家方法则结合了策略梯度和价值函数，其中，“演员”负责选择动作，“评论家”负责评估动作的价值。

强化学习在许多领域都有应用，如游戏、机器人控制、自动驾驶车辆、推荐系统等。随着研究的深入和技术的发展，强化学习算法正变得越来越复杂和高效，为解决各种决策问题提供了强大的工具。

13.3　AnyLogic 对接强化学习案例描述

利用 Socket 通信的方式，使 AnyLogic 环境与 Python 算法不断进行“状态→行为→得分”的训练过程，通过不断训练使每次获得更高的得分。本问题示意如图 13-3 所示，其中人的坐标位置是初始时随机生成的，该模型训练的整体目的是通过尽可能快的方式移动到中心的位置。该模型中的状态是人的 x 坐标与 y 坐标，其中人的行为分为 5 种情况，分别为“上”“下”“左”“右”“不动”，其中人的行为得分为每走一步-0.2，如果出界则-10，到达中间位置则+10。

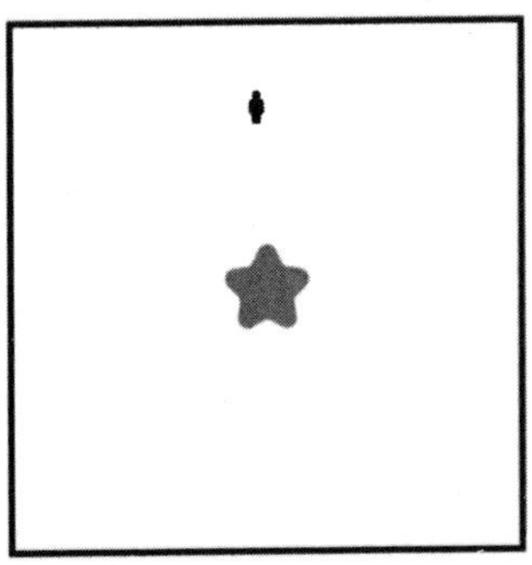

图 13-3　强化学习算法示意图

13.4　AnyLogic 关键步骤介绍

（1）创建新模型

创建 AnyLogic 对接强化学习模型，选择“文件”→“新建”→“模型”，在新建窗口中，输入模型为“强化学习对接模型”，选择存储位置，选择模型时间为“秒”。

（2）创建 AI 智能体

① 在“智能体”面板中选中“智能体”图标，拖动至 Main 中，在弹出的“第 1 步.选择您想创建什么”对话框中，选择“仅智能体类型”，表示创建智能体类型，此时不创建任何智能体。如图 13-4 所示，点击“下一步”按钮，进入下一步设置界面。

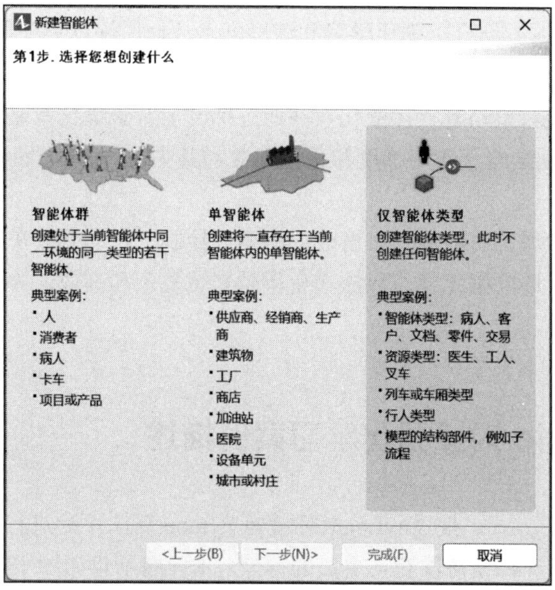

图 13-4 选择创建智能体类型

② 在“第 2 步.创建新智能体类型”对话框中，在“新类型名”右边的文本编辑框中输入“AI”进行重新命名，如图 13-5 所示。

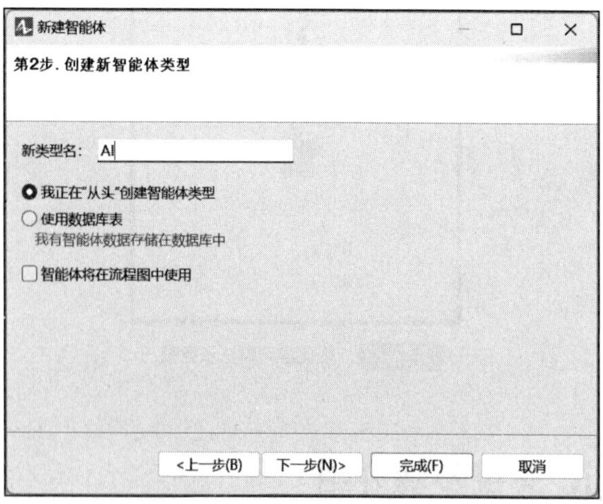

图 13-5 重命名智能体名称为 AI

③ 在“第 3 步.智能体动画”对话框中，选择动画为“二维”，在常规中选择“人”，点击“下一步”按钮，进入下一步设置界面，如图 13-6 所示。

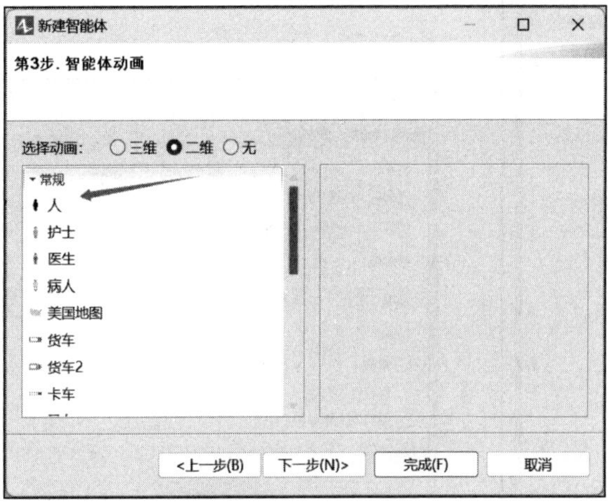

图 13-6　选择智能体动画

④ 在“第 4 步.智能体参数”对话框中，可以定义智能体的参数，在本案例中此处不定义参数，点击“完成”按钮，完成此智能体的创建，如图 13-7 所示。

⑤ 智能体创建完成后，可以通过工程视图查看创建的新模型，并通过展开模型树查看其内部，如图 13-8 所示。

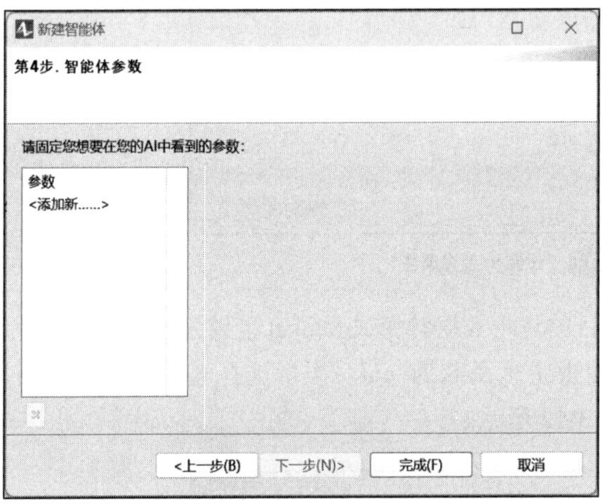

图 13-7　设置智能体参数

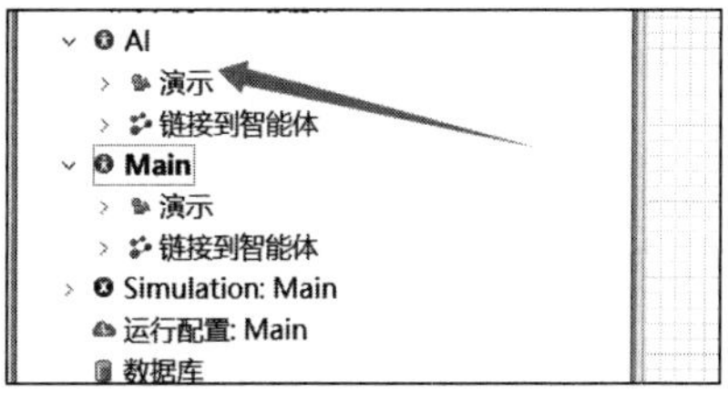

图 13-8　查看创建的新智能体

（3）设计全局变量信息

① 在智能体模板中，选中“变量”，将其拖入面板中，供模型整体调用，如图 13-9 所示。

② 创建变量 socket。设置该变量的主要目的是建立 socket，用于与强化学习建立通信连接以传输数据。在变量的属性面板中重命名为 socket，类型选择其他，并写明 Socket，访问权限设置为公开，如图 13-10 所示。

③ 创建变量 in。设置该变量的主要目的是获取 Socket 传递过来的数据，然后将数据进行解析，指导模型中人物向中心移动。在变量的属性面板中重命名为 in，类型选择其他，并写明 BufferedReader，用于接收 Socket 传递过来的数据，访问权限设置为公开，如图 13-11 所示。

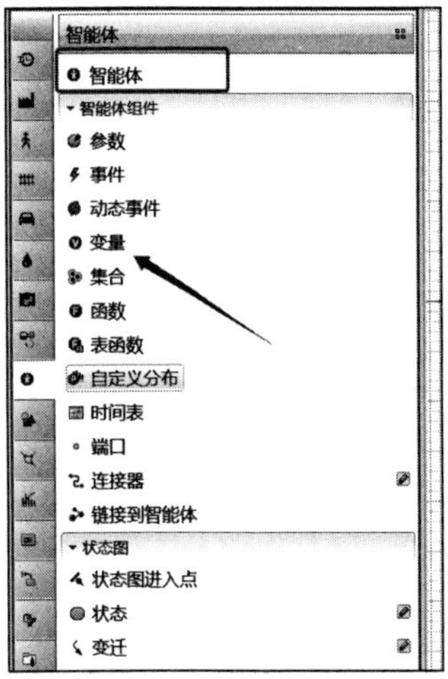

图 13-9　从面板中选择变量

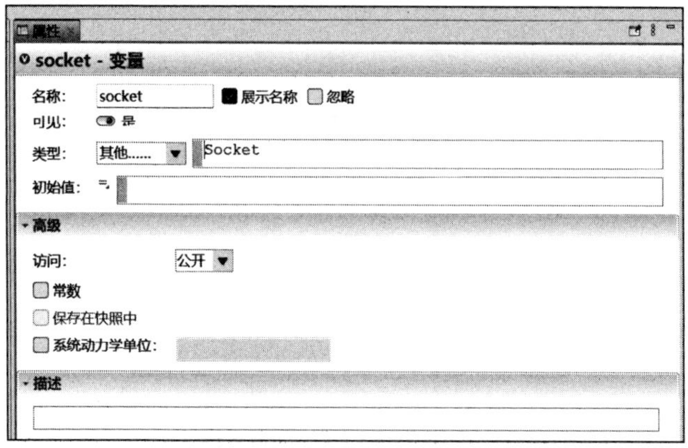

图 13-10　设置 socket 变量属性

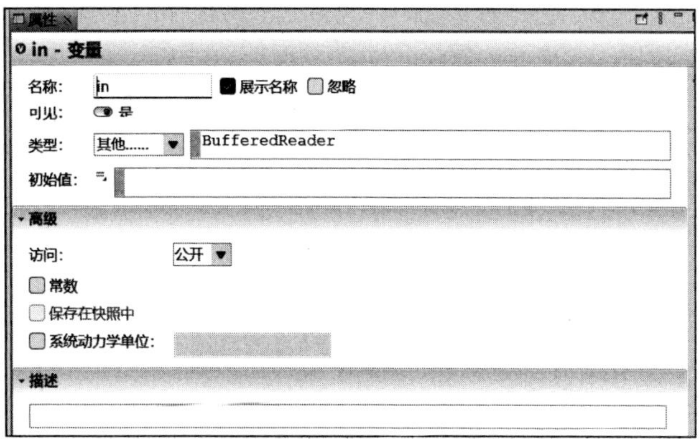

图 13-11　设置 in 变量属性

④ 创建变量 out。设置该变量的主要目的是将数据转变成 Socket 能够发送的数据形式，为强化学习提供数据信息。在变量的属性面板中重命名为 out，类型选择其他，并写明类型为 PrintWriter，访问权限设置为公开，如图 13-12 所示。

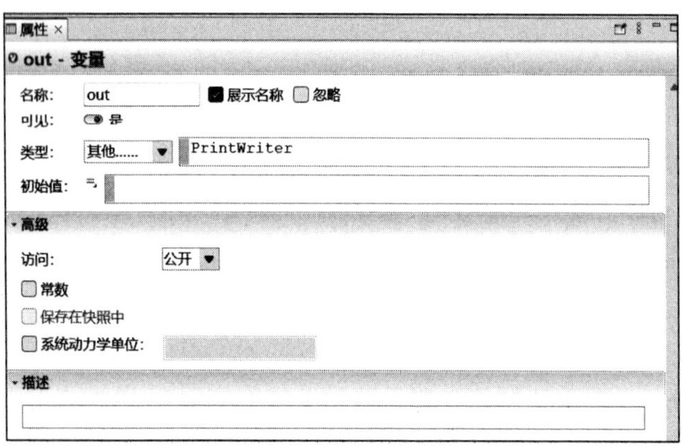

图 13-12　设置 out 变量属性

⑤ 创建变量 outRange。设置该变量的主要目的是记录智能体的活动范围，即正方形活动

范围的边长。在变量的属性面板中重命名为 outRange，类型选择 double，并设置初始值为 10，访问权限设置为公开，如图 13-13 所示。

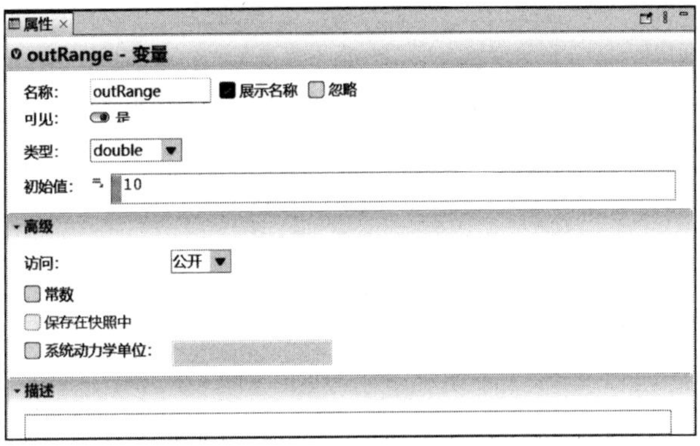

图 13-13　设置 outRange 变量属性

⑥ 创建变量 successRange。设置该变量的主要目的是判定智能体移动到什么中心范围应该是成功的。在变量的属性面板中重命名为 successRange，类型选择 double，并设置初始值为 1，访问权限设置为公开，如图 13-14 所示。

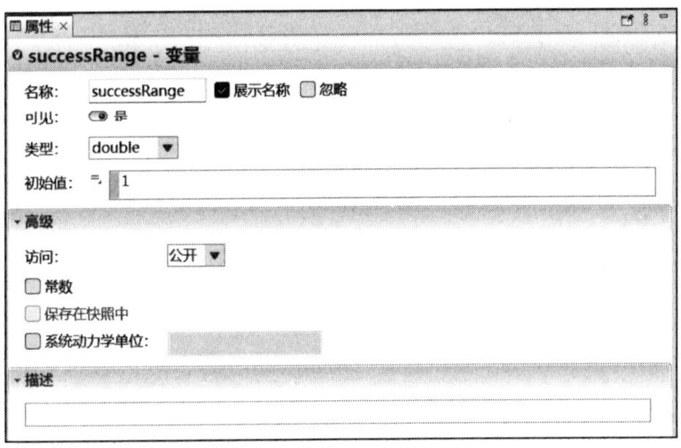

图 13-14　设置 successRange 变量属性

⑦ 创建变量 stepTime。设置该变量的主要目的是记录强化学习训练速度。在变量的属性面板中重命名为 stepTime，类型选择 double，并设置初始值为 1，访问权限设置为公开，如图 13-15 所示。

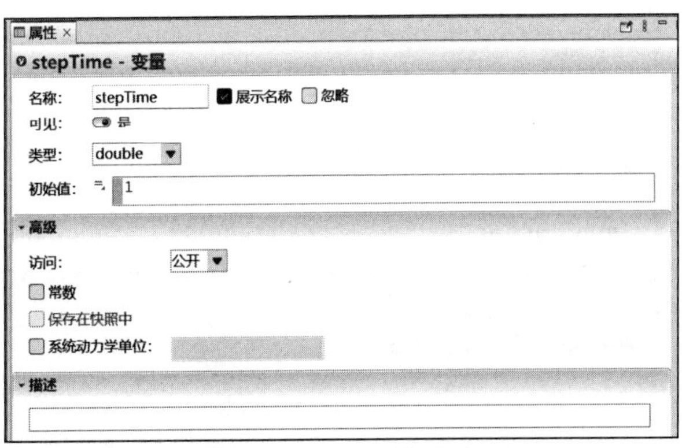

图 13-15　设置 stepTime 变量属性

（4）编写相关函数

① 在智能体模板中，选中“函数”，将其拖入面板中，供模型整体调用，如图 13-16 所示。

图 13-16　从面板中选择函数

② 编写函数 iniSocket。该函数主要是用来初始化 Socket 建立通信连接的，需要写明 Socket 通信需要的服务器地址、端口号等信息，创建 Socket 并获取输入流和输出流，如图 13-17 所示。

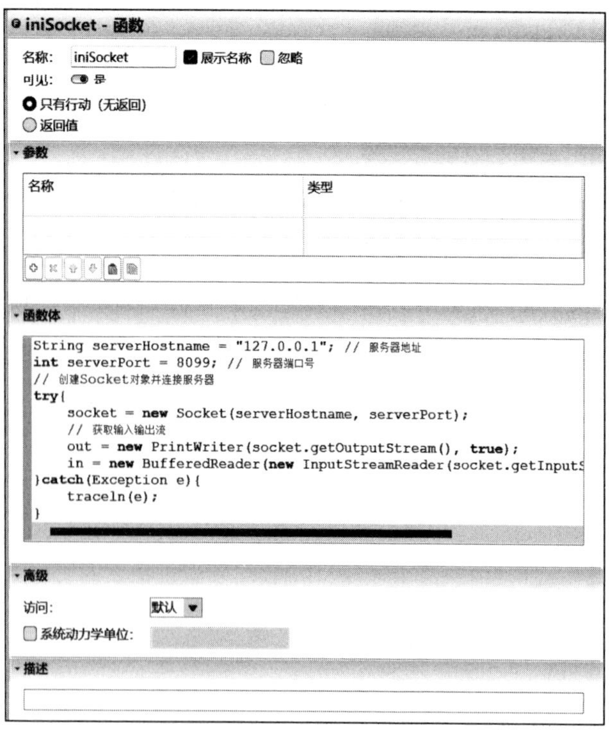

图 13-17　设置 iniSocket 函数

在函数体文本编辑框中输入功能代码，代码如下：

```
String serverHostname = "127.0.0.1"; // 服务器地址
int serverPort = 8099; // 服务器端口号
// 创建 Socket 对象并连接服务器
try{
    socket = new Socket(serverHostname, serverPort);
    // 获取输入输出流
    out = new PrintWriter(socket.getOutputStream(), true);
    in = new BufferedReader(new InputStreamReader(socket.getInputStream(),"utf-8"));
}catch(Exception e){
    traceln(e);
}
```

③ 编写函数 reset。该函数主要是用来随机初始化智能体的位置信息，通过随机的方式确定智能体的横、纵坐标，如图 13-18 所示。

图 13-18　设置 reset 函数

在函数体文本编辑框中输入功能代码，代码如下：

```
//随机一个位置
double randX = uniform_discr((int)-outRange/2, (int)outRange/2);
double randY = uniform_discr((int)-outRange/2, (int)outRange/2);
ai.setXY(randX, randY);
```

④ 编写函数 stepAction。该函数主要是用来让智能体做出行为活动，其中智能体能够做出的活动包括 5 种，分别是不移动、向上移动、向下移动、向左移动、向右移动，如图 13-19 所示。

在函数体文本编辑框中输入功能代码，代码如下：

```
// 做出行为
if(action == 0){
    //不移动
}else if(action == 1){
    //向上
```

```
    ai.setXY(ai.getX(), ai.getY() - 1);
}else if(action == 2){
    //向下
    ai.setXY(ai.getX(), ai.getY() + 1);
}else if(action == 3){
    //向左
    ai.setXY(ai.getX() - 1, ai.getY());
}else if(action == 4){
    //向右
    ai.setXY(ai.getX() + 1, ai.getY());
}
```

(5)设置动态事件

① 在智能体模板中，选中“动态事件”，将其拖入面板中，当达到触发条件后会执行事件中的行为活动，如图 13-20 所示。

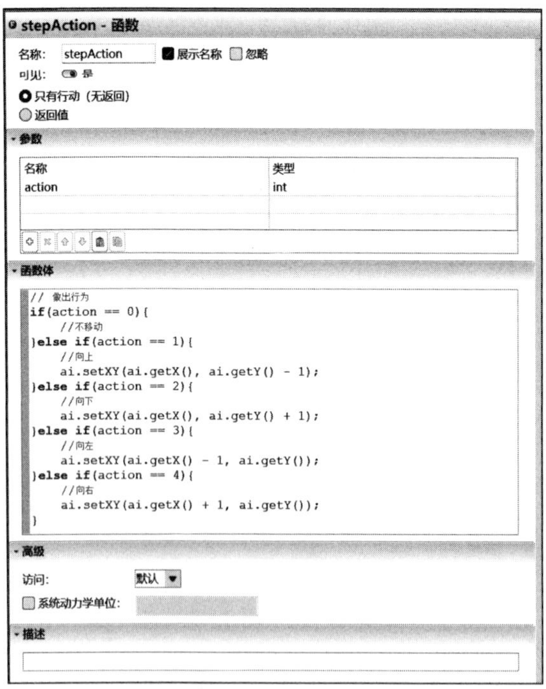

图 13-19 设置 stepAction 函数

图 13-20 从面板中选择动态事件

② 设置动态事件 episodeTrain。该事件用来对接强化学习，设置的数据初始化，将智能体的初始状态发送给强化学习模型进行训练，如图 13-21 所示。

在行动文本编辑框中输入功能代码，代码如下：

```
try{
    //初始化
    traceln("episode:"+(episode-1) +"  reward:"+ episode_reward);
    episode ++;
    step = 0;
    episode_reward = 0;
```

```
    //1.发送初始状态信息，开始一回合 episode
    Message ini_msg = new Message(ai.getX(),ai.getY(), 0,0,0,0,false);
    String ini_json = JSONUtil.toJsonStr(ini_msg);
    out.println(ini_json);
    traceln(ini_json);
    create_stepTrain(stepTime);
}catch(Exception e){
    traceln(e);
}
```

图 13-21　设置动态事件 episodeTrain

③ 设置动态事件 stepTrain。该事件用来设置智能体每一步的行为，获取智能体的位置信息，接收由强化学习算法传递过来的行为信息，并让智能体执行对应的动作，判断整体行为是否结束、智能体是否到达了中间位置或者是否已经到达了最大的步数，计算得分信息；将此次行为的后续影响进行封装，再将其反馈给强化学习算法，进行分析，计算得分；如果整体行为已经结束了，那么就进行数据统计并且重置场景，开始新一轮的训练，如图 13-22 所示。

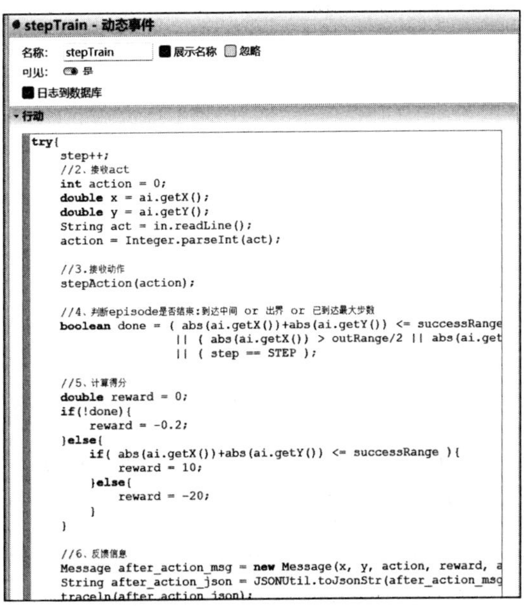

图 13-22　设置动态事件 stepTrain

在行动文本编辑框中输入功能代码，代码如下：

```
try{
    step++;
    //2.接收 act
    int action = 0;
    double x = ai.getX();
    double y = ai.getY();
    String act = in.readLine();
    action = Integer.parseInt(act);

    //3.接收动作
    stepAction(action);

    //4.判断 episode 是否结束:到达中间或出界或已到达最大步数
    boolean done = ( abs(ai.getX())+abs(ai.getY()) <= successRange )
                || ( abs(ai.getX()) > outRange/2 || abs(ai.getY()) > outRange/2 )
                || ( step == STEP );

    //5.计算得分
    double reward = 0;
    if(!done){
        reward = -0.2;
    }else{
        if( abs(ai.getX())+abs(ai.getY()) <= successRange ){
            reward = 10;
        }else{
            reward = -20;
        }
    }

    //6.反馈信息
    Message after_action_msg = new Message(x, y, action, reward, ai.getX(), ai.ge
tY(), done);
    String after_action_json = JSONUtil.toJsonStr(after_action_msg);
    traceln(after_action_json);
    out.println(after_action_json);
    //累计此次 episode 得分
    episode_reward += reward;

    //7.重新开始一轮 episode 或继续 episode
    if(done){
        //数据统计
        dataset.add(episode, episode_reward);
        if(episode != 0 && episode%100 ==0 && episode <100000){
            double reward_pre100_episode = 0;
            for(int i = episode-1; i > episode -100; i--){
                reward_pre100_episode += dataset.getY(i);
            }
            meanRewards.add(episode, reward_pre100_episode/100);
        }
        //8.重置场景
```

```
            reset();
            create_episodeTrain(stepTime);
        }else{
            create_stepTrain(stepTime);
        }
    }catch(Exception e){
        traceln(e);
    }
```

（6）设置参数

① 在智能体模板中，选中“参数”，将其拖入面板中，当达到触发条件后会执行事件中的行为活动，如图 13-23 所示。

② 设置参数 EPISODE。该参数在强化学习中指的是智能体（Agent）与环境（Environment）之间一次完整的交互序列，这个序列指的是从智能体开始观察环境状态开始，然后根据其策略选择一个动作并执行，环境会给出新的状态和奖励，这个过程会一直重复，直到达到某种终止状态，如图 13-24 所示。

图 13-23　从面板中选择参数

图 13-24　设置 EPISODE 参数

③ 设置参数 STEP。该参数在强化学习中指的是智能体（Agent）与环境（Environment）之间一次有效的步骤，在本模型中指的是智能体的一次移动，规定智能体在每一次完整交互序列中最多移动 300 次，如图 13-25 所示。

（7）编写 Message 类

该 Java 类用于封装与强化学习之间通信的关键信息，在整体项目中右击“新建”，选择 Java 类便能进行创建。该类主要封装了智能体此时的横、纵坐标，智能体的行为类型，奖励信息，执行该动作后的横、纵坐标，以及是否达到了结束标准（是否到达了中心位置、是否应该超过了步数限制）。该类的整体代码如下：

图 13-25 设置 STEP 参数

```
public class Message implements Serializable {
    double x;
    double y;
    double action;
    double reward;
    double next_x;
    double next_y;
    boolean done;

    public Message() {

    }

    public Message(double x, double y, double action, double reward, double next_x, double next_y, boolean done) {
        this.x = x;
        this.y = y;
        this.action = action;
        this.reward = reward;
        this.next_x = next_x;
        this.next_y = next_y;
        this.done = done;
    }

    public double getX() {
        return x;
    }

    public void setX(double x) {
        this.x = x;
    }

    public double getY() {
        return y;
```

```
}

public void setY(double y) {
    this.y = y;
}

public double getAction() {
    return action;
}

public void setAction(double action) {
    this.action = action;
}

public double getReward() {
    return reward;
}

public void setReward(double reward) {
    this.reward = reward;
}

public double getNext_x() {
    return next_x;
}

public void setNext_x(double next_x) {
    this.next_x = next_x;
}

public double getNext_y() {
    return next_y;
}

public void setNext_y(double next_y) {
    this.next_y = next_y;
}

public boolean isDone() {
    return done;
}

public void setDone(boolean done) {
    this.done = done;
}

@Override
public String toString() {
    return "Message{" +
            "x=" + x +
            ", y=" + y +
```

```
                        ", action=" + action +
                        ", reward=" + reward +
                        ", next_x=" + next_x +
                        ", next_y=" + next_y +
                        ", done=" + done +
                        '}';
        }
    }
```

（8）智能体 Main 参数行为设置

① 在“参数预览”中设置提前编辑好的参数 STEP、EPISODE，选择无分割符，如图 13-26 所示。

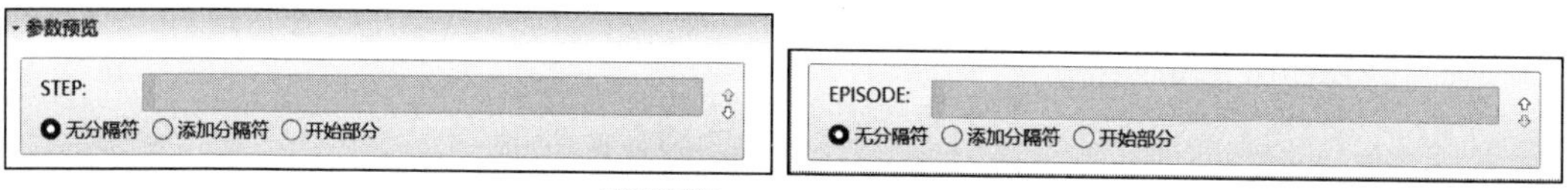

图 13-26 Main-设置参数

② 设置智能体行动。在启动时调用函数 viewArea.navigateTo()初始化视图；调用函数 iniSocket()，初始化 Socket；调用函数 reset()，重置智能体的位置信息，如图 13-27 所示。

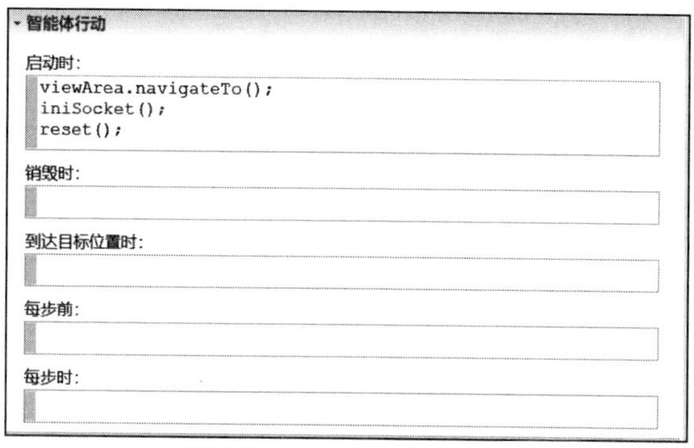

图 13-27 Main-设置智能体行动

③ 设置空间和网络。选中想要置于环境中的智能体 ai，空间类型为连续，宽度为 500，高度为 500，如图 13-28 所示。

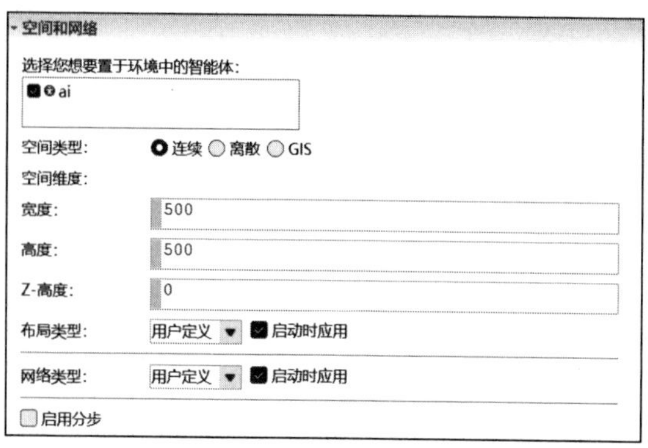

图 13-28 Main-设置空间和网络

④ 在高级 Java 部分导入控制输入输出的包，创建 Socket 的包，将信息转为 JSON 的包，如图 13-29 所示。

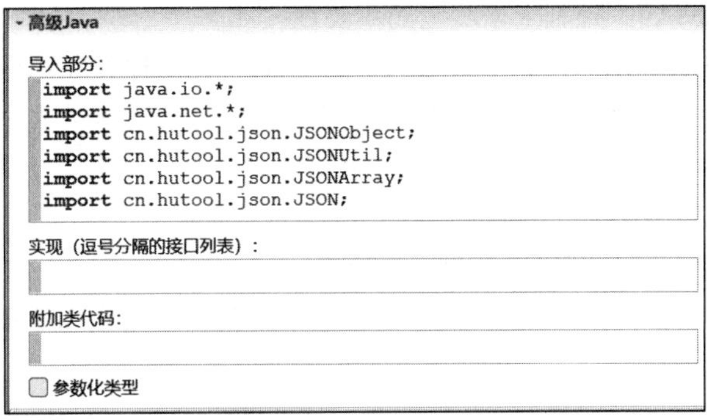

图 13-29 Main-高级 Java

13.5 强化学习代码介绍

（1）导入模块

导入模型交互所需要的模块，以便在当前代码中使用它们提供的功能。其中，torch 即 PyTorch，是一个通用的深度学习框架，虽然不是专门为强化学习设计的，但由于其灵活性和强大的功能，被广泛用于强化学习的实现和研究；numpy 用于科学计算；random 用于生成随机数；time 用于时间相关的操作；collections.deque 用于双端队列数据结构；json 用于处理 JSON 数据；socket 用于网络通信。其具体代码如下：

```
import torch
import torch.nn as nn
import torch.nn.functional as F
import numpy as np
import random
import time
from collections import deque
import json
import socket
```

（2）配置 GPU

GPU（图形处理单元）的主要作用是通过强大的并行计算能力加速任务处理，特别适合处理大规模数据和高度并行的计算任务。配置 PyTorch 使用 GPU（如果可用），否则使用 CPU，并禁用 cuDNN 后端以确保结果的可复现性。具体来说，它首先检查系统是否有可用的 GPU，并将设备设置为 GPU 或 CPU；然后禁用 cuDNN 的优化，以避免因 cuDNN 的随机性出现结果不一致的问题。其具体代码如下：

```
# Use GPU
device = torch.device("cuda" if torch.cuda.is_available() else "cpu")
torch.backends.cudnn.enabled = False
```

（3）设置训练需要的超参数

定义了深度 Q 网络（DQN）的关键超参数，包括：

折扣因子（GAMMA），控制未来奖励的重要性；

探索率（INITIAL_EPSILON 和 FINAL_EPSILON），控制探索和利用的平衡；

经验回放缓冲区大小（REPLAY_SIZE），决定经验回放缓冲区的大小；

探索步数（EXPLORE），控制探索率的衰减速度；

批量大小（BATCH_SIZE），决定每次训练的样本数量；

学习率（LR），控制神经网络参数更新的速度。

这些参数共同控制 DQN 的训练过程，影响智能体的探索与利用平衡、训练稳定性以及收敛速度。其具体代码如下：

```
# Hyper Parameters for DQN
GAMMA = 0.9  # discount factor for target Q
INITIAL_EPSILON = 0.5  # starting value of epsilon
FINAL_EPSILON = 0.01  # final value of epsilon
REPLAY_SIZE = 10000  # experience replay buffer size
EXPLORE = 10000
BATCH_SIZE = 32  # size of minibatch
LR = 0.0001  # learning rate
```

（4）设置神经网络

定义一个简单的 Q 网络（Q-Network），用于深度 Q 网络（DQN）算法。它包含两层全连接神经网络，输入为状态，输出为每个动作的 Q 值，并通过 initialize_weights 方法初始化网络权重。该网络的作用是近似 Q 函数，帮助智能体在给定状态下选择最优动作。其具体代码如下：

```
class QNetwork(nn.Module):
    def __init__(self, state_dim, action_dim):
        super(QNetwork, self).__init__()
        self.fc1 = nn.Linear(state_dim, 20)
        self.fc2 = nn.Linear(20, action_dim)

    def forward(self, x):
        out = F.relu(self.fc1(x))
        out = self.fc2(out)
        return out

    def initialize_weights(self):
        for m in self.modules():
            nn.init.normal_(m.weight.data, 0, 0.1)
            m.bias.data.zero_()
```

（5）实现 DQN 智能体

实现一个 DQN 智能体，用于强化学习任务。它通过经验回放池存储智能体的经验（状态、动作、奖励、下一状态等），并使用 Q 网络近似 Q 函数来评估动作的价值。智能体通过 ε-贪婪策略平衡探索与利用，逐步训练网络以最小化贝尔曼误差，从而学习如何在给定状态下选择最优动作。其具体代码如下：

```
class DQN(object):
    # dqn Agent
    def __init__(self):  # 初始化
        # 状态空间和动作空间的维度
        # 暂时写死，后续根据参数初始化
        self.state_dim = 2  # x y坐标
        self.action_dim = 5  # 0:不动 1: 上 2: 下 3: 左 4: 右

        # init experience replay
        self.replay_buffer = deque()  # 经验回放池

        # init network parameters
        self.network = QNetwork(state_dim=self.state_dim, action_dim=self.action_
dim).to(device)
        #加载训练好后的模型  此处之后可改成根据参数灵活选择
        #self.network = model_test2 = torch.load('./model_state_dict.pth')

        self.optimizer = torch.optim.Adam(self.network.parameters(), lr=LR)
        self.loss_func = nn.MSELoss()

        # init some parameters
        self.time_step = 0
        self.epsilon = INITIAL_EPSILON  # epsilon 值是随机不断变小的

    def perceive(self, state, action, reward, next_state, done):
        one_hot_action = np.zeros(self.action_dim)  # 用独热向量保存动作
        one_hot_action[action] = 1  # 选中的动作为 1，其余为 0
        # 将该 Transition 保存到经验回放池
        self.replay_buffer.append((state, one_hot_action, reward, next_state, done))
        if len(self.replay_buffer) > REPLAY_SIZE:  # 如果经验回放池溢出，扔掉左边的数据
            self.replay_buffer.popleft()

        if len(self.replay_buffer) > BATCH_SIZE:  # 只有经验回放池大于 mini_batch 数了
才能采样训练
            self.train_Q_network()

    def train_Q_network(self):
        self.time_step += 1

        # Step 1: obtain random minibatch from replay memory
        minibatch = random.sample(self.replay_buffer, BATCH_SIZE)  # 32 的 list
        state_batch = torch.FloatTensor([data[0] for data in minibatch]).to(device)
        action_batch = torch.LongTensor([data[1] for data in minibatch]).to(device)
        reward_batch = torch.FloatTensor([data[2] for data in minibatch]).to(devi
ce)
        next_state_batch = torch.FloatTensor([data[3] for data in minibatch]).to(
device)
        done = torch.FloatTensor([data[4] for data in minibatch]).to(device)

        done = done.unsqueeze(1)
```

```
        reward_batch = reward_batch.unsqueeze(1)
        # q_val = self.network.forward(state_batch)
        action_index = action_batch.argmax(dim=1).unsqueeze(1)
        eval_q = self.network.forward(state_batch).gather(1, action_index)

        # Step 2: calculate y
        Q_value_batch = self.network.forward(next_state_batch)
        next_action_batch = torch.unsqueeze(torch.max(Q_value_batch, 1)[1], 1)
        next_q = self.network.forward(next_state_batch).gather(1, next_action_batch)

        y_batch = reward_batch + GAMMA * next_q * (1 - done)
        # y_batch = torch.tensor(y_batch).unsqueeze(1)

        # 更新网络
        loss = self.loss_func(eval_q, y_batch)
        self.optimizer.zero_grad()
        loss.backward()
        self.optimizer.step()

    def egreedy_action(self, state):  # epsilon-greedy 策略
        state = torch.unsqueeze(torch.FloatTensor(state).to(device), 0)
        Q_value = self.network.forward(state.to(device))
        print(self.epsilon)
        if random.random() <= self.epsilon:
            self.epsilon -= (INITIAL_EPSILON - FINAL_EPSILON) / 100000
            return random.randint(0, self.action_dim - 1)

        else:
            self.epsilon -= (INITIAL_EPSILON - FINAL_EPSILON) / 100000
            return torch.max(Q_value, 1)[1].data.to('cpu').numpy()[0]

    def action(self, state):  # 贪婪选择
        state = torch.unsqueeze(torch.FloatTensor(state).to(device), 0)
        Q_value = self.network.forward(state.to(device))
        return torch.max(Q_value, 1)[1].data.to('cpu').numpy()[0]
```

（6）建立 Socket 通信连接，控制数据交互

实现一个基于 DQN 的强化学习服务器，通过 Socket 建立通信连接，利用 TCP 协议与 AnyLogic 交互，接收环境状态并发送动作。服务器使用 ε-贪婪策略选择动作，并将经验（状态、动作、奖励、下一状态等）存储到经验回放池中，逐步训练 Q 网络以优化智能体的策略，最终使其学会在给定状态下选择最优动作。其具体代码如下：

```
def createPytorchServer():
    # 初始化训练网络
    agent = DQN()
    esp = 0
    HOST = '127.0.0.1'  # 服务器地址
    PORT = 8099  # 服务器端口号
    with socket.socket(socket.AF_INET, socket.SOCK_STREAM) as s:
        s.bind((HOST, PORT))
```

```
        s.listen(1)  # 监听连接
        print(f'Pytorch network Server started, listening on port {PORT}')

        while True:
            # 等待客户端连接
            conn, addr = s.accept()
            print(f'Connected Success! Connected by {addr}')
            with conn:
                while True:
                    # 训练 20000 回后持久化保存神经网络，此处先不考虑持久化
                    # eps += 1
                    # if eps == 20000:
                    #     torch.save(agent.network, './model_state_dict.pth')
                    #     print('success')

                    # 获取初始状态
                    ini_msg = ''
                    # 获取返回值
                    while True:
                        rec = conn.recv(1).decode()  # 设置字节的缓存
                        ini_msg += rec
                        if rec == '}':
                            break
                    ini_json = json.loads(ini_msg)

                    x = ini_json.get('x')
                    y = ini_json.get('y')
                    state = np.array([x, y])
                    #
                    while True:
                        # 获取 action
                        action = agent.egreedy_action(state)
                        returnAction = str(action) + '\n'
                        # 发送 actionn
                        conn.sendall(returnAction.encode())

                        after_action_msg = ''
                        while True :
                            rec = conn.recv(1).decode()
                            after_action_msg += rec
                            if rec == '}':
                                break

                        after_action_json = json.loads(after_action_msg)

                        state = np.array([after_action_json.get('x'), after_actio
n_json.get('y')])

                        next_state = np.array([after_action_json.get('next_x'), a
fter_action_json.get('next_y')])
                        reward = after_action_json.get('reward')
```

```
        done = after_action_json.get('done')
        agent.perceive(state, action, reward, next_state, done)
        state = next_state
        if done:
            break
```

13.6 统计分析

统计每次 episode 得分和最后 100 次 episode 的平均得分，并利用时间折线图观察得分随时间变化的情况。

(1) 导入数据集，记录必要信息

① 在面板中选择“分析”模块中“数据”部分的“数据集”，将其拖入模型中，如图 13-30 所示。

② 创建 dataset 数据集。该数据集统计每次 episode 得分，将其命名为 dataset，设置为不自动更新数据，日志到数据库，如图 13-31 所示。

图 13-30 从面板中选择数据集

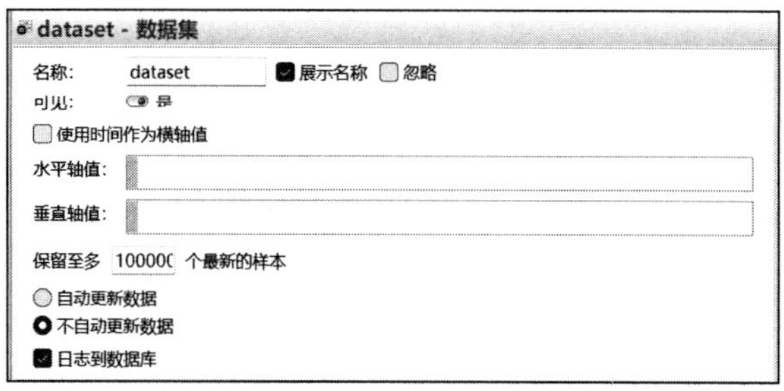

图 13-31 创建 dataset 数据集

③ 创建 meanRewards 数据集。该数据集统计最后 100 次 episode 的平均得分，将其命名为 meanRewards，设置为不自动更新数据，日志到数据库，如图 13-32 所示。

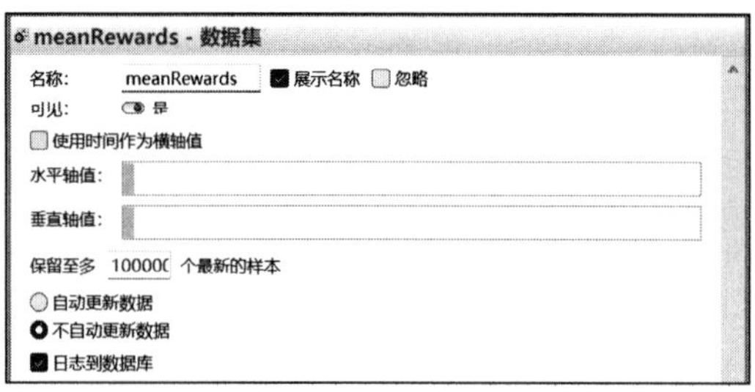

图 13-32 创建 meanRewards 数据集

(2) 数据集更新

在动态事件-stepTrain 中的行动中对数据集 dataset 和 meanRewards 进行更新。每一次的 episode 结束后，将该次的 episode 得分记录到 dataset 中，同时计算每 100 次 episode 的平均得分，并将平均得分记录到 meanRewards 中。其中，进行数据更新的部分代码如下，动态事件 stepTrain 全部代码参见 13.4 节设置动态事件部分。

```
//7.重新开始一轮 episode 或继续 episode
    if(done){
        //数据统计
        dataset.add(episode, episode_reward);
        if(episode != 0 && episode%100 ==0 && episode <100000){
            double reward_pre100_episode = 0;
            for(int i = episode-1; i > episode -100; i--){
                reward_pre100_episode += dataset.getY(i);
            }
            meanRewards.add(episode, reward_pre100_episode/100);
        }
        //8.重置场景
        reset();
        create_episodeTrain(stepTime);
    }else{
        create_stepTrain(stepTime);
    }
```

(3) 图表展示

① 在面板中选择“分析”模块中“图表”部分的“时间折线图”，将其拖入模型中，如图 13-33 所示。

图 13-33　从面板中选择时间折线图

② 设置时间折线图展示每次 episode 的得分。其中，数据部分选择数据集，数据集选择 dataset，数据更新方式选择自动更新数据，详细配置如图 13-34 所示。其效果展示如图 13-35 所示。

③ 设置时间折线图展示最后 100 次 episode 平均得分。其中，数据部分选择数据集，数据集选择 meanRewards，数据更新方式选择自动更新数据，详细配置如图 13-36 所示。其效果展示如图 13-37 所示。

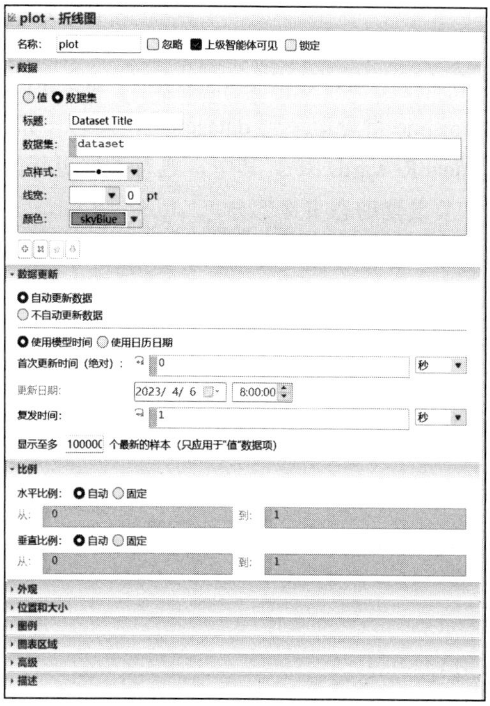

图 13-34 设置每次 episode 得分

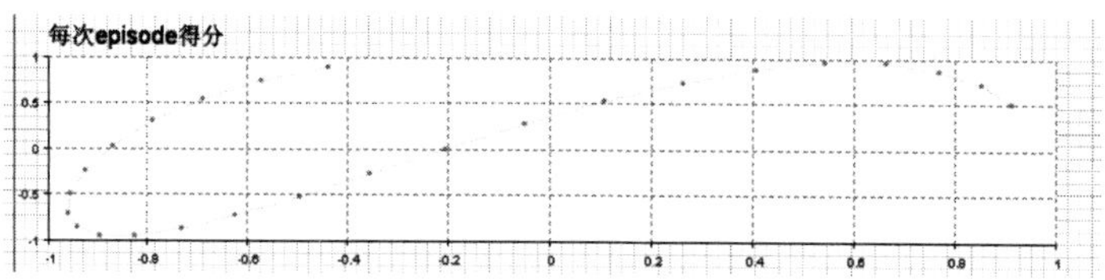

图 13-35 展示每次 episode 得分

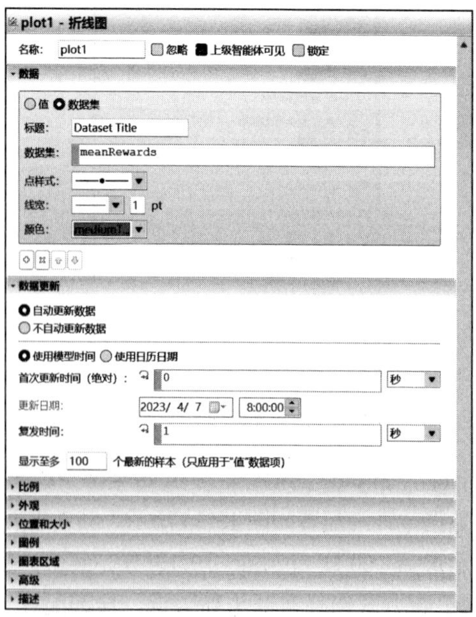

图 13-36 设置最后 100 次 episode 平均得分

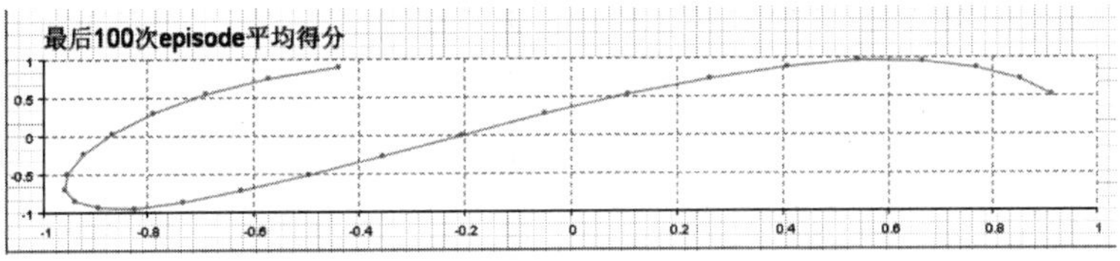

图 13-37　展示最后 100 次 episode 平均得分

13.7　运行结果分析

在启动模型运行时，首先需要运行编写强化学习代码的 Python 文件，然后启动 AnyLogic 中的模型，这样双方就可以通过 Socket 建立通信连接，传递数据了。在模型训练初期，智能体人几乎随机选择上下左右行走，如图 13-38 所示。

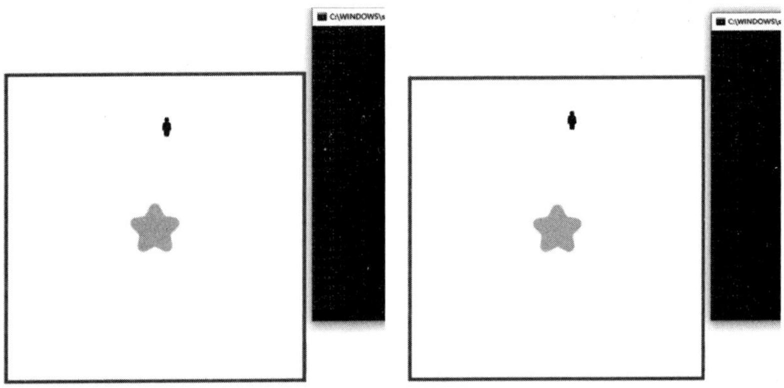

图 13-38　模型训练初期

随着“状态—行为—得分”训练过程的不断进行，智能体人逐渐知道应该去往中间位置，每一次的 episode 得分不断变高，直到收敛，如图 13-39、图 13-40 所示。

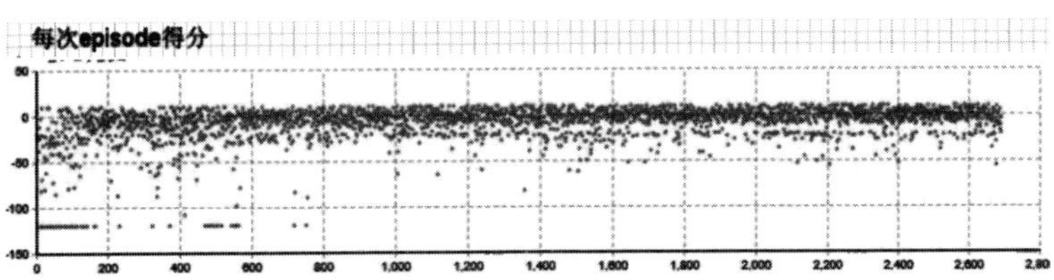

图 13-39　训练过程中每次 episode 得分收敛图

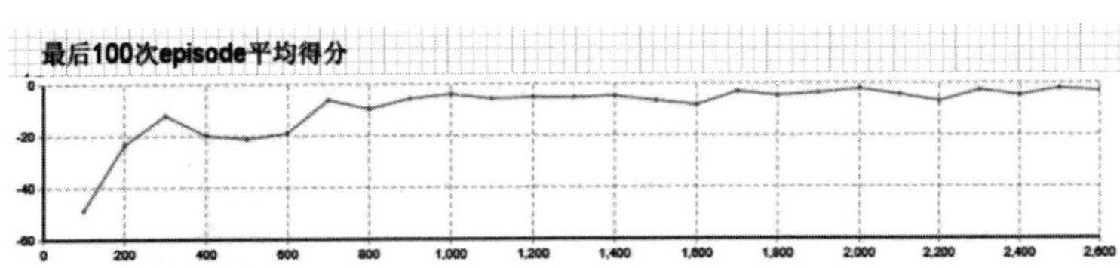

图 13-40　训练过程中最后 100 次 episode 平均得分收敛图

收敛后观察训练结果，每次出现在不同的位置时，智能体人不再是漫无目的地随机行走，而是选择最短路线到达中间的位置，如图 13-41 所示。

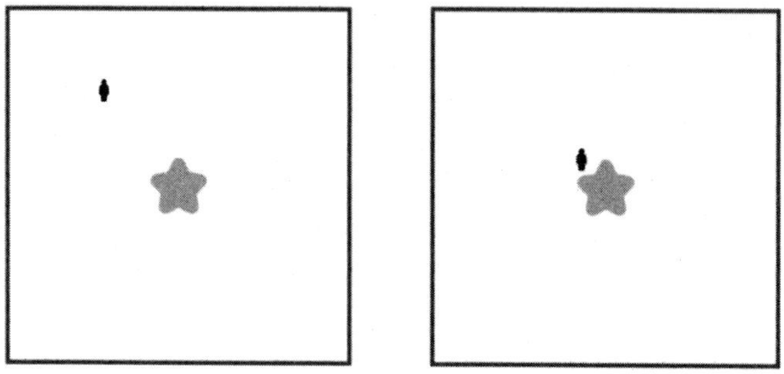

图 13-41 模型训练收敛后

思考与练习

① 简述 Socket 通信的基本原理。

② 简述强化学习算法基本组成部分及其相互作用。

③ 简述本章模型中需要将 AnyLogic 中智能体的哪些关键信息转发给强化学习算法。

第 14 章

AnyLogic 融合 GPT 的可行性研究

本书电子资源

GPT（Generative Pre-trained Transformer）是由 OpenAI 开发的一种基于 Transformer 架构的语言模型。通过大规模的预训练，GPT 从海量文本数据中学习，掌握了语言的语法、语义和常识推理能力。它能够生成连贯、自然的文本，并支持多种任务，如文本生成、翻译和问答。GPT 的核心优势在于其预训练与微调策略，使其能够在各种应用场景中表现出色。

AnyLogic 与 GPT 的整合具有显著优势。GPT 能够为 AnyLogic 提供强大的自然语言处理能力，使用户通过文本交互进行模型配置、分析仿真结果或优化决策，从而简化操作流程。同时，GPT 可以自动根据仿真结果生成报告并提供智能建议，提高工作效率。此外，借助 GPT 的智能分析，AnyLogic 能够在复杂的生产调度、物流管理等领域实现优化，提升系统运行效率和效果。通过结合自然语言生成与仿真建模，AnyLogic 的应用范围得以进一步扩展。

本章简要介绍 GPT 技术，并探讨 AnyLogic 与 GPT 整合的可行技术路线，同时明确整合之前 AnyLogic 所需的准备工作。

14.1 GPT 简介

GPT 是一种由 OpenAI 开发的自然语言处理模型，它基于 Transformer 架构，能够通过对大规模文本数据的学习，实现高质量的文本生成与理解。GPT 采用了预训练和微调相结合的方法：在预训练阶段，通过无监督学习掌握语言结构；而在微调阶段，则利用特定任务的数据对模型进行优化，以便更精准地完成特定的任务。它的核心能力在于自回归语言建模，即通过预测文本中的下一个词来生成连贯的语句，这使得 GPT 在对话、写作、摘要、翻译等领域都能发挥重要作用。

自 GPT-1 发布以来，该模型不断演进，其参数规模和性能均得到了显著提升。GPT-1 拥有 1.17 亿个参数，主要验证了预训练语言模型的可行性。随后，GPT-2 将参数规模扩大到 15 亿，并展示了强大的文本生成能力，甚至可以生成连贯且具有创意的长篇文章。然而，真正让 GPT 广受关注的是 GPT-3，它的参数规模达到了惊人的 1750 亿，使得模型在少样本学习方面表现出色，可以仅凭几个示例就理解并完成新任务。近年来，GPT-4 的发布进一步提升了模型的推理能力和跨领域适应性，使其在学术研究、商业应用和日常交流中都有广泛的应用。

作为一种自回归生成模型，GPT 通过已有的文本内容来预测下一个词，从而逐步构建出完整的句子。这种生成方式虽然能够保证文本的连贯性，但也存在一定的局限性。例如，由于每个词的生成都依赖前面的内容，GPT 在生成长文本时可能会出现逻辑不一致的问题。此外，由于 GPT 在训练过程中仅依赖已有的数据，它在面对复杂的推理任务时仍然存在一定的局限性，难以像人类一样进行深度推理或创新思考。

未来，GPT 及类似的大型语言模型仍将持续发展。研究人员正在探索更高效的训练方法，以减少计算资源的消耗，同时提升模型的推理能力。此外，多模态 AI 技术的发展也可能使 GPT 不仅限于文本处理，而是能够结合图像、语音等多种信息，实现更加全面的人工智能交互。随着技术的不断进步，GPT 有望成为更加智能、可靠的语言处理工具，为人类社会带来更多便利和创新。

在 AnyLogic 中整合 GPT 可以带来显著的优势，特别是在智能决策、自然语言交互、自动建模等方面提升仿真模型的能力。

首先，GPT 能够增强 AnyLogic 的智能决策能力。在制造业、物流系统和供应链管理等领域，仿真模型需要根据大量数据进行优化调度和动态调整。GPT 可以分析历史数据，预测可能的趋势，并在仿真过程中提供优化的调度方案。例如，在生产制造系统中，GPT 可以根据当前的资源状态、订单需求和生产计划，为调度算法提供智能建议，提高生产效率。此外，在应急响应系统或复杂环境的决策支持中，GPT 可以帮助生成合理的应对策略，使仿真更贴合实际情况。

其次，GPT 的自然语言处理能力可以大幅提升 AnyLogic 的用户交互体验。传统的仿真建模通常依赖脚本编写和参数配置，而 GPT 可以实现自然语言输入，使用户可以通过对话方式设定仿真参数。例如，用户可以直接输入“调整仓库库存策略以减少存储成本”，GPT 能够解析这句话并自动修改仿真模型的相关变量。此外，在多主体建模（Agents-Based Modeling）中，GPT 可以让仿真中的智能体具备更复杂的语言理解和交互能力，从而模拟更真实的社会行为、市场竞争或政策影响。

此外，GPT 还可以辅助自动建模，减少建模工作量，提高建模效率。许多仿真项目需要手动创建复杂的系统结构，而 GPT 可以基于文本描述自动生成模型代码。例如，在交通仿真中，用户可以输入“创建一个城市交通网络，其中包含信号灯和动态路径调整”，GPT 可以自动生成相应的 AnyLogic 代码，减少开发时间。同时，GPT 还可以用于自动优化仿真参数，在仿真运行过程中实时调整关键变量，以获得更优的结果。

14.2 AnyLogic 对接 GPT 技术路线

通过参看 GPT 官方提供的文档，向 GPT 的接口发送符合要求的请求，就可以获取到 GPT 提供的服务。本书提出的一种技术路线是利用 Python 作为桥梁连接 AnyLogic 和 GPT，其基本思路如图 14-1 所示。

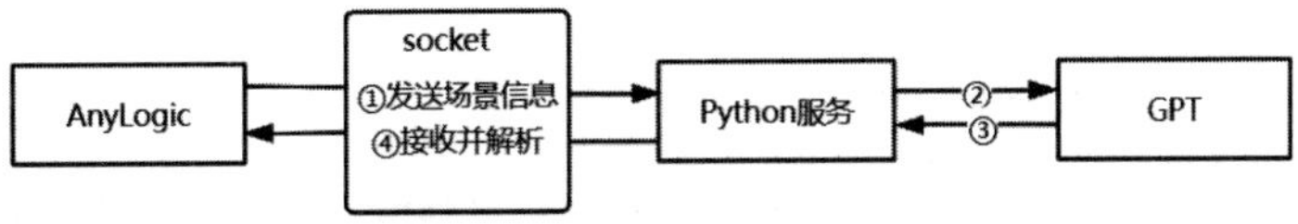

图 14-1 AnyLogic 对接 GPT 示意图

其中，AnyLogic 与 Python 之间通过 socket 建立通信连接，传递信息。整体的大致流程为：首先，AnyLogic 获取模型仿真的场景信息与请求，利用 socket 将信息传递给 Python 服务；其次，Python 服务按照官方文档的要求封装好请求，包括权限信息等，将请求转发给 GPT；再次，GPT 对请求进行解析，并将结果返回给 Python 服务；最后，Python 服务利用 socket 将结果转发到 AnyLogic，AnyLogic 根据结果信息做出进一步的更改。

14.3 AnyLogic 对接 GPT 关键步骤

（1）搭建 Python 服务

① 导入模块，以便在当前代码中使用其提供的功能。其中，openai 用于向 GPT 发送请求，获取返回结果；socket 用于网络通信。其具体代码如下：

```
import openai
import socket
```

② 明确关键信息。其中，openai.api_base 明确请求 GPT 的网络地址；openai.api_key 明确请求密钥该密匙为注册购买 GPT 服务时官方所提供的；HOST 明确 socket 的 IP 地址；PORT 明确 socket 使用的端口号。其具体代码如下：

```
openai.api_base = "https://api.chatanywhere.com.cn/v1"
openai.api_key = "sk-0TiYMAKfrGjc22WFoePfK4jqp9Dcbbtqrj6A"
HOST ='localhost'
PORT = 8362
```

③ 监听连接返回请求，首先，socket 绑定 IP 地址和端口，并且当作服务端进行启动，循环等待客户端的连接；然后，如果接收到了客户端的连接，循环接收 AnyLogic 客户端发送的请求信息；接下来，按照 GPT 官方代码，封装请求信息发送给 GPT，并获取反馈结果；最后，将反馈结果返回给 AnyLogic，等待 AnyLogic 接收，并执行指定操作。其具体代码如下：

```
with socket.socket(socket.AF_INET, socket.SOCK_STREAM) as s:
    s.bind((HOST, PORT))
    s.listen(1) #监听连接
    print(f'服务端已启动，监听端口{PORT}...')
    while True:
        # 等待客户端连接
        conn, addr =s.accept()
        print(f'客户端已连接:{addr}')
        with conn:
            while True:
                content =conn.recv(10240).decode('utf-8')
                if not content:
```

```
                        break
                    print(content)
                    #3.5 reguest
                    # response = openai.chatCompletion,create(model="gpt-3.5-turbo",
                    # messages=[{"role": "user", "content": content}])
                    # 4.0 request
            response = openai.chatcompletion.create(model="gpt-4",messages=[{"role": "
user", "content": content}])
                    answerMsg =response.choices[0].message.content
                    print(answerMsg)
                    print()
                    #Anylogic 按行接收
                    sendAnswerMsg=answerMsg.replace("n","")
                    conn.sendall((sendAnswerMsg+'\n').encode('utf-8'))
            conn.close()
```

（2）AnyLogic 关键变量创建

① 创建变量。在控制面板中找到“智能体”栏，查看“智能体组件”，找到“变量”，并将其拖入到模型面板中，如图 14-2 所示。

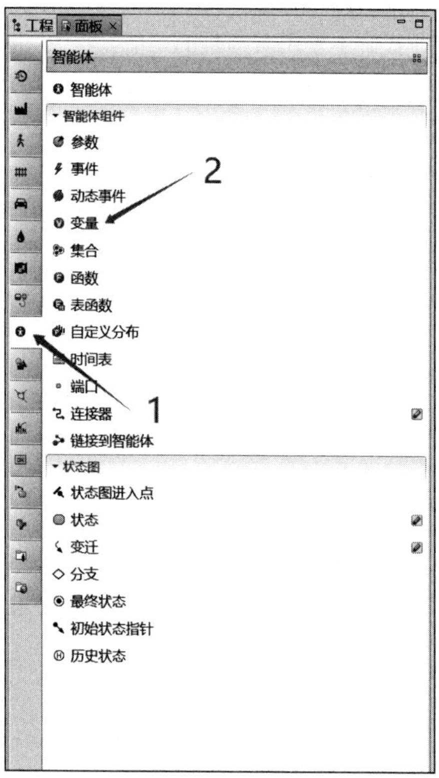

图 14-2　创建变量

② 变量 socketGPT 属性设置。变量类型为 Socket，在 AnyLogic 中作为客户端，准备连接 Python 服务，如图 14-3 所示。

③ 变量 printer 属性设置。变量类型为 PrintWriter，将信息转变为 socket 能够发送的信息流，如图 14-4 所示。

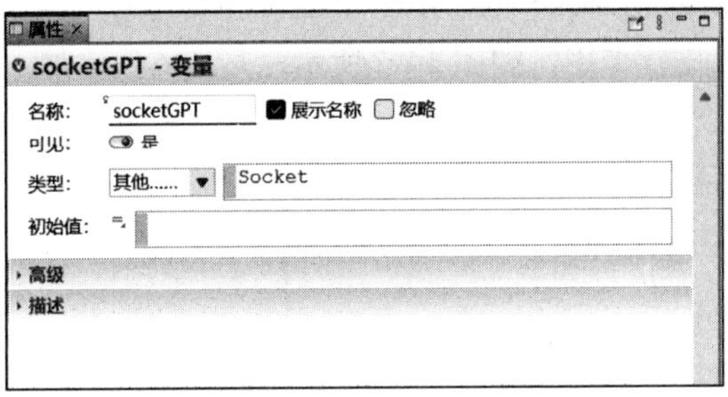

图 14-3　变量 socketGPT 属性设置

图 14-4　变量 printer 属性设置

④ 变量 reader 属性设置。变量类型为 BufferedReader，将从 socket 获取的信息流转变为便于读取的字符串，如图 14-5 所示。

图 14-5　变量 reader 属性设置

（3）AnyLogic 关键函数创建

① 创建函数。在控制面板中找到“智能体”栏，查看“智能体组件”，找到“函数”，并将其拖入到模型面板中，如图 14-6 所示。

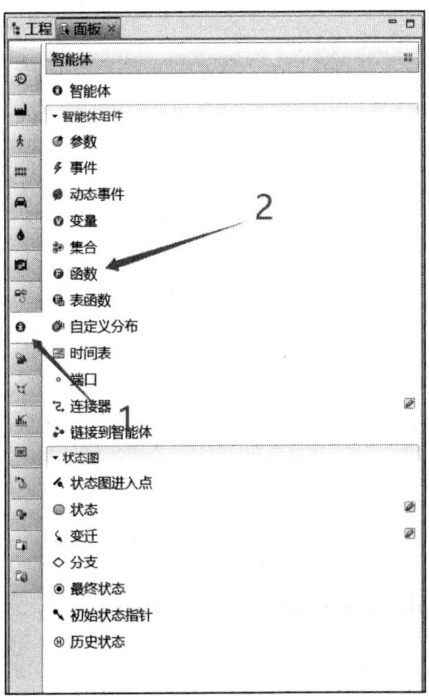

图 14-6　创建函数

② 函数 inisocketGPT 属性设置。该函数用来创建 socket，并绑定 IP 地址和端口号，初始化变量为 printer 和 reader。该函数在模型启动时进行调用，如图 14-7 所示，其具体代码如下所示。

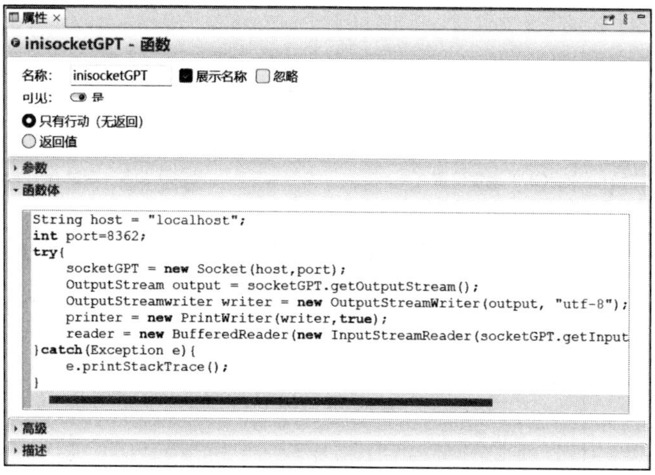

图 14-7　函数 inisocketGPT 属性设置

```
String host = "localhost";
int port=8362;
try{
    socketGPT = new Socket(host,port);
    OutputStream output = socketGPT.getOutputStream();
    OutputStreamwriter writer = new OutputStreamWriter(output, "utf-8");
    printer = new PrintWriter(writer,true);
    reader = new BufferedReader(new InputStreamReader(socketGPT.getInputStream(),
"utf-8"));
}catch(Exception e){
    e.printStackTrace();
}
```

③ 函数 getAnswer 属性设置。该函数用来将场景信息发送给 Python 服务，并获取 Python 服务转发的反馈结果。调用该函数的时机可以是通过一个事件循环执行，或者当智能体达到某个状态后再调用执行，如图 14-8 所示，其具体代码如下所示。

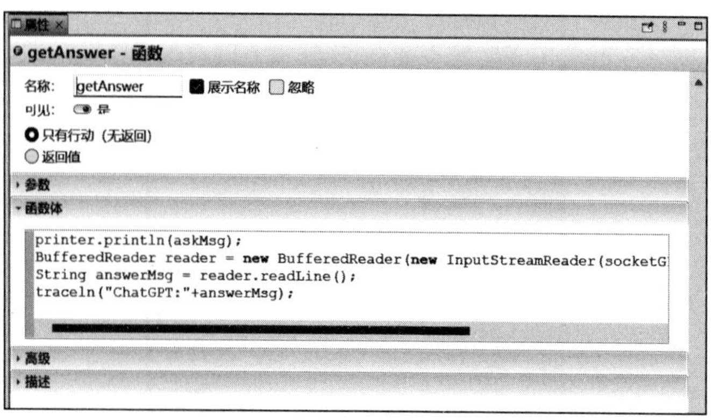

图 14-8　函数 getAnswer 属性设置

```
    printer.println(askMsg);
    BufferedReader reader = new BufferedReader(new InputStreamReader(socketGPT.getInp
utStream(), "utf-8")):
    String answerMsg = reader.readLine();
    traceln("ChatGPT:"+answerMsg);
```

14.4　AnyLogic 对接 GPT 基本效果

AnyLogic 整合 GPT 后能够实现智能问答的功能，在模型中添加输入文本栏，将想要提出的问题在文本栏中编辑，点击按钮后，会将问题利用 Python 服务转发给 GPT，GPT 解析回答后会将结果反馈给 AnyLogic 进行显示。

除了实现智能问答的功能，当智能体模型面对不同的场景信息，需要进行决策的时候，同样可以将场景信息进行收集并发送给 GPT，智能体根据 GPT 反馈的结果，做出决策，进行下一步的操作。

思考与练习

① 简述 AnyLogic 融合 GPT 的好处。

② 简述 AnyLogic 对接 GPT 时，信息是如何进行传递的。

③ 尝试实现 GPT 辅助智能体做出实时决策。

参考文献

[1] Borshchev A. The Big Book of Simulation Modeling: Multimethod Modeling with AnyLogic 6[M].AnyLogic North America, 2013.

[2] Dorigatti M, Guarnaschelli A, Chiotti O, et al. A service-oriented framework for agent-based simulations of collaborative supply chains[J]. Computers in Industry, 2016: 8392-107.

[3] Na Z, Shi A. Collaborative Management of Complex Major Construction Projects: AnyLogic-Based Simulation Modelling[J]. Discrete Dynamics in Nature and Society, 2016: 1-8.

[4] Heshmat M, El-Sharief M, El-Sebaie M. Simulation modelling and analysis of a production line[J]. Int. J. of Simulation and Process Modelling, 2017, 12(3/4): 369-376.

[5] Grigoryev I. AnyLogic 6 in three days: A Quick Course in Simulation Modeling[M]. AnyLogic North America, 2012.

[6] Grigoryev I. AnyLogic 7 in three days: A Quick Course in Simulation Modeling[M]. Createspace, 2015.

[7] Пальчевський Богдан Олексійович, Крестьянполь Олена Анатоліївна, Крестьянполь Любов Юріївна The use of anylogic system for modelling a flexible automated packing system in training engineering students[J]. Information Technologies and Learning Tools, 2020, 75(1): 225-236.

[8] Swanson J. Business Dynamics—Systems Thinking and Modeling for a Complex World[J]. Journal of the Operational Research Society, 2002, 53(4): 472-473.

[9] 方昶. Anylogic 建模与仿真[M]. 芜湖：安徽师范大学出版社，2018.

[10] 邱国斌. 生产系统建模与仿真[M]. 北京：北京邮电大学出版社，2021.

[11] 林庆峰，张蕴智.AnyLogic 行人交通仿真实用教程[M]. 北京：机械工业出版社，2024.

[12] 杜斌，贾树晋. 工业智能化知识基础：建模、仿真、案例及代码[M]. 北京：冶金工业出版社，2021.

[13] 赵业清. 钢铁生产复杂物流网络系统仿真：面向多 Agent 的系统工程方法[M]. 北京：新华出版社，2015.

[14] 汪应洛，齐二石. 系统工程[M]. 北京：机械工业出版社，2023.

[15] 陈志龙，董建军. 基于地下物流系统的城市一体化货运网络：结构过程与机理[M]. 上海：同济大学出版社，2022.

[16] 林庆峰，张蕴智. 行人交通仿真实用教程[M]. 北京：机械工业出版社，2024.

[17] 于绍政，陈靖主，高志蓬，等. FlexSim 仿真建模与分析[M]. 沈阳：东北大学出版社，2018.

[18] 尹静，马常松，周向阳. Flexsim 物流仿真与系统优化[M]. 北京：冶金工业出版社，2018.

[19] 尹静，马常松. Flexsim 物流系统建模与仿真[M]. 北京：冶金工业出版社，2014.

[20] 马向国. Flexsim 现代物流系统仿真应用[M]. 北京：中国发展出版社，2016.

[21] 李峰. 汽车制造生产系统仿真技术应用实践：基于 Flexsim[M]. 北京：中国水利水电出版社，2018.

[22] 马向国，梁艳，杨惠惠. 现代物流系统建模、仿真及应用：基于 Flexsim[M].北京：机械工业出版社，2017.

[23] 刘怀兰，秦希青，杨建中. 智能工厂设计仿真[M]. 北京：机械工业出版社，2022.

[24] 邱小平，阮宏梁. 物流系统仿真[M]. 北京：中国财富出版社，2012.

[25] 韩昉. 物流设施规划与设计[M]. 北京：中国财富出版社，2014.

[26] 程光，邬洪迈，陈永刚. 工业工程与系统仿真[M]. 北京：冶金工业出版社，2007.

[27] 吕明哲. 物流系统仿真[M]. 沈阳：东北财经大学出版社，2008.

[28] 董绍华，周晓光，赵宁. 物流系统仿真[M]. 北京：北京邮电大学出版社，2008.

[29] 张洪亮，郜振华，陈彬. 生产系统建模与仿真[M]. 合肥：安徽大学出版社，2024.

[30] 孙成卫，徐慧卿，王钢. 物流系统仿真实践教程[M]. 北京：中国水利水电出版社，2024.

[31] 刘同娟，孙英琦，马丽娜. 物流系统仿真案例实训[M]. 北京：中国财富出版社，2021.

[32] 薛立立. 企业智能物流系统仿真[M]. 西安：西安电子科技大学出版社，2021.

[33] 马向国，孙佩健，吴丹婷. 物流系统建模与仿真实用教程[M]. 北京：机械工业出版社，2020.

[34] 苏春. 制造系统建模与仿真[M]. 北京：机械工业出版社，2019.

[35] 鲁晓春，黄帝. 物流系统建模与仿真[M]. 3 版. 北京：机械工业出版社，2018.

[36] 梁迪. 柔性制造系统生产运作与管理策略[M]. 北京：中国水利水电出版社，2018.

[37] 柳泽原，彭宏勤. 基于 Anylogic 的地铁车站闸机口通过能力仿真研究[J]. 交通运输系统工程与信息，2018，18(S1)：110-114.
[38] 胡明伟，黄文柯. 行人交通仿真方法与技术[M]. 北京：清华大学出版社，2016.
[39] 格里高利耶夫. AnyLogic 建模与仿真[M]. 韩鹏，韩英华，李岩，等译. 北京：清华大学出版社，2014.
[40] 刘亮. 复杂系统仿真的 AnyLogic 实践[M]. 北京：清华大学出版社，2019.
[41] 何瑞春，赵敏，向万里. 基于 AnyLogic 的系统建模与仿真[M]. 北京：化学工业出版社，2020.
[42] 徐志涛，胡玉玲，刘慧，等. 基于 Anylogic 的智能工厂立体物流系统仿真与优化研究[J]. 制造业自动化，2023，45(05)：129-134.
[43] 李春发，于颖，武洋，等. 随机需求下 ETO-MTO 生产企业产能柔性与仿真分析[J]. 工业工程与管理，2020，25(05)：154-160.